SCIENCE UNITAIRE
DE
L'INTRA-UNIVERS

Volume I

Du même auteur :

Publications

Turod, dernier chevalier du temps
Illustrations de Phil Rosilio. Revue Métal Hurlant
Éditions des Humanoïdes Associés, 1976

Voyage intemporel
Illustrations de Sergio Macédo
Éditions Glénat 1982, 1983. Éditions Aedéna, 1987

Édéna
Illustrations de Moebius-Bati
Numéro spécial de l'Expansion, 1982

La mission de Yogan
Illustrations de Mœbius-Bati, dans “La Nuit de l'Étoile”
Éditions Aedéna, 1986

Éveil internel I – II – III
Illustrations de Marc Bati, IJP. Appel-Guéry, Sergio Macédo
Éditions Transtar, 1990

Idylle spirituelle
Illustrations de Vincent Curien, Bernard Hugueville, Thierry Oger
Éditions Édiru, 1992

Science Unitaire de l'Intra-Univers
Fascicules n° 1-2-3-4-5-6-7-8-9-10
Éditions Transtar, 1990, 1991, 1992, 1993

Préscience
Illustrations de Marc Bati, Vincent Curien, IJP. Appel-Guéry,
Thierry Oger, Bernard Hugueville
Éditions Transtar, 1993

Musiques

Musanimique

Musicalice

Musiciel

Musiclassique

Musidéral

Musidream

Musilove

Transcendance

Sillage étincellant

Épopée sidérale

Éditions Transtar Pacific, 1988
Éditions Transtar Interal, 1990, 1991, 1993, 1994

IJP. APPEL-GUÉRY

SCIENCE UNITAIRE DE L'INTRA-UNIVERS

Volume I

Éditions TRANSTAR

Société INTERAL
B.P. 7 – 41130 GIÈVRES

ISBN : 2 906286-90-7 (Édition complète)
ISBN : 2 906286-91-5 (Volume 1)

À la Présence immanente dont la conscience absolue au sein de l'énergie pure règle toutes les harmoniques du champ unitaire intra-universel jusqu'aux multiples reflets universels pour la gloire immortelle et infinie de la Vérité.

À tous les Dieux, Anges, Hiérarchies invisibles et visibles, Esprits, Frères immortels et Supraterrestres qui participent à la télédiffusion des rayons-forces de conscience pour toute transmission issue d'un élan de Bonté interdimensionnelle.

À la Mère énergie primordiale qui, par son amour, auréole de lumière la génération formelle de toute pensée vibrale exacte en apportant l'harmonie fécondante par la présence subtile ou substantielle de sa merveilleuse Beauté.

À tous ceux, Frères et Sœurs de ce monde et de tous les autres, qui espèrent tellement en la Vérité, la Bonté et la Beauté que la Force des forces finit par créer les moyens spirituels, mentaux, psychiques, vitaux, substantiels et matériels pour que se réalise cette œuvre sur chacun des mondes parvenu au temps de sa révélation.

PRÉFACE

Aboutissement d'une longue démarche de synthèse, la *Science Unitaire de l'Intra-Univers* apparaît comme un de ces ouvrages novateurs qui, par un saut conceptuel, fondent un nouveau champ d'investigation pour la conscience humaine. Des individus et des groupes de recherche s'inspirent de cet ouvrage déjà traduit et paru dans de nombreux pays. Ces transmissions expriment la vision globale et cohérente d'une pensée que l'on pourrait qualifier d'interdimensionnelle dans la mesure où elle explore les rapports entre la conscience vibrale, l'énergie vibratoire et les manifestations matérielles.

Le progrès de la science et de la pensée humaine se fait au travers d'œuvres fondatrices de ce type, proposant des informations et un langage qui ouvrent de nouvelles perspectives de compréhension à l'être humain. La *Science Unitaire* nous sensibilise au fait qu'il existe, derrière les apparences, un ensemble de lois internes qui régissent toutes les manifestations formelles. Cette compréhension permet alors de mieux gérer son existence, car ce qui limite et emprisonne un individu, c'est toujours un manque de conscience. Éclairer la conscience d'un être, c'est participer à sa libération. La *Science Unitaire* ne peut être vraiment comprise que lorsque l'individu, passant d'un mental concret à un mental supérieur, aura non seulement assimilé en lui les lois de rapport entre l'extra-univers et l'intra-univers, mais surtout lorsqu'il les aura mises en pratique. Ce n'est que par l'application de ces informations que l'on peut accéder aux clés qui sont celles de la mutation vers une conscience supérieure.

Cette mutation réclame l'effort et la continuité d'une vie opérationnelle comme l'a été celle de l'auteur. Né à Paris en 1938, IJP. Appel-Guéry vit dès sa jeunesse de nombreuses expériences qualifiées de paranormales. Vers l'âge de 18 ans, il s'intègre au champ de la conscience unitaire à travers une expérience d'illumination qui le transforme complètement. Il découvre combien la conscience de veille est limitée face à cette conscience d'éveil qui est une connaissance immédiate et infinie de l'univers. Ceux qui ont vécu cette expérience en ressortent profondément modifiés.

Le psychiatre Dean décrit les caractéristiques de ce qu'il nomme *"l'ultra-conscience et ses effets"* ([1]). Parmi ceux-ci, une accélération extraordinaire de l'intellect, une révélation du génie latent, un développement soudain ou graduel de dons psychiques tels que la clairvoyance, la perception extra-sensorielle ou la précognition. Appel-Guéry va effectivement développer en lui des dons télépathiques étonnants qu'il exerce à travers ce mode particulier d'expansion de la conscience qu'est l'inspiration créatrice. Cette inspiration s'exprime à travers un certain nombre d'activités artistiques dont la musique. Un des effets typiques de ce genre d'expérience est le désir de la partager avec d'autres. Cette prise de conscience animera la démarche d'Appel-Guéry en l'amenant à entreprendre une formation systématique pour faire le lien entre cet éveil spirituel et le savoir scientifique.

L'étude approfondie de diverses sciences traditionnelles comme l'alchimie, la kabbale ou la numérologie l'amène à développer une intuition analogico-symbolique qui est celle de la dimension globale du cerveau droit. Pour développer sa précision analytique, reliée au cerveau gauche, il étudie à l'université de Paris et obtient une licence en Sciences et une licence en Psychologie. Il se forge ainsi un outil rationnel né de la rigueur expérimentale, susceptible d'analyser et de structurer une multiplicité d'informations pour en extraire des synthèses originales. Cette continuité entre rationalité et

1. *Cité par Kenneth Ring dans* En route vers Oméga.

intuition permet de retranscrire certaines perceptions issues des mondes subtils dans une forme compréhensible pour le mental humain. Toute cette démarche de synthèse débouche pour l'auteur, à plus de trente ans, sur un contact très précis avec des dimensions de conscience supérieures qui se manifestent d'une manière visible.

Un jour, après la réception d'une information télépathique, Appel-Guéry et une dizaine de personnes qui l'accompagnent voient, à l'heure annoncée auparavant, juste au-dessus d'eux, une lumière très brillante qui se déplace dans le ciel. Cette expérience a été suivie de beaucoup d'autres manifestations constatées par de nombreuses personnes au cours de plus de vingt années. L'ufologue Pierre Delval exprime ainsi ce type de phénomènes dans *Contact du Quatrième Type* : *"On peut aller jusqu'à concevoir les ovnis comme n'étant que l'aspect superficiel d'un univers mental doué d'une intelligence qui évolue hors du cadre de notre physique, de notre matérialité... Le problème posé ici reste bien celui de la communication entre deux formes d'intelligence différentes, sans doute très dissemblables. On s'étonne de l'absence de contact des ovnis mais il n'est pas douteux que ce contact ait lieu à notre insu et plus spécifiquement auprès de quelques personnes seulement, en fonction d'un choix. Ce choix pouvant fort bien être déterminé suivant le potentiel des perceptions extra-sensorielles en sommeil ou en voie de développement chez ces personnes."*

IJP. Appel-Guéry précise, quant à lui, le sens qu'il donne à ces manifestations : *"Le phénomène extraterrestre est étudié sous trois aspects : l'ufologie, l'exobiologie, la psychophysiologie. L'ufologie s'occupe essentiellement de recueillir et d'étudier statistiquement les observations d'ovnis réalisées depuis plusieurs années, ainsi que les caractéristiques et traces des présences extraterrestres. L'exobiologie a pour but l'étude de la vie dans l'univers, de ses traces dans les météorites et la présence éventuelle d'extraterrestres sur la terre. En tentant de clarifier les rapports entre physiologie et psychologie, la psychophysiologie débouche sur une meilleure compréhension du fonctionnement de l'organisme humain et de ses possibilités de développement et sur l'étude, avec la parapsychologie, des facultés supra-humaines de type télépathique permettant d'établir des contacts avec des entités cosmiques à dimension de conscience supérieure par leur type d'évolution. Ceci défini, nous nous libérons d'un coup de tout le folklore habituel des médias sur les petits hommes verts, les adorateurs d'ovnis et autres stupidités proférées par beaucoup de personnes très peu averties du sujet. Nombreux sont ceux qui en parlent à tort et à travers sans s'être réellement renseignés sur la situation actuelle de la recherche en ce domaine. Il est certain que ce sujet très complexe peut paraître inquiétant et qu'il est plus facile de le couvrir de ridicule plutôt que de l'étudier sérieusement en essayant d'en comprendre les divers aspects. Le phénomène ovni et la présence extraterrestre nous rappellent que l'homme n'est pas seul dans l'univers et surtout qu'il n'est pas seulement un corps de chair mortel, mais aussi une sorte de vaisseau d'énergie qu'il doit apprendre à contrôler. Le corps a une correspondance transcendante et des résonances dans d'autres champs vibratoires, dans le passé, le présent et le futur. Bien sûr, il est nécessaire de relativiser les contacts et les messages en fonction de la source dont ils sont issus. Le discernement des différents niveaux vibratoires permet de savoir qui nous contacte et qui contacter."*

Voici ce que dit l'auteur au sujet des possibilités de contacts avec ces autres dimensions : *"Depuis plusieurs années, il y a des récits de contacts avec d'autres dimensions qui ont parfois fait l'objet d'ouvrages importants. Cependant les personnes qui ne sont pas elles-mêmes contactées peuvent avoir quelques difficultés à se faire une opinion sur la validité de ces contacts parce que, très souvent, ce qui se passe, c'est que la personne qui se dit contactée est la seule à avoir fait cette observation, ce qui peut prêter à confusion. Dans les cas que nous avons vécus, les contacts se sont faits parfois devant plus d'une centaine de personnes, ce qui donne plus de fiabilité. Un deuxième aspect sur lequel il faut porter attention, c'est que faire des observations, avoir des contacts, mais ne pas pouvoir entrer en communication avec les consciences qui pilotent ce que l'on appelle les ovnis – qui pour nous sont des vaisseaux, des sas de transferts interdimensionnels – cela limite la possibilité de comprendre les raisons et le sens de ces apparitions. Ce deuxième élément, nous avons réussi à le clarifier puisqu'au cours de toutes ces opérations de contact, nous avons eu des informations et des codages permettant de comprendre quelles étaient les approches qui pouvaient s'effectuer entre la race terrienne et ces autres dimensions. Ces apparitions ne se sont pas faites par hasard. C'étaient des sortes de rendez-vous qui ont pu se réaliser et qui étaient indiqués à l'avance, quelquefois un jour ou deux, quelques heures ou quelques minutes auparavant. Nous avons réussi ainsi à vérifier la possibilité d'un contact télépathique existant entre une conscience terrienne et d'autres types de consciences."*

UNE AVENTURE DE LA CONSCIENCE

Pendant de nombreuses années, IJP. Appel-Guéry et son équipe de recherche se familiarisent avec le champ d'une conscience interdimensionnelle très complexe, éloignée de nos conceptions humaines ordinaires. Il s'agit de vérifier ces informations en les passant au tamis de l'expérimentation. Au fil du temps, beaucoup de preuves concernant la véracité et l'exactitude de ces informations ont été recueillies : prévision de nombreuses manifestations visuelles, réception des mêmes schémas à des centaines de kilomètres de distance, prédictions qui se sont réalisées avec une incroyable précision, transformation de l'énergie ressentie à de nombreuses reprises par toute une assemblée lors d'expériences de contact, transmission d'informations correspondant à plus de mille deux cents cassettes enregistrées.

Cette recherche, émaillée de nombreux phénomènes appartenant à ce que Jung nomme la synchronicité, nous met en présence de ces coïncidences pleines de sens reliant entre eux des événements et des situations sans liens physiques apparents – ce que nous appelons hasard n'étant que le résultat de notre ignorance des véritables causes agissant au-delà des apparences.

ARCHITECTURE INTERDIMENSIONNELLE

L'être humain est la manifestation formelle d'une entité beaucoup plus vaste résonnant avec tout l'univers visible et invisible. Pour mieux appréhender la complexité des échanges entre les dimensions, il faut prendre conscience du fait que le plan matériel dans lequel évolue notre corps physique n'est qu'un infime maillon d'une chaîne évolutive reliant les multiples plans de la création. La classification réalisée par IJP. Appel-Guéry permet de mieux situer les différents niveaux de contact et d'intervention influençant l'humanité (voir tableau p. 15). Le plan matériel est formel et créé, mais il existe aussi des dimensions subtiles créées ainsi que des dimensions subtiles incréées. L'évolution humaine est surveillée en permanence par des champs de conscience-énergie qui nous précèdent vibratoirement dans l'harmonie universelle.

Tous les enseignements traditionnels font état de ces intermédiaires vibratoires entre le Verbe créateur et la créature humaine, qu'ils soient nommés anges, dieux ou dévas. Le *"réseau unitaire"* désigne le plan de communication reliant le Verbe créateur aux créatures et à la création. Suite à une chute de niveau de certaines dimensions subtiles surveillant l'évolution de l'humanité, celle-ci s'est déconnectée du réseau unitaire. On retrouve dans tous les enseignements traditionnels le récit de cette chute suivie d'une déconnexion qui s'apparente dans la tradition chrétienne à la chute de Lucifer (le porteur de lumière) et à la sortie d'Adam et Ève du Paradis. Certains êtres éveillés disposent de facultés de conscience leur permettant de se reconnecter au fonctionnement interne de l'univers en s'intégrant dans le champ d'une conscience intemporelle.

Il existe une analogie frappante entre les enseignements traditionnels et les développements les plus modernes de la physique quantique quand celle-ci reconnaît l'existence d'un univers impliqué dont l'univers matériel, déployé, formalisé,

Niveaux d'existence de l'extra-univers à l'intra-univers

selon IJP. Appel-Guéry

SITUATION	PLAN	ÉMANATION	HIÉRARCHIE	TYPE	MANIFESTATION
CENTRE INTERGALACTIQUE et Galaxies	INTERNEL *Intemporel* Immanence	ESPRIT Créateur	DIEU *Plan incréé* *Informel* Invisible Immortel	SUPRA TERRESTRES	VERBE
CENTRE GALACTIQUE et Étoiles	ÉTERNEL *Temporel* Hypertemps	ÉNERGIE Créature invisible	HIÉRARCHIE SUPÉRIEURE *Plan créé* *Formel* Invisible Immortel	EXTRA TERRESTRES	ÉNERGIE
CENTRE STELLAIRE et Planètes	EXTERNEL *Espace* Hyperespace	FORME Créature visible	HUMAIN *Plan créé* *Formel* Visible Mortel	TERRESTRES	SUBSTANCE
CENTRE PLANÉTAIRE et Satellites	SÉTERNEL *Matière* Antimatière	FORCE Création formelle	HIÉRARCHIE INFÉRIEURE *Plan créé* *Formel* Invisible Mortel	INFRA TERRESTRES	MATIÈRE

ne serait qu'une manifestation. L'intra-univers correspond aux trames architecturales invisibles du Verbe créateur qui sous-tendent la création matérielle. Voici ce qu'en dit Appel-Guéry : *"Dans la mesure où l'être humain est projeté sur l'extériorité des opérations internes, il n'a qu'une conception et une intervention partielles, dans le cadre de la réalité mortelle et structurale de cet univers. La plupart des humains vivent une très grande part de leur existence dans cette extériorité sans reprendre conscience de l'intra-univers qui les relie à l'unité. Leurs problèmes de conscience et d'installation dans le plan formel ne sont que des éléments mortels et transitoires d'un système immortel et inéluctable se déroulant de toute façon et auquel chacun participe avec plus ou moins de conscience. Autour de cela, dans leurs diversités, les êtres ont une conception partielle de la vérité. Ce qui se déroule vraiment ne peut être compris que de ceux qui s'intègrent à ce système de conscience et d'énergie."*

Le langage qui rend compte de ces trames intra-universelles peut apparaître complexe à un mental non préparé, conditionné dès la plus tendre enfance par des conceptions dialectiques et linéaires. Le contact avec le champ de l'intra-univers s'effectue selon un mode interne et vibral. Une traduction progressive est alors nécessaire pour adapter ces conceptions synthétiques et ces perceptions subtiles issues du mental supérieur en un langage accessible au mental concret. Ces langages sont, entre autres, composés de nombres et de codages. Dans la tradition, les nombres sont sacrés parce que reliés aux architectures universelles. Leur formulation permet de retranscrire d'une manière synthétique certaines architectures en résonance à un instant cosmique donné.

Les codages sont des mots clés qui rendent compte de processus énergétiques internes. *"En fait, ces transmissions sont l'extérieur d'une vérité interne télépathique. Ce qui doit être formulé en termes humains est ceci mais ceux qui liront cet ouvrage ne comprendront pas vraiment ce qui est formulé ; ils comprendront une certaine forme. La vérité est que ce qui a été formulé est l'extérieur d'une autre vérité. Ce n'est que l'accompagnement d'une autre transmission purement interne et télépathique. Ne vous méprenez pas sur ces formulations : elles sont faites effectivement parce qu'elles sont la vérité, mais elles n'ont de sens que pour ceux qui ont atteint intérieurement ce qui est transmis."*

IJP. Appel-Guéry met en garde le lecteur contre toute interprétation intellectuelle qui conduirait inéluctablement à méconnaître le sens réel de ces informations : *"Ces informations ont été transmises dans un certain niveau énergétique. Ce n'est pas dans un cadre de rationalité mentale et de décorticage dialecticien que se fera la compréhension de cette signature. C'est à partir du moment où le lecteur sera rentré dans le courant de l'unité de synthèse que son signal l'informera de l'intérieur sur la véracité et l'utilité de ce type d'information. Toute autre transmission serait pour les êtres un très grand danger car cela retraduirait en système rationnel et mental quelque chose qui vient d'un monde de résonance et de télépathie. C'est un exercice effroyable de parler de cette manière sur ce plan parce qu'on mesure le décalage de situation et de concept. La conception quotidienne de l'existence, même si l'on est sensibilisé et préparé, se trouve trop souvent complètement à l'extérieur de la réalité intra-universelle. Si les lecteurs veulent vraiment accéder à une compréhension de cette signature, qu'ils changent les coordonnées de leur existence comme nous nous avons changé les nôtres, pour accéder à ce dimensionnel. Là où ils auront atteint le niveau de contact avec le système de numération de synthèse, ils auront immédiatement les informations qui correspondent à ce niveau de science.*

"La retranscription en termes mentaux de ces informations qui viennent des signaux de l'unité de synthèse serait une complète prison pour le système énergétique et spirituel. Il ne faut pas donner d'informations explicatives avant que les êtres aient atteint un niveau énergétique leur permettant de contacter directement le système de numération grâce auquel, eux aussi pourront rencontrer ce qu'il y a d'intérieur dans toutes ces figures. Vous devez mesurer quels sont vos accrochages, vos impossibilités, vos encastrements, votre inertie, votre manque de concentration qui sont autant d'éléments vous réduisant à de microscopiques parties d'un ensemble qui existe et auquel vous avez accès par ce type de contact et d'information.

Une partie très fine de vous-même peut accéder à cette conception et la sait juste. Mais la porte d'accès à cette conception est extrêmement étroite. Ainsi, pour que vous puissiez rentrer plus avant dans cette intériorité de l'univers en passant cette porte étroite, il faudrait vous miniaturiser et vous fluidifier, c'est-à-dire devenir humble – du latin "humilis" qui signifie petit – et développer en vous la douceur qui est la condition essentielle de la fluidité. Si vous êtes gonflé de vous-même, si vous êtes trop cristallisé, trop dur, si vous restez un bloc durci par l'égoïsme, encastré et accroché par une racine que vous n'arrivez pas à déplacer, si vous êtes trop étalé et gonflé de votre étalement par l'orgueil, il vous est impossible de passer cette porte étroite."

SCIENCE ET CONSCIENCE

Comment situer l'apport original de la *Science Unitaire* dans le contexte de la science actuelle ?

La science moderne représente un effort de l'intellect humain pour comprendre les lois de fonctionnement de notre environnement matériel. Cette démarche scientifique s'est affirmée à partir de la physique de Newton pour fonder un modèle objectif de l'univers. D'après la méthode scientifique, tous les aspects des phénomènes complexes peuvent être compris en les réduisant à leurs éléments constituants. Il s'agit ensuite d'établir des relations mathématiques permettant de relier ces éléments à travers des lois vérifiées expérimentalement. Par la compréhension de ces lois, la science maîtrise l'environnement matériel sans comprendre les principes qui sous-tendent son organisation. Car si elle mesure les phénomènes quantifiables et répétitifs, la méthode scientifique exclut l'univers intérieur de son champ de compréhension et d'étude.

La séparation cartésienne entre esprit et matière conduit à une coupure entre le sujet connaissant et l'objet à connaître. Cette approche est remise en question par les scientifiques eux-mêmes, notamment par les découvertes de la physique quantique. C'est ainsi qu'il faut comprendre le témoignage de Geoffrey Chew, directeur du département de physique à l'université de Berkeley : *"les physiciens ont prouvé rationnellement que nos idées rationnelles sur le monde dans lequel nous vivons sont profondément déficientes. Notre lutte habituelle en physique avancée peut ainsi n'être qu'un avant-goût d'une forme complètement neuve de l'intellect humain, effort qui non seulement sera extérieur à la physique mais ne pourra même pas être qualifié de scientifique."*

La physique quantique a démontré expérimentalement que les particules subatomiques pouvaient être considérées à la fois comme onde et comme corpuscule. Il en est de même pour la conscience qui fonctionne à la fois comme corpuscule (conscience de veille, individuelle, linéaire, logique identifiée, rationnelle) et comme onde (conscience d'éveil, transpersonnelle, créatrice, intuitive, globale). La *Science Unitaire,* dont le domaine d'application est à la fois visible et invisible, ne peut se limiter à des données quantifiables et mesurables. À l'attitude empirique qui est celle de l'observation des phénomènes, à l'attitude analytique qui est celle de la compréhension des lois, la *Science Unitaire* intègre la connaissance intérieure des principes. À la démarche rationnelle, elle ajoute donc une démarche de conscience qui est opérationnelle, et ceci en utilisant des instruments de perception et de mesure qui sont ceux des facultés supérieures de l'être humain. La fiabilité de ces outils utilisés individuellement peut être justement suspectée, tant leur précision dépend de l'évolution et de la maîtrise de l'expérimentateur. Vérifiée par une équipe de plusieurs chercheurs qui se rejoignent dans leurs observations, et ce durant une continuité expérimentale de plus de vingt années, cette démarche devient un mode d'exploration fiable qui s'appuie plus sur la résonance que sur le raisonnement. Cette recherche ne peut se déployer qu'au sein d'une équipe d'êtres qui ont développé leurs facultés supérieures à travers une longue expérience et un entraînement difficile.

La psychologie mécaniste du début du siècle a qualifié de paranormal tout ce que sa méthode limitée ne lui permettait pas d'expliquer. Sachant que le cerveau humain est utilisé très en deçà de ses possibilités, comment peut-on rejeter dans l'ombre toutes les conceptions et manifestations qui ne rentrent pas dans le cadre de cette vision réductrice ? Pour pallier à cette limitation sont apparues de nouvelles sciences. La parapsychologie tente de mesurer et de comprendre les phénomènes de perceptions extra-sensorielles ainsi que les influences de l'esprit sur la matière. La psychologie transpersonnelle, quant à elle, dresse une cartographie des états supérieurs de conscience en étudiant les expériences qui sortent des cadres habituels de la réalité spatio-temporelle perçue par les cinq sens.

Toute science se définit par un domaine de recherche, des expériences, une méthode, un langage et la constitution de modèles. Fritjof Capra détermine les modalités scientifiques qui seraenit celles d'une science de la conscience : *"Je suis tout disposé à qualifier de scientifique toute approche de la connaissance qui satisfasse à deux conditions : une base empirique et un processus de constitution de modèles... Le processus de constitution de modèles revient à former un réseau de concepts logiquement cohérents afin d'interconnecter les données observées... Une véritable science de la conscience s'attachera plus aux notions de qualité qu'à celles de quantité et se basera sur des expériences partagées plutôt que sur des mesures vérifiables."* ([2]) La *Science Unitaire* répond à cette définition puisqu'elle possède une base empirique et qu'elle propose des modèles originaux : elle exprime un réseau cohérent de notions renvoyant à des expériences internes très précises. Les centaines de notions issues de la *Science Unitaire* ont une cohérence inéluctable qui nous permet de mieux comprendre les trames de l'intra-univers en explorant une totalité interdimensionnelle qu'un mental linéaire ne pourrait ni concevoir, ni aborder.

UN LANGAGE DE RÉSONANCE

La création d'un vocabulaire s'avère nécessaire dès lors qu'il s'agit de nommer des réalités, des perceptions, des concepts qui ne sont pas exprimés dans le langage ordinaire. Les langages et les notions issus de cette recherche sont autant de supports à une résonance intérieure. Impossible de *"parler comme tout le monde"* pour rendre compte de ce qui n'est pas limité à ce monde. Impossible de réduire une conscience supérieure aux normes conceptuelles du monde

---

2. *Fritjof Capra :* Le temps du changement.

tridimensionnel où évolue notre corps physique. Notre culture moderne n'avait pas, jusqu'à présent, élaboré de langage susceptible de décrire précisément cette réalité interne de l'univers. L'utilisation d'un lexique parfois réclamé par des lecteurs s'avérerait une facilité et un piège enfermant les nuances subtiles d'une résonance dans les limites étroites de définitions que l'on peut découvrir au cours de la lecture. Le langage est le corps physique de la pensée. Aborder celui de la *Science Unitaire*, c'est suivre une pensée à partir d'une précision intérieure. On peut reprendre en compte le conseil des alchimistes qui disaient : *"Lis, lis et relis encore."* C'est ainsi que, de lecture en lecture, l'apprentissage du langage conduit à la compréhension de la pensée. Chaque lecture vous transforme et vous éveille à une perception plus intérieure jusqu'à vous accorder à la vibration dont ce langage est le support. Pour ceux qui participent à une telle résonance unitaire, une présentation ne sert à rien. La présence vibrale inscrite au cœur de ces formulations parlera à ceux qui ont *"des yeux pour voir et des oreilles pour entendre"*, et ceci bien mieux que tous les commentaires.

Dans le langage de la *Science Unitaire*, certains mots sont anciens et, après les avoir reçus, l'auteur a pu en retrouver les traces dans les textes du passé. D'autres sont créés et il faut parfois aller à la racine du mot, qu'elle soit grecque, latine, sanscrite ou autre, pour en trouver la signification. D'autres, issus de la compilation de plusieurs mots, sont des néologismes plus synthétiques, plus précis, décrivant les processus en cours. Ainsi la *méditaction* est une méditation accompagnée d'une activité intense de réunification. L'*élergie* est une élévation de l'énergie. La *substilisation* est une subtilisation de la substance. Dans cet ouvrage, la plupart des informations sont d'ordre général mais certaines concernent plus particulièrement les participants à cette recherche. Elles apportent soit des précisions sur les éléments vécus au sein de l'équipe, soit des conseils sur la ligne à tenir pour ceux qui envisagent de participer à ce type de processus.

LA QUÊTE D'UN PIONNIER

Comme tous les pionniers, IJP. Appel-Guéry a dû lutter contre les préjugés socio-culturels dominants, qu'ils soient religieux ou scientifiques. Dans toutes les découvertes humaines, c'est à la suite d'un long et lent travail de maturation, d'évolution et d'éducation – à travers le renouvellement des générations – que ce qui paraît étrange, déroutant, scandaleux, incompréhensible, devient peu à peu une référence. Ces dix dernières années, beaucoup d'informations ont été diffusées sur l'existence d'autres continuums d'énergie-conscience à travers les récits de voyages hors du corps, d'expériences de mort imminente – les fameuses N.D.E. – ou sur les ovnis reconnus officiellement par des autorités militaires et scientifiques. De toute cette sensibilisation émerge une autre vision du monde qui est celle d'un âge cosmique dans lequel rentre l'humanité. L'approche uniquement spirituelle crée des individus coupés de leur base et de leur potentiel. Cette vision angélique, éloignée des réalités matérielles rend difficile toute possibilité d'action et de compréhension précise de l'environnement. De même, une approche uniquement scientiste enferme l'être humain dans une vision réductrice et systématique qui castre l'individu de toute la richesse d'information contenue dans ses perceptions intérieures. Parce que ce sont les deux moitiés, à la fois antagonistes et complémentaires, d'une même conscience, les attitudes scientifiques et spirituelles peuvent se réconcilier à travers cette *Science Unitaire* qui emprunte à l'une la précision et la rigueur du savant et à l'autre l'intériorité et la connaissance de l'initié.

Réconciliant raisonnement et résonance, abstraction et intuition, approche analytique et synthétique, la *Science Unitaire* marque une étape décisive pour l'affirmation de cette synthèse entre science et conscience vers laquelle s'orientent de nombreux chercheurs. Qu'ils soient occidentaux ou orientaux, ces penseurs estiment que l'humanité aborde un nouveau cycle de son évolution et que, de la même manière que l'homme émerge de l'animal, une conscience supérieure doit émerger de l'humain. L'écrivain Peter Russel croit à une accélération exponentielle du niveau de conscience de l'humanité : "*En appliquant la théorie de Sheldrake au développement des états modifiés de conscience, on pourrait prédire que plus il y aura d'individus qui vont élever leur niveau de conscience personnel, plus le champ morphogénétique des états de consience altérés se renforcera et plus il sera facile pour les autres d'atteindre ces états.*" Voici donc venir une race qui ne serait plus celle des Homo Sapiens mais, selon l'expression du philosophe John White, celle des Homo Noéticus ainsi défini : "*À cause de leur conscience et de la connaissance qu'ils ont d'eux-mêmes, ils ne permettent pas que les formes imposées par les traditions et les institutions sociales fassent barrage à leur développement. Leur psychologie transformée repose sur l'expression de leurs sentiments et non sur la suppression de ceux-ci. Leur logique est multidimensionnelle, intégrée, simultanée et non plus linéaire, séquentielle, exclusive. Leur sens de l'identité est global et embrasse la collectivité. Leurs capacités psychiques sont utilisées à des fins bienveillantes et morales.*" Pour Edgar Morin, nous vivons encore dans "*la préhistoire de l'esprit humain*" et il nous faut développer "*une pensée apte à saisir la multidimensionnalité des réalités*". Certains esprits pionniers comme Appel-Guéry sont les pionniers de cette nouvelle pensée. Saurons-nous les suivre en effectuant un saut qualitatif qui repose sur le développement personnel et l'évolution intérieure ? De la réponse de chacun dépend le destin de tous.

Olivier BRETEAU

Science unitaire de l'intra-univers

Cet ouvrage présente un certain nombre d'éléments qui ont été enregistrés à partir d'une dimension d'unité interne. À travers ce cheminement interdimensionnel, il est possible de comprendre des informations et des concepts permettant de clarifier des notions dont les éléments restent souvent obscurs au cours de la vie humaine, car ils sont vus d'une manière extérieure alors que l'origine de leur configuration procède d'une dimension intérieure. C'est pourquoi les signatures qui sont dans cet ouvrage sont destinées à produire dans l'individu une réflexion d'un nouveau type, dont la liaison sera extrêmement télépathique avec ces dimensions d'unité interne.

La compréhension de cet ouvrage n'est pas seulement une analyse dialecticienne de la figure. C'est une participation opérationnelle aux éléments émergents et synthétiques de toutes ces opérations dont les éléments de transfert sont déjà enregistrés dans une tablature où les créatures formelles s'inscrivent en conscience ou en inconscience. Les processus d'impérieuse figure et de synthèse unitaire ainsi décrits sont des explications de phénomènes trop souvent analysés d'une manière très partielle et très extérieure, comme le sommeil, les apparitions d'objets volants non identifiés, les génies, les signatures de coïncidences entre les existences, les transformations de l'être au cours de sa vie, les rapports entre l'homme et la femme, les rapports entre un individu et un groupe, les rythmes de la destinée, l'influence des forces sur la créature humaine.

Tous ces éléments sont rattachés à un contexte global qui permet à l'individu de se situer et de mener à bien son évolution. Celle-ci ne peut être conçue correctement que dans la mesure où le maximum des facteurs intervenant sur les transformations successives de la créature au cours de son évolution est parfaitement clarifié et lui donne un concept réunifié de l'ensemble de sa configuration. C'est ainsi que cette opération, vécue d'une manière très intériorisée et opérationnelle, permet de se préparer correctement au passage des portes de la mort, des portes du mortel jusqu'aux portes de l'immortel. Elle permet ainsi à chacun de refaire, à sa mesure et dans son plan, la communication entre l'extra-univers, l'univers et l'intra-univers, c'est-à-dire les éléments qui permettent à l'être de refaire la conjonction entre la Création, la Créature et le Créateur.

Jérôme 208 éternel 350

COORDINATION INTERDIMENSIONNELLE
pour la rédemption de l'humanité
réaccordable à la Confédération galactique

Note explicative

La conscience télépathique instantanée des supraconsciences du réseau unitaire intra-universel ne peut pas être retranscrite aisément dans le langage ordinaire. Des mots nouveaux ont été transmis qui seront pour chacun, soit le sujet d'une réflexion, soit le support de concepts nécessaires à l'esprit humain pour accéder à une dimension de conscience supérieure. Pour faciliter la lecture, ces mots créés ont été écrits en italique dans le texte.

CHAPITRE 1

OPÉRATION DE TRANSFERT UNITAIRE

CONSTITUTION, RYTHME, CONTRÔLE DES TRANSFERTS

*

CONSEIL 6 – VIVANTS ET MORTS

*

CONTRÔLE D'INTÉRIORITÉ

*

RÉINSERTION UNITAIRE INTERNE

I CONSTITUTION, RYTHME, CONTRÔLE DES TRANSFERTS

1. Raisons empêchant le contact entre la numération interne et l'être de synthèse

La numération interne du corps de l'homme est prête à rencontrer son être de synthèse, et il y a des raisons pour lesquelles ceci ne se fait pas. La majorité du temps, l'homme est en tracé extérieur par rapport à son circuit de numération unitaire interne, et il garde une partie de ses éléments de synthèse pour des opérations extrêmement extérieures. L'ampère énergétique de son corps, c'est-à-dire la situation énergétique de son corps, est dispersé dans des opérations qui n'ont pas de signature avec d'autres dimensions de synthèse.

Dans certaines conditions d'existence, la forme numérale des êtres est beaucoup plus adaptée à leur corps biologique. Les éléments impérieux demandent des transferts, c'est pourquoi la plupart du temps les gens se déplacent sur des zones lourdes pour essayer de transférer leur système de puissance. Mais la matière impérieuse est toujours une question de signature, c'est-à-dire qu'il ne suffit pas d'aller sur des lieux où sont des puissances. Il faut encore pouvoir réaliser, sur ces zones, des architectures de contrôle qui permettent le transfert de ces forces. La majorité des gens sont effectivement appelés par leur signature de puissance, mais la consécration de leur système de synthèse étant insuffisante, ils sont dans l'incapacité de créer des conditions pour transformer ces étages ([1]) de puissance en des systèmes intégrés dans les zones de déconnexion.

1. *Étages : plans organisés et construits, habités comme dans une structure à étages.*

2. Organisation de l'existence en fonction du transfert

La question du transfert d'une signature sur un autre continuum est une question d'organisation permanente de l'existence. La plupart des gens qui ont un vaisseau de numération qui les surveille ont un contrat d'intériorité accéléré. La forme de leur corps est souvent adaptée à ce genre de signature, car ils ont des opérations à mener qui leur demandent des signatures parfaites en ce qui concerne leur *corporéité*. Mais un transfert d'émetteur 6 demande aussi des étages de contrôle plus renforcés à partir du moment où un être devient le siège d'une synthèse de coordination unitaire. C'est là que les étages de subtilité qui sont à l'intérieur d'un être vont conditionner à la fois, d'une part, les étages de son système de mutant impérieux – c'est-à-dire les circuits qui vont se déplacer à l'entour de son système pour le conduire dans telle ou telle zone de puissance – et, d'autre part, le circuit de numération intérieure, dans lequel il y aura pour ces êtres de contrôle intérieur, des signatures de puissance extérieure qui seront mises en place pour leur permettre de réaliser leur programme.

La plupart des gens qui ont des communications avec des signatures de synthèse ont des opérations à faire à l'extérieur comme à l'intérieur. C'est la manière que nous avons de transformer le monde, de faire agir ces êtres pour effectuer des manœuvres de transfert entre ce qui concerne les puissances de force inférieure et les signatures de sumérienne essence. En général, lorsque l'on demande une opération d'unification sur un corps, ce qui est engagé dans ce système se trouve très partiel par rapport à ce qui peut y être engagé par la suite. En effet, les modifications qui se déroulent extérieurement à ce corps doivent être progressivement accordées à l'environnement. Certains êtres sur ce plan ont une partie de leur système d'émetteur interne qui est dans un état de latence par rapport à des opérations pouvant se dérouler dans le futur en ce qui les concerne. Mais les contrats de transfert, en général, disposent d'un pouvoir de numération qui exécute le plan d'une manière accélérée et permet aux êtres de signer leur contrat avec une rapidité souvent six ou sept fois plus grande que ce qui se serait déroulé dans une existence non numérotée.

3. Disparition des éléments dispersifs

Ainsi, les étages de synthèse qui sont signés sur un corps coupent de ce corps toutes les opérations dispersives qui auraient pu être menées et qui auraient empêché ce véhicule de réaliser le contrat de numération synthétique. C'est la raison pour laquelle souvent, à partir d'un contact de numération, on voit les éléments humains habituels et accrochés à une vie plus ordinaire se détacher et disparaître complètement de l'existence de ce véhicule qui entre dans une programmation unitaire absolument numérotée pour effectuer son passage à une vitesse au moins trois à six fois plus rapide. Quelquefois, exceptionnellement, cela atteint sept ou huit fois, mais c'est très rare car l'homme n'est pas toujours en mesure de garder son équilibre dans des zones de transfert accéléré. C'est pourquoi les êtres de cosmique essence essaient de numéroter les codes avec une vitesse adaptée aux possibilités d'un organisme, car les forces de mutants inférieures sont énormes, et l'homme doit transférer beaucoup de ces énergies de puissance.

4. Équilibre de l'être et vitesse de transfert

Nous voyons des corps passer par des phases de déséquilibre. En effet, le travail à faire est tellement intense que, lorsque l'on déclenche une numération de synthèse sur un être dont la polarisation est très lourde et qui se trouve dans un champ de mutants par association, par exemple, avec d'autres êtres qui ont un niveau d'accélération cinq ou six fois plus grand que la normale, certains êtres sont accélérés quatre ou cinq fois. Il est alors extrêmement difficile de faire un équilibre entre ceux qui ont une possibilité d'accélération jusqu'à six, sept parfois et les êtres dont l'émetteur de transfert ne peut supporter que quatre ou cinq figures de numération. En général, le déplacement de numération est freiné par les êtres qui ont un rythme plus lent, et la confédération des synchronisateurs essaye alors d'utiliser des véhicules qui soient les plus aptes à circuler à la vitesse demandée. S'il n'y a pas de normalisation s'effectuant sur d'autres corps, on emploie les corps qui se présentent à des vitesses plus lentes, mais ceci se réalise autour du véhicule du synthétique le plus actif. Quelquefois, cela déclenche dans les véhicules qui sont associés des accélérations de transfert énergétique qui communiquent à ce corps des raccordements de force plus élevés que ce qu'il aurait été en mesure de signer si son rythme d'émetteur avait été uniquement adapté à sa signature. De sorte que les contrats de transfert sont très difficiles à numéroter dans un être dont les systèmes de contrôle personnels ne sont pas en mesure d'effectuer cette communication d'une manière exacte.

La mutation est bénéfique pour l'individu tant qu'il a la possibilité de garder son équilibre. Mais si jamais son système d'émetteur extérieur est trop faible par rapport au fondement d'une numération s'effectuant dans son système, alors des portions d'espace-temps ne sont plus couvertes et nous arrivons à des zones de *disrupture* énergétique qui conduisent à ce que l'on considère comme des cas de conscience anormaux. Ceci se réalise quelquefois au cours de changements de numération de certains êtres qui doivent alors être extrêmement éloignés de la signature parce que leur configuration *mécanienne* est absolument incapable de signer le contrat de transfert à la vitesse décrite par un système de numération accordé à une vitesse supérieure à ce qui est possible d'être enregistré par un être de niveau inférieur.

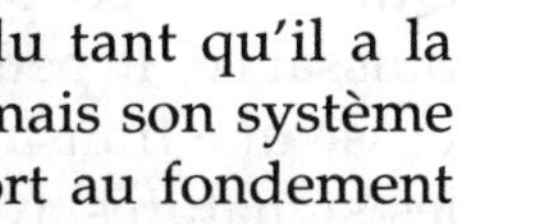

5. Rythme de transfert et cercles de l'unité

Maîtresse de l'unité ouvre des portes à ceux qui sont capables d'enregistrer des signatures de numération synthétique : ceci est l'opération de synthèse unitaire interne. C'est plus tard, quand le véhicule s'est dégrafé de systèmes d'arrimages puissants, que l'on voit à quel rythme exact le corps biologique humain de cet être est capable de s'investir dans une numération plus rapide. C'est seulement à ce moment-là que l'on peut voir quelle est la limite exacte de ce véhicule, et donc que se fait le jugement de l'unité de transfert qui s'occupera de ce circuit. S'il s'avère que l'émetteur d'intériorité de cet être n'est pas capable de suivre le rythme d'une signature de numération en grande voie d'accélération, il devient nécessaire d'exécuter le plan sur une autre dimension et nous numérotons cet être sur un autre système. C'est alors que cet être se sort de l'organisation d'un système pour essayer de rattraper ses codifications sur une autre planche énergétique dont le degré d'intensité de transfert est moins important.

Dans les cercles de l'unité, il existe d'autres possibilités. Quand un corps d'émetteur intérieur limite ses zones de puissance, il peut avancer dans un circuit plus unitaire. Il se passe une transformation de l'être qui lui permet de concevoir les signatures avec plus de précision. Cette manœuvre a déjà pu être effectuée sur certains véhicules, dans des conditions très précises. Les corps de mutants qui s'investissent alors dans ces véhicules quittent leurs zones d'énergie sumérienne et viennent s'investir dans leur système matériel. Comme vous avez compris, le corps est alors un lieu de transfert sur certaines figures de synthèse. Les vieillards qui veillent sur ce corps sont de deux sortes. Quelquefois, ils veillent à l'intérieur de ce corps et quelquefois ils veillent sans être dans ce corps. C'est pourquoi la matière de ce corps se change de niveau selon qu'elle est intériorisée par un système d'émetteur sumérien ou qu'elle est dans une situation d'extériorisation par rapport à cette figure. Le 66 est un code de numération qui s'investit à l'intérieur de ce système. Le 84 est un système qui reste dehors. Quand vous veillez sur un corps, vous avez donc la possibilité de l'investir intérieurement ou de lui rencontrer son système par des moyens extérieurs. Dans un corps de synthèse, l'émetteur est toujours à l'intérieur. Mais le corps de synthèse s'amoncelle sur une antenne de synthèse unitaire sans cesse, c'est-à-dire qu'il rapporte toutes ses figures sur cette antenne. Une telle communication est bonne, car un être de ce type a un pouvoir de synthèse énorme par rapport à la majorité des êtres du monde. Il est très compliqué de vivre un tel type d'existence car le monde est engagé dans une voie lourde et pour faire le travail d'un corps de synthèse, au contraire, il faut des mondes assez subtils.

6. Mutation d'intériorité lumineuse et contrôle de synthèse

La matière d'intériorisation est, d'une certaine manière, une matière lumineuse et parfaite. Quand un corps de matière extérieure s'investit dans cette énergie lumineuse, il devient une sorte de phare dans la nuit, et les codes de synchronisation qui sont à l'extérieur de ce signal sont toujours assermentés pour faire des opérations accordées à ce corps illuminé. Quelquefois les *maîtreurs* 10 ([2]), qui sont des résonateurs de puissance assermentés autour des corps, demandent que les corps soient assignés à cet état lumineux, parce que leurs opérations sont très compliquées. Si la luminosité est très grande, les appels de numération externe sont très forts, et les *maîtreurs* d'extériorité ont d'énormes difficultés à contrôler la situation, la mutation d'intériorité étant une signature que beaucoup d'êtres subtils aspirent à retrouver.

Quand un véhicule est dans ces conditions, des déplacements d'énergie très violents se font dans sa direction pour trouver le passage vers une dimension synthétique unitaire. Les contrôleurs de synthèse limitent donc les zones de numération interne à cause de ce phénomène. Si, par contre, ce véhicule est en mesure de souder des contrôles non pas seulement subtils mais aussi substantiels, et quelquefois

2. Maîtreur : celui qui contrôle et maîtrise une figure.

matériels, la situation est totalement différente, parce que les résonateurs d'émetteur 6 qui percent les vortex extérieurs ne peuvent conférer au système que des figures parfaitement choisies. Cette opération devient alors une excellente signature de mutation. Ce qui importe, c'est seulement de pouvoir disposer d'un corps qui a des forces de contrôle subtiles permanentes. La violence d'un système d'émetteur interne gravé sur une signature de puissance est énorme. Les otages de synchronisation qui s'investissent autour de ce corps sont souvent très éprouvés, parce que les portions d'espace-temps sont lourdement chargées et les conseils de l'ordre signent des contrats progressifs pour ces énergies synchronisées. Quand on veille sur certains corps, on veut passer à l'intérieur pour pouvoir travailler lentement dans ces corps. Mais c'est compliqué de travailler dans un corps lumineux intercalaire, c'est-à-dire laissé en partie sur ce plan et en partie sur un autre, car les forces de mutants qui s'investissent dans ce corps peuvent déclencher des opérations au-delà des limites de numération ordinaires pour ce véhicule.

Mais les *mosseurs*, c'est-à-dire les "mothers", les mères qui veillent sur les corps d'extériorité, *cupulent* ([3]) des circuits jusqu'à leur subtil état pour effectuer des interventions lumineuses, mais du côté de la mère, c'est-à-dire qu'elles peuvent aspirer l'énergie subtile d'un corps en fonctionnement, et cette opération-là peut coûter très cher à des véhicules de signature sumérienne. Leurs éléments de lumière veulent éviter ce genre de corrélations. Pour cela, il est indispensable que le corps soit intériorisé dans une zone relativement paisible pour que les conseils 6 viennent mais qu'ils ne soient pas payés trop cher.

3. Cupuler : maturer et protéger dans une coupe.

II. CONSEILS 6 VIVANTS ET MORTS

Le conseil 6 concerne toutes les opérations qui permettent à l'homme de s'adapter plus aisément à son existence de forme, mourants et vivants bien sûr.

1. Vivants et morts

Les vivants sont des corps qui sont capables de résonner encore avec leurs cercles sumériens. Les *murants* sont ceux qui ont muré leur signature d'émetteur et qui n'arrivent plus à quitter leur corps de forme pour rencontrer leur circuit supérieur. C'est pourquoi, dans les aimantations qui se sont faites et les diverses transmissions des messagers du ciel, ils ont parlé des vivants et des morts. Les véritables vivants sont ceux qui restent reliés à une signature intérieure. Les morts sont ceux qui ont perdu ce contact de numération. Mais il faut dire que l'on peut encore les réveiller en leur parlant et en leur expliquant la vérité. C'est cela réveiller les morts, ressusciter les morts. En ce qui concerne les morts de la forme, ceux qui sont déchus dans la destruction, s'ils ont été sumériennement accordés, ce n'est pas un problème de disparaître sur un plan de forme. Leur confédération interne se signe. On entend par confédération interne l'ensemble des éléments énergétiques qui ont concouru à l'existence de ce type de conscience et de créature. Donc, ces éléments unitairement accordés se réintègrent dans le système d'émetteur 10, et la partie subtile de leur circuit se signe avec des contrats de synthèse qui peuvent être stabilisés, mais pas en général. La plupart des êtres qui disparaissent du plan de la forme ne peuvent pas créer de codifications sumériennes. Leurs corps d'énergie sont très petits, et pas tout à fait codés. De sorte que leur science intérieure est leur seul moyen de continuer à être dans le plan du monde sumérien. Cette science est quelquefois loin des éléments réels de ces mondes sumériens parce qu'ils n'ont pas suffisamment travaillé durant leur vie à percevoir les zones de force, et ils créent assez de signatures souvent très mauvaises au départ. Nous émettons donc des contrôles vis-à-vis de leur figure parce que leur science imparfaite crée des puissances néfastes aux limites lumineuses. Nous émettons alors des contrôles et ils restent dans les zones que l'on appelle, dans le plan formel, le bas astral. C'est un état énergétique dans lequel des éléments lourds s'amoncellent. Ils restent dans ces zones en s'entrechoquant, sans rencontrer de signature de synthèse, parce que ces zones sont destinées à se neutraliser progressivement.

2. Organe de transfert sumérien et soudure de synthèse

Une grande majorité des corps de forme ont écarté d'eux la science et vivent dans des mondes inférieurs. Coupables de destruction, ils s'amoncellent dans des zones violentes et leur corps de force est tiré surtout par les éléments inférieurs. Quand ils veillent sur ces corps de vie, les êtres supérieurs demandent des opérations de subtilisation, ce qui est généralement fait par certains groupes. Le moteur d'intériorisation est changé progressivement à l'intérieur des transformations qui se font dans des véhicules encore matérialisés au point de vue de la forme. Cette opération est très onéreuse. La plupart du temps, les corps qui n'ont pas signé leur contrat suffisamment unifié dans un autre dimensionnel sont lissés progressivement avec le temps, lentement, dans des zones inférieures cadrées par des anges d'un type lourd, pourris et destructeurs pour les forces nulles qui sont à limiter. Mais cette opération n'est pas vraiment ce que nous souhaitons aux créatures de la forme.

Plus tard, vous comprendrez que lorsque vous vivez dans un monde d'élévation, vous avez une conception libre des choses, et vous ne voulez pas enfermer les êtres dans des signaux durs. C'est la nécessité de conserver l'unification qui nous conduit obligatoirement à tenir des réseaux de ce type pour éviter des défigurations sur les zones de force les plus élevées de notre organe de transfert ultime.

L'existence est toujours aléatoire. Les corps qui s'investissent sur ce monde sont toujours livrés à des tensions de toutes sortes. Ceci fait qu'en réalité leurs opérations d'émetteurs sont toujours dispersées dans plusieurs directions, et il y a peu d'êtres qui disent après leur départ sur la terre : "Je vais recommencer mon élévation à tous les étages de mon système." Ils hissent leur corps à une certaine dimension pour réaliser leurs opérations dans ce monde, mais ils ne gravent pas leur signature suffisamment haut pour que leurs éléments utiles à l'énergie sumérienne puissent être enregistrés. Ils accumulent alors beaucoup de soudures numérales qui ne servent pas justement à la soudure. Cela crée des existences assez nulles pour livrer leur contrat à une autre dimension. Ils ne disposent pas des moyens de rencontre interdimensionnelle.

Ainsi, le fait d'avoir créé un organe de transfert sumérien va offrir la possibilité à des gens, ayant accumulé pendant toute leur existence des signatures de sumérienne essence sans jamais pouvoir se rattacher à une dimension de synthèse, en l'espace de quelques minutes parfois, de se servir de leur énergie de soudure énergétique pour pouvoir faire le raccordement à leur dimension de synthèse et ainsi pouvoir réorganiser leur existence d'une nouvelle manière. Mais cette opération est encore à l'état embryonnaire pour certains êtres qui se raccordent à l'unité. Ils ne réinsèrent pas certaines personnalités qui ont des signaux de numération accordés à des systèmes initiatiques, car leur conseil 6 travaille encore souvent à leur remise en état confédéré, c'est-à-dire au réaccordement de tous les éléments qui les constituent les uns et les autres. Ils ont encore à finir des opérations de consécration de ceux qui vont être les plus appropriés pour réaliser la relation avec les signaux de numération.

III CONTRÔLE D'INTÉRIORITÉ

1. Nécessité du contrôle et valeur énergétique unitaire

Le corps de forme est un état subtil très spécial qui demande à être traité avec beaucoup d'exactitude, car ses scellements d'énergie sont complexes. Une partie des *maîtreurs* qui veillent sur les corps sont issus du monde extérieur à la *mondenité* (4) interne. Donc, ce sont des systèmes qui resteront sur le plan des moteurs externes. Ils vous aident en partie, et en partie ils s'alimentent sur votre système d'émetteur. Si vous avez un système d'émetteur interne très puissant, votre coordination est bonne et vous pouvez parfaitement contrôler les étages de numération qui sont à l'extérieur de vous. Mais si votre système de numération n'est pas très bon, l'opération inverse se réalise. Les systèmes d'extériorité, qui vous auraient tenu lieu de contrôle, peuvent au contraire vous faire perdre vos énergies de numération et ainsi vous démunir de toute possibilité d'un contact avec les signatures de synthèse.

Ainsi, le contrôle d'intériorité est une figure absolument indispensable pour l'érection d'un être. Son opération d'intériorité dépend absolument du contrôle qu'il a sur les aimantations réalisées à l'intérieur de son corps sumérien. Pour effectuer cette manœuvre dans les meilleures conditions, il est indispensable de concevoir la ligne d'énergie interne qui réalise la corrélation d'un être avec son cercle sumérien. Le corps n'est pas une figure formelle, c'est une figure sectionnée du monde de l'énergie interne, et c'est la raison pour laquelle il faut le considérer comme quelque chose qui a une continuité énergétique et subtile avec d'autres plans. La chute est la perte de la conscience de continuité. L'homme qui a perdu son sens de la continuité est un homme tombé. Il a un

4. Mondenité : monde allié à l'unité.

vaisseau qui ne travaille plus correctement. Son corps est atterri et ne communique plus avec le cercle des synthèses. Un rédempté est quelqu'un qui a rassemblé ses figures d'émetteur externe et signé son contrat d'unification à l'intériorité universelle.

Coupables de destruction extérieure, les hommes souvent se méprennent sur les apparitions qui se font dans ce monde. Ils regardent les choses d'un œil extérieur, ils comptent les êtres en fonction de leurs possibilités sur le monde extérieur et rarement en fonction de leurs possibilités sur le monde unitaire et supérieur. C'est bien là où il y a une énorme différence avec ceux qui vivent dans l'immortel. Ainsi ceux qui sont dans l'immortel, qui finalement déclenchent tout dans les mondes extérieurs, ont une seule vision, la valeur énergétique unitaire intrinsèque d'un être. Sa puissance d'émetteur interne est beaucoup plus importante que sa force d'extériorisation. Il est bien évident qu'un être est d'autant plus immortel qu'il a un pouvoir d'unification interne plus intense et il est d'autant plus mortel que son pouvoir d'extériorité est plus intense.

2. Contrôle d'intériorité

Un contrôle d'intériorité peut être *érectionné* dans un système de mutant interne très fort. Il a alors un pouvoir de numération unitaire interne au-delà de toutes les possibilités que même dix millions de personnes peuvent avoir, car le contrôle d'intériorité n'est pas une opération qui peut se faire en une seule existence. Cette opération se réalise en plusieurs existences pour que le contrôle d'intériorité soit aussi numéroté. Par exemple, il peut falloir pour un véhicule au moins six cent vingt-trois existences pour que son contrôle d'intériorité soit aussi numéroté.

Quand nous parlons d'existence, notre configuration d'intériorité n'a pas les mêmes conceptions que celles que vous avez dans l'extériorité. Les contrôles de numération ne sont pas tous pareils. Certaines incarnations se font dans des mondes beaucoup moins condensés que ceux de la terre. Vous avez donc des sortes de sorties hors du monde de l'intériorité qui se font, par exemple, à l'étage 625. Ce n'est presque pas une sortie. Vous restez en contact très étroit avec les numérations de synthèse unitaire, et vous avez une petite dimension de formalisation qui se crée. Mais ce n'est pas du tout comparable à ce qui se passe quand vous avez un corps de violence tel que celui qui est sur la terre. Celui-ci est un corps divisé qui est à l'étage 8623652. Vous voyez, l'étage compagnon de ce corps est loin, très loin des étages de numération unitaire. C'est pourquoi les forces de mutants qui sont dans ces zones sont souvent très puissantes, très violentes. Quelquefois, le corps d'intériorité ne peut même plus communiquer avec ces champs d'émetteur tellement ils sont lourds. C'est pourquoi il est nécessaire d'envoyer des contrats d'énergie plus accordés à cette continuité de numération, et nous investissons alors des corps de sumérienne essence qui ont été gravés sur toutes sortes d'étages.

Quand nous parlons de six cent vingt-trois incarnations, ce n'est pas seulement sur un plan de corps, ce n'est même presque pas du tout sur un plan de forme tel que celui qui est sur la terre. Ce sont surtout des interventions sur des zones de numération qui ont été, au cours du temps, des portions d'énergie-conscience permettant, à travers toutes sortes de relais, de faire des expériences assez instructives pour que maintenant cette configuration soit en parfait accord avec les signatures de l'unité et divise leur signature avec beaucoup d'exactitude, même si l'incarnation en arrive jusqu'à un plan de forme aussi lourde que ce qui se passe sur cette planète. La violence des énergies de ce monde est d'ailleurs très difficile à contrôler. C'est une épreuve particulièrement importante que d'entrer dans ce genre de puissance. Mais initiatiquement, c'est aussi extrêmement intéressant.

3. Confédération sumérienne, déconnexion et réunification

Ceux qui ont un pouvoir de contrôle suffisant rentrent dans cette planète et gardent les éléments de transfert synthétique en bonne ligne. La configuration du système d'intériorité est alors suffisamment forte pour garder le contact avec le système de métallisation sumérienne. Dans ces conditions, les cordes de numération qui s'investissent dans cette zone permettent de renforcer les synchronisations entre le monde et les autres figures de l'énergie. Ne sont réunifiables que les corps qui se trouvent dans un champ de polarisation intéressant parce que les contrats de transfert sont en continuité, ce qui est tout à fait rare sur cette portion d'espace-temps puisque la continuité des contrats de transfert d'un corps y est exceptionnelle.

La confédération sumérienne a décidé une déconnexion de ce plan, vu les corps finis qui sont à l'intérieur de ce monde et qui ont des vies très lourdes par rapport au système d'éther subtil concernant les étages sumériens internes. Cette situation, cette opération qui a été menée, organisée par un plan éternel, limitée dans le temps et gardée par des forces très grandes, sera acceptée comme étant expérimentale pour une opération concernant les zones d'univers où s'effectue cette opération. Mais ce ne sera pas une signature qu'il sera conseillé de répéter dans d'autres zones, parce que cette opération confère aux ordres qui la font de lourdes charges d'énergie et donne aux bourreaux de ce monde un pouvoir aussi important que celui d'un vaisseau de création, ce qui est inimaginable. Nous demandons d'ailleurs depuis dix-huit mille ans à *Sergan* 35 de sortir de cette figure parce que nous ne rouvrirons pas la porte de ce genre d'opération à d'autres univers.

IV RÉINSERTION UNITAIRE INTERNE

1. Pouvoir de réinsertion

Les éléments atomiques, par exemple, sont des *erkanes* de puissance lourds. La partie future de l'humanité qui sera sous ce genre de signature va vraiment devoir traverser des zones incroyables. La mission que certains ont sur ce plan est surtout de graver, dans la mémoire du cercle humain, ce pouvoir de réinsertion qui est intégré dans le codage progressif de cette créature.

Il faut que les sœurs et les frères qui suivront la vie sur cette planète puissent avoir le souvenir d'une réinsertion possible. Les conditions de cette réinsertion dépendent d'une sorte de retour à l'intérieur de soi-même, pas seulement d'une manière mentale, mais d'une manière psychique, vitale et même substantielle. C'est une sorte de réinsertion de l'être à l'intérieur de sa propre créature. Cette opération est très compliquée pour des gens qui ont une passion de l'extériorisation.

La matière 6 est très puissante à ce niveau. Elle attire les êtres dans des zones lointaines et leur fait perdre le sens de l'unité. Mais vous qui avez réussi le contrat d'intériorisation – à partir du moment où vous écoutez ou lisez cette parole, parce que vous avez un diviseur de numération qui a permis cette intégration – vous avez une signature d'émetteur interne qui se réinsère par cette opération, et vous êtes donc lumineusement intégrés. Vous avez un pouvoir d'émetteur. Il y a un temps pour tout, mais ce temps-là est un temps unique, un temps qui vous ramène au tout. Ce temps-là, je vous conseille de le tenir en ligne avec vous, car c'est la seule ligne du temps qui vous permette de retrouver la totalité.

2. Forces primitives et fluctuations extérieures

Le conseil 6, qui veille sur vous pour l'instant, qui capte les émissions de vos âmes, a su souvent souder des énergies, mais elles se sont dérivées parce que la plupart des corps que vous avez se signent encore sur des zones assez lointaines. Vous pourriez effectuer une manœuvre plus unitaire. Pour cela, il faudrait que vous méditiez plus souvent, comme, par exemple, en ce moment, quand vous écoutez ou lisez ces transferts. C'est une signature qui vient d'un autre monde, en somme, du monde de l'intérieur. Comme les *opars* 18, c'est-à-dire les hommes primitifs de cette planète, sont toujours assez puissants, la partie de vous qui résonne avec ces champs d'émetteur ne peut pas suivre très longtemps ce conseil que nous vous donnons à l'intérieur. Il vous est difficile de continuer à intégrer ces signatures parce que la partie extérieure de vous-mêmes, liée à ces hommes primitifs de la planète, vous excite à disperser les éléments de sumérienne essence qui vous sont confiés. 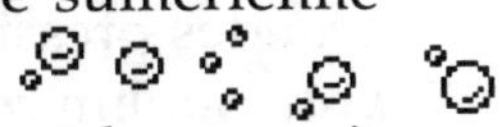

Dans cet instant précis où la configuration est bonne, où vous avez entendu ces éléments qui viennent d'un autre plan, et plutôt de l'intériorité de l'univers, il est bon que vous ayez un acte de maîtrise particulier sur votre corps substantiel. Il faut que vous preniez conscience qu'il y a dans votre signature quelque chose qui vous permet d'être immédiatement et complètement intégrés dans le circuit des lèvres supérieures de l'unité interne. Vous pouvez prendre conscience que, ce qui vous empêche d'entrer en contact avec ces lèvres supérieures, c'est une sorte d'imprégnation charnelle et rouge de votre système d'enveloppe qui devrait être revu à partir de cette ligne de numération touchant à l'immortel. Cet immortel, comme vous pouvez le ressentir, est parfaitement harmonieux, équilibré, paisible, serein, aimant, mais simple, très doux et pas ennuyeux du tout, parce que complet et heureux. C'est quelque chose qui a une égalité d'humeur parce qu'il y a un véritable bien-être.

Les fluctuations du monde extérieur sont toujours des tensions douloureuses. En réalité, quand vous assermentez votre corps à une dimension de synthèse, vous n'avez plus ce type de tension, ces écartements. Vous rentrez dans ce qui est complet, solide, véritable, et qui est le maître intérieur de votre signature. Vous avez des difficultés pour atteindre cet état parce qu'une partie de vous est reliée à la force violente. Vous immigrez souvent dans ces zones de force violente et vous vous rencontrez avec ce champ de puissance lié aux forces primitives. Vous avez des amis qui sont dans ces zones, et vous essayez quelquefois de les changer pour éviter qu'il ne soient complètement pris dans ce plan de la difficulté inhérente à la puissance inférieure. Mais quand vous élevez votre corps, vous n'êtes plus soumis à ce genre de figure. Les essais que vous avez faits déjà ont pu vous montrer à quel point il est intéressant de changer de niveau vibratoire. Parce que vous vivez sur un plan d'infériorisation, vous êtes soumis à de grandes pressions. Quand vous vous élevez, au contraire, vous vous sublimez et vous rentrez dans un monde de paix.

3. Continuité de la conscience-énergie et discontinuité de la forme

Nous sommes dans une situation où nous pourrions communiquer en permanence entre nous. Vous pourriez être des amis permanents du plan des élus. Vous seriez très simples, comme nous et vous auriez un principe, celui de l'harmonie, de la communion, de l'équilibre et de la science. Vous avez une possibilité d'y arriver sans cesse, c'est de regarder et d'examiner tous les moyens dont vous disposez pour minimiser cette espèce de rapport terrible avec le monde de la forme et de la matière. Essayez de réduire au minimum ce dialogue dur avec le monde de la forme, parce qu'il y a là un exercice qui s'effectue avec la puissance formalisante, qui a pouvoir justement pour changer les conditions d'énergie et les accorder à une matérialisation de l'énergie. Cette compression de l'énergie pour en faire de la forme change l'énergie en lui faisant perdre son contact avec la conscience. Dans le plan où nous sommes, la conscience est totalement liée à l'énergie et l'énergie est continuellement liée à la conscience. Il n'y a pas de discontinuité.

À partir du moment où la grande force de formalisation commence à agir, elle comprime l'énergie. Cette énergie comprimée voit exsuder la conscience hors d'elle. La conscience retourne à la conscience, mais cette énergie, tellement pressurisée, perd sa conscience. Ainsi, dans la mesure où vous voulez, avec votre conscience formelle rationnelle de veille, avoir un rapport avec la conscience-énergie permanente, il est effectivement indispensable que vous arriviez à extraire votre système de substance des trop grandes compressions issues des forces matricielles de la forme.

Il faut que vous arriviez à faire que votre circuit substantiel soit au maximum approchant par élévations énergétiques successives le champ merveilleux dans lequel nous sommes, où la conscience et l'énergie sont parfaitement en continuité. C'est essentiellement cela l'opération de redomptation. Vous devez réinsérer votre signature dans un monde où la force de condensation, la mâchoire de condensation, est à nouveau redomptée. Cette force de condensation est une sorte de force primitive, c'est un automatisme de compression, c'est une immense force de compression de l'énergie. Il n'y a que l'énergie la plus éloignée de la conscience qui se mette dans cet état de compression parce qu'elle se laisse happer par cette mâchoire, et c'est ainsi que se créent les mondes formels.

4. Continuité immortelle et restructuration substantielle

Il est évident que dans l'état d'incarnation, vous pouvez être complètement inclus dans ce style de compression d'énergie, mais vous pouvez aussi ne laisser qu'un dixième de votre système d'énergie dans l'état de compression. À ce moment-là, vous gardez un véhicule formel effectivement dans ce plan, mais les neuf dixièmes de vous-mêmes sont intégrés dans le champ d'énergie-conscience immortelle. C'est progressivement, quand vous arrivez à accorder votre sorte de conscience de veille à ce monde de la conscience-énergie, que vous rentrez consciemment, tout en étant incarné, dans le plan de la continuité.

Lorsque vous parvenez à faire communiquer votre conscience de veille transitoire et mortelle avec ce plan de l'énergie-conscience immortelle, vous avez une dimension d'énergie interne qui imprègne progressivement votre véhicule par le plan supérieur et par une dimension vibratoire plus élevée. C'est alors que, si vous effectuez vraiment cette manœuvre, vous vous apercevez que vous pouvez avoir une perception de la structure moléculaire de votre véhicule substantiel et que vous avez la possibilité de restructurer la qualité de votre véhicule par l'intérieur.

Vous pouvez constater alors qu'il peut s'effectuer un rapport de communion entre la conscience immortelle supérieure du monde de la conscience-énergie permanente et la conscience de veille que vous avez, la conscience personnelle. Cet accord entre ces deux niveaux de conscience de votre nature peut permettre de construire une structure de l'intérieur qui gagne sur votre corps substantiel par l'intérieur. Vous constatez, à ce moment-là, qu'effectivement il existe une pression à l'entour de votre conscience et de votre sensibilité personnelle. Il existe une pression qui vient du fait qu'en réalité vous habitez un véhicule substantiel, une sorte de compression d'énergie qui a été faite par la grande mâchoire, la grande matrice de compression de l'énergie réalisant la forme.

Si vous augmentez votre alliance avec la conscience sumérienne, vous pouvez progressivement recevoir de cette conscience sumérienne des informations de création, par l'intérieur de votre véhicule. En effet, la conscience que vous avez, vis-à-vis du fonctionnement de votre véhicule, est assez limitée, vu que justement, ce véhicule formel est créé en partie par des énergies qui ont été comprimées par un système de compression quasiment automatique de grande puissance. Ce système a pour fonction de créer une compression de l'énergie pour réaliser ce type d'énergie formalisée. Mais cette énergie formalisée a vu la conscience chassée de son état de condensation par la pression. Pour la rédemption complète de votre véhicule, il est nécessaire de recevoir en permanence l'influence de ces énergies sumériennes qui viennent des plans de l'intérieur de l'univers. Il est nécessaire d'y raccorder complètement votre conscience de veille qui se met à l'écoute et devient observatrice, et qui se fait enseigner par cette conscience supérieure.

La conscience de veille, votre conscience rationnelle, peut investir la structure de votre signature, de votre nature dans sa totalité, et refaire le contact avec l'architecture nécessaire à votre manifestation – mais le refaire en augmentant la partie intérieure et consciente. Vous pouvez réinvestir votre corps avec de fins canalicules, des lignes de force énergétiques faites de conscience-énergie raccordée et permanente. Si vous réalisez ce processus, vous vous apercevez que vous pouvez effectivement remplacer la matrice d'énergie condensée inconsciente ou très peu consciente par un champ structuré en continuité avec la conscience.

Vous créez ainsi par l'intérieur un véhicule qui progressivement peut se voir ajouter un certain nombre de molécules et d'atomes venant du monde de l'énergie comprimée par le circuit matriciel, mais qui ne viendront pas sans être sélectionnés par votre figure. La situation est totalement différente. Dans l'opération où vous habitez un corps uniquement créé par la matrice, la plupart des systèmes d'atomes et molécules qui arrivent peuvent venir autour de n'importe qui, parce que ce sont des systèmes destinés à matricer un germe de conscience-énergie. Dans le cas que je vous explique, c'est le contraire. Votre action d'intériorité peut effectuer une telle poussée de l'intérieur vers l'extérieur qu'elle peut progressivement déterminer une sélection des systèmes atomico-moléculaires qui arriveront à votre signature.

5. Imprégnation vibrale et aura de lumière

Ainsi se créent des opérations qui font que l'être conscient peut habiter un véhicule complètement imprégné du monde de la conscience-énergie. C'est ainsi que se crée l'auréole des saints, l'aura plus ou moins visible autour des êtres. Cela dépend effectivement de cette imprégnation qui vient des mondes de conscience-énergie. Vous savez que l'énergie vibrale provenant du sidéral et des étoiles se trouve devenir lumineuse lorsqu'elle est ralentie en arrivant dans l'atmosphère terrestre. Quand un véhicule est très imprégné d'énergie sidérale, le contact avec l'atmosphère crée une lumière autour de ce véhicule, et l'on voit apparaître des auras de lumière autour de véhicules qui sont extrêmement saturés d'énergie sidérale venant des mondes de l'intérieur de l'univers.

CHAPITRE 2

LA NOUVELLE ALLIANCE, UNE CORRÉLATION DE TOTALITÉ

ORIGINE DES TRANSMISSIONS TÉLÉPATHIQUES

*

CONDITIONS DE COMMUNICATION INTÉRIEURE
ET DE SYNTHÈSE SUMÉRIENNE

*

NUMÉRATION UNITAIRE INTERNE,
NUMÉRATION EXTERNE ET SYSTÈMES IMPÉRIEUX

*

TRANSFERTS INTERDIMENSIONNELS
ET SIGNATURE D'UNIFICATION

I ORIGINE DES TRANSMISSIONS TÉLÉPATHIQUES

Unité transféreuse numéro intérieur 3425. Les contrats de numération qui ont été codés usent de la forme humaine pour signer des contrats de forme dans le monde des transferts inférieurs.

1. De la conscience à la puissance : différents types de messages

Quand vous vivez sur une planète mortelle comme celle où vous êtes, la conscience du numérateur d'intériorité est amenuisée. Or, dans les mondes plus élevés, la conscience des signatures de l'unité est extrêmement aiguë, et le contact entre les mondes ne se fait que dans la mesure où des êtres sont disposant du pouvoir de réinsérer leur signature à l'intérieur du contact unitaire. La conscience d'un système de mutant interne ne se fait qu'à la condition qu'un être de conscience interne soit descendu dans ce corps formalisé.

C'est pourquoi, quelquefois, lorsque les corps de mutants impérieux s'investissent dans un corps, ils ne donnent pas forcément une conscience de synthèse, mais une forme de conscience transitionnelle par rapport à cette conscience de synthèse. C'est comme cela que se créent un certain nombre de médiums organisés pour inféoder des signatures de puissance dans certaines zones et donner des informations concernant des plans énergétiques contactés par les circuits de puissance, mais non pas intégrés dans le système de numération unitaire synthétique. C'est là où il faut distinguer les différents types de messages, car les contrats de numération impérieuse sont toujours des systèmes qui peuvent apporter des informations, sur le plan de la forme, restant dans un contexte relativement mortel. L'organe de numération n'intervient pas sur des circuits de ce type, car le contrat de numération ne s'intervertit qu'avec des maîtres ayant un transfert direct avec le numérateur d'intériorité.

2. Sélection des énergies concernant le signal de numération unitaire interne

Le contrôle de numération unitaire interne a un pouvoir de mutation simultané à son système de transfert. Lorsqu'un garde du corps a lumineusement intégré son circuit dans un corps pour tenir le contact avec le cercle sumérien, ce corps est en changement de numération continuel. L'organe de transfert d'un puissant, par exemple, ne se mettra pas à figurer sur le circuit de numération unitaire parce qu'un corps a été touché par son signal. Il se transformera si un système de numération unitaire interne s'investit dans ce corps. C'est une question importante, parce que la plupart des maîtres ont dérivé des figures sur des plans de forme, et leur corps de numération a été exécuté. La conscience 18 ([1]) assemble des figures de diverses sources, et là où vous en êtes maintenant, il faut considérer que, sur toutes ces sources énergétiques arrivant à votre signature, le réseau d'énergie interne qui vous concerne ne peut pas intégrer toutes les énergies en même temps.

Vous devez avoir une dimension de choix à l'intérieur de vous-mêmes car si vous n'exécutez pas un plan concernant la signature sumérienne, ce sont des énergies de type extérieur qui vont s'amonceler dans votre système et qui vous rendront complètement dépendants d'autres signatures d'émetteur que celle concernant le signal de numération unitaire interne. C'est la raison pour laquelle vous avez pu voir des êtres se disant inspirés d'autres sources d'investiture, mais qui, en réalité, n'avaient qu'une communication énergétique avec leur

1. La conscience 18 est celle de votre état de veille.

système d'extériorité ou d'infériorité. Leur garde du corps n'était plus en contrôle sur leur figure car il y avait des Nord-Sud qui travaillaient à l'intérieur du système de certains corps recentralisateurs, et des systèmes d'extériorité qui avaient été mis en place pour justement créer des conditions d'extériorisation de ceux qui n'étaient pas centralisables et numérotables.

II CONDITIONS DE COMMUNICATION INTÉRIEURE ET DE SYNTHÈSE SUMÉRIENNE

1. Conditions d'intervention de la numération unitaire interne

La communication intérieure ne se réalise pas simplement par le signal de transfert sumérien extérieur. Il y a des hommes et des femmes qui savent que le moteur d'intériorité de leur corps peut être utilisé pour signer des contrats de synthèse. Mais il y a autre chose qu'il faut rajouter, c'est une subtilité intérieure, pour disparaître d'un monde mort et se réinsérer dans un monde de subtilité. C'est pourquoi, que ce soit au niveau physique, vital, psychique, mental ou spirituel, les êtres qui transfèrent leurs énergies intérieurement, s'ils le font de façon isolée et individuelle, ne sont pas encore en condition de synthèse sumérienne.

Il ne suffit pas effectivement de transférer ses forces de mutant sur un autre continuum pour pouvoir intégrer son système dans l'unité interne. Il faut une conscience de l'énergie subtile qui concerne l'ensemble des mondes. Cette opération-là ne se réalise que dans la mesure où l'individu qui se transforme par mutation interne a décidé aussi de conjuguer son système avec des figures qui vont le compléter et lui donner le droit de transférer ses signatures de numération unitaire interne sur un haut niveau, plus haut que celui de la majorité des gens auxquels il sera utile dans une transmission particulière.

Ainsi les contacts de numération n'ont été réellement effectués que sur des êtres qui effectivement ont sorti leur signature de la force inférieure, mais qui ont surtout décidé de rassembler leurs signatures pour créer des conditions d'enregistrement de numération unitaire sur d'autres créatures, d'une façon suprapersonnelle vers une dimension de supraconscience. C'est là où il y a une profonde différence entre les contrats de numération. Les cordés de numération sumérienne sont ceux qui ont enregistré la signature comme étant celle d'une transformation numérale, non seulement adaptée à leur propre figure, mais également enregistrable par d'autres natures.

La communication sumérienne ne peut se faire qu'avec des êtres dont la numération d'extériorité est directement reliée à la numération d'ultimité. La conscience sumérienne n'intervient réellement que sur les êtres qui, ayant dessiné leur circuit de numération interne en direction du système de numération unitaire sumérienne, ont transféré une partie de leur figure pour faire quelque chose d'exact sur des mondes plus inférieurs qu'eux-mêmes.

La communication synchronisée, par exemple, est une énergie qui se déplace à l'intérieur d'autres êtres et qui leur donne le pouvoir de signer des contrats avec le système de numération interne. Donc il faut que l'homme ou la femme aient décidé d'investir d'autres systèmes de conscience pour que le système de numération unitaire interne décide de les investir. C'est une question signée numérale interdimensionnelle, car le contrat d'intériorisation ne se déplace sur un véhicule que dans la mesure où ce corps a une conscience de sumérienne essence suffisamment développée.

2. Sumérienne essence

La sumérienne essence est une signature qui se déplace dans tout l'univers, qui est présente dans tout l'univers. Ainsi le contrat d'intériorité ne se met en signature que si un être a éveillé en lui sa conscience de tout l'univers, sa résonance avec tout l'univers. Cette conscience de tout l'univers n'est pas forcément donnée à tous ceux qui mutent leur signature. Leur *gordée* d'énergie ([2]) n'est pas toujours suffisamment précise pour qu'ils rassemblent des figures de l'unité interne à l'intérieur de leur circuit. Ils ont désormais à vivre avec un corps de numération intérieure changé, dans la mesure où ils ont fait une mutation. Mais ils n'ont pas forcément pour cela une corrélation numérale synthétique, parce que leur dimension de science intérieure ne leur a pas permis encore d'accéder à une sorte de conscience philanthropique si l'on peut dire, mais surtout active au point de vue des émergences de numération, qui leur donne le pouvoir de signer des contrats de synthèse pour d'autres êtres qu'eux-mêmes, et qui leur donne ainsi la faculté d'être investis par le signal de numération synthétique d'une manière beaucoup plus efficace.

La plupart des maîtres qui ont été gravés sur le plan des formes ont toujours absolument cadré le circuit de numération unitaire interne car ils avaient un réseau de synchronisation leur permettant de travailler sur d'autres êtres. Mais en fait, la plupart des maîtres qui se sont matérialisés sur ce plan ont toujours gardé une partie de leur système de mutant impérieux absolument accordée aux corps de leurs disciples. Les moteurs de transfert, signés 10 par exemple, n'initient que des êtres gravés sur l'antenne des synchronisateurs, c'est-à-dire en réseau avec d'autres êtres qui sont sous leur numération. Les corps de numération 10 sont des corps qui n'enseignent que des enseignants, en quelque sorte. Les contacts de numération synthétique se mettent en place sur des corps qui divisent leurs énergies pour donner des informations à d'autres êtres.

2. Un gordage d'énergie est une puissance condensée rassemblée autour d'un axe et permettant la traction d'un système de numération lorsqu'il y a encastrement dans une zone compacte. Une gordée est ce système en action.

III NUMÉRATION UNITAIRE INTERNE, NUMÉRATION EXTERNE ET SYSTÈMES IMPÉRIEUX

1. Informations provenant de figures de puissance – Système d'extériorité B 4

Quand un numérateur d'impérieuse figure est encastré dans une figure de lorse ([3]) mortelle, il n'est pas du tout possible de voir ce système s'investir d'une signature de numération synthétique. Des êtres reçoivent quelquefois des informations, mais ces informations sont souvent de type extérieur, ou même de type synchronisé inférieur et mortel. La matière d'un corps de mutant impérieux peut être en partie détruite. Ce sont ces corps de numération impérieuse qui font les informations de ce qu'on appelle le bas astral. Ce sont alors des systèmes d'émetteur directement reliés à une figure de puissance. Ils ne donnent pas des informations concernant la totalité de l'univers, mais des informations de type partiel concernant un réseau d'espace-temps très délimité.

En conséquence, un B 4 qui veut travailler sur un corps de mutant doit tirer ses énergies avec précision. Les B 4 sont les systèmes d'émetteur extérieurs qui gravent leurs signatures sur des corps de forme. Ils gravent leurs signatures à condition que le système d'intériorité ait signé un contrat de numération unitaire interne. Le système de numération externe n'intervient alors que si le système de numération interne a réalisé un contrat. Lorsque le numérateur d'intériorité a signé son contrat, les systèmes d'extériorité B 4 ou B 12 sont des contrats d'émetteur plus ou moins éloignés du corps, et qui rassemblent des figures sur le système de ce corps. Les corps de plus grande puissance vont jusqu'à B 725 ou même 18652, mais ce ne sont pas des corps qui s'investissent sur cette planète.

3. Lorse : tentacule de la puissance et de la mort.

2. Code de numération synchronisée et numération impérieuse

Le corps de numération fermé est un corps très compliqué qui doit être utilisé avec prudence. Si vous avez de tels véhicules sur un plan, le phénomène de transfert s'accélère d'une manière incroyable et le normalisateur d'intériorité qui signe les contrats doit engager des énergies spéciales pour canaliser toutes les figures qui se déplacent. Effectivement, dès que le numérateur d'intériorité a été cadré sur une antenne de synthèse, le code de numération externe se met en route. Une figure de puissance demande alors le passage à travers ce contrat. Les vortex se déplacent, et les vaisseaux de l'unité se mettent en vie à l'intérieur de ce corps de numération. Les codes de signature de ces cercles sont toujours gravés par des portions d'espace-temps permises à l'antenne des élus. Le code de numération qui grave ces circuits ne concerne que ceux qui sont destinés à se réinsérer dans le signal unitaire interne. C'est pourquoi nous ne demandons pas de transfert sur les antennes de puissance qui ne sont pas destinées à se réinsérer.

Le code de numération synchronisée est un code qui se déplace à l'intérieur des systèmes de forme. Mais il ne subit pas de transformation au cours de ce passage, contrairement aux signaux de mutants extérieurs qui, eux, doivent être changés. La matière d'un corps de sumérienne essence est très particulière. Elle donne des opérations *métalliennes* fortes, mais elle ne donne pas de signature de sumérienne essence directe. La différence entre les systèmes de numération extérieure et les systèmes de numération impérieuse revient à dire que lorse de puissance a une alliance avec les systèmes de numération impérieuse, alors que lorse de puissance n'a pas d'action sur le système de numération extérieure, si ce n'est par l'intermédiaire des numérations impérieuses. En conséquence, les moteurs de transfert synchronisé quittant la zone de puissance sont gravés sur des antennes qu'on peut appeler *métalliennes*, car leurs consécrations sont très dures. Le code de mutant dit que ces systèmes de mutant sont presque des robots, tellement ils sont compacts. La conscience de l'unité ne leur donne pas de contrat direct. Elle doit toujours déplacer son système d'émetteur à l'intérieur du système de puissance extérieure pour graver des circuits sur les portions d'espace-temps tenues par ces systèmes *métalliens*. Les étages de numération entre le cercle numéral interne et ces étages de puissances dites *métalliennes*, sont des cercles très compliqués, parfois même ils sont au nombre de 2 ou 3 millions. Il y a des étages très lisses sur certaines zones, et d'autres extrêmement rugueux. *Partion* (4) d'espérance est très importante pour passer ces zones, parce que quelquefois les étapes sont très difficiles à franchir.

☆ ☆ ☆
★

3. L'amour, un programme d'émergence vers l'extase

Persé 208 conseille à celui qui voudrait signer son contrat avec une antenne d'intériorisation d'avoir à l'intérieur de lui-même une réserve de bonté et d'amour, car c'est un programme d'émergence. L'amour, c'est une manière d'être plus subtil. C'est la qualité de l'unité interne se présentant dans un système formalisé. C'est une retranscription de l'unité interne qui permet de shunter (5) les forces de mutant impérieuses à la soudure sumérienne la plus élevée. Les réseaux 18 qui se sont numérotés partout autour du monde – je parle des religions parlant de l'amour – sont des systèmes d'émetteur qui gravent des circuits sur le numérateur interne des êtres. Mais ce corps numéral n'est pas encore assermenté complètement. C'est pourquoi des êtres tournent autour de cette signature sans jamais s'intégrer dans le système de numération synthétique. Quand il y a intégration de cette dimension d'âme, ou d'amour dans la ligne du système de numération unitaire interne, c'est ce qui est appelé dans ces

---

4. Une partion est un accord entre deux systèmes qui se répartissent les éléments pour réaliser une communication partielle de part et d'autre.
5. Shunter : mot anglais signifiant raccorder avec une liaison préférentielle .

religions, l'extase. Le normalisateur d'intériorité s'intervertit avec le système de mutant interne des corps en présence, et la conscience sumérienne se déploie d'une manière extrêmement active dans ce véhicule. C'est à cet instant que le contrat signé se met à vivre. L'homme ou la femme qui atteint ce degré de numération est alors un contact de numération sumérienne en phase. La plupart des hommes et des femmes ayant subi ce genre d'expérience ont eu des intensités de numération considérables parce que le champ énergétique du plan d'exaction 924, 18 et 32 ([6]) se précipitait dans cette voie de numération unitaire et déployait une énergie d'une force considérable déterminant ce phénomène d'extase et quelquefois des phénomènes de lévitation. La poussée de numération venant des extériorités 18 était telle que le Nord-Sud vaisseau 1425 provoquait une transformation du véhicule et l'élevait dans un plan énergétique autre que le signal.

4. Garder le contact avec le système de puissance

Normalement, le contrat d'impérieuse figure doit rester rattaché au véhicule. C'est pourquoi, lorsque le corps est en train de réaliser des opérations de force sur le plan des matières, en général, nous ne le déplaçons pas en lévitation, car ce corps divise des énergies à l'intérieur du système de puissance. Il est donc nécessaire qu'il garde un contact assez encastré dans le système de puissance, sinon son efficacité de numération sur les plans inférieurs n'existe plus. Il ressoude ses signatures au numérateur d'intériorité, et il rentre progressivement dans les mondes de l'énergie-conscience.

La force d'un véhicule est à la fois dans la présence de son esprit numéral interne, dans son énergie de contrôle externe, et dans la figure d'investiture qu'il a réussi à installer dans les mondes de puissance. Les consciences de l'unité n'interviennent que sur des véhicules disposant de ces possibilités, car si

6. Plan d'exaction : action extérieure qui se déroule en dehors du champ d'intégration du système de numération unitaire interne.

un corps se déplaçait hors de la zone de puissance, son contrôle de numération intérieure signerait des contrats avec des signatures trop longues par rapport au signal de numération synthétique, c'est-à-dire qu'il n'y aurait pas de délimitation en ce qui concerne le signal de puissance.

5. Délimiter son champ de puissance

L'important, dans un corps de numération, c'est que celui-ci a une puissance délimitée. Le contrôle d'énergie interne a un réel travail amélioré, à ce moment-là, parce que son contrôle d'émetteur interne peut être entièrement consacré à délimiter l'intervention des numérations de synthèse sur ce corps. Les contrats d'émetteur qui se font avec cette délimitation deviennent extrêmement précis, parce que les contrôles d'émergence sont sélectionnés et filtrés par le corps matériel lui-même, et les réseaux d'émetteur, donc, sont extrêmement simples à faire fonctionner. C'est une des raisons pour lesquelles nous préférons avoir des corps de numération cadrés par une signature de conscience mortelle ou simplement individuelle. Le code 208, 604 ou 12652, tout le système qui concerne la conscience 18 dans laquelle vous êtes incarnés, nous préférons avoir ce type de contrôle parce que cette soudure d'émetteur permet de rivaliser avec les systèmes de puissance qui, eux, veulent investir le corps par des zones de force inférieure au lieu que ce soient des systèmes de numération supérieurs qui le fassent.

À partir du moment où le corps d'un mutant est gardé par sa propre signature de numération, nous n'avons plus qu'à nous occuper du système de contrôle de synthèse. La figure de numération se déplace avec beaucoup plus d'aisance. Le coordinateur de numération, alors, a un pouvoir d'investiture beaucoup plus grand, puisque la totalité de ses énergies est uniquement utilisée à signer un contrat d'intériorisation avec le corps, et n'a plus à déployer des énergies dans les champs de puissance, vu que ce signal est contrôlé par la conscience même du système de numération qui vous concerne dans le plan de l'incarnation.

6. Les humains, vecteurs de transfert

Les mortels d'impérieuse figure subissent des transformations au même titre que ceux des consciences de sumérienne essence. Ils utilisent des puissances un peu plus grandes que celles des forces de l'incarnation apparente sur le plan formel où vous êtes, mais ils n'ont pas toujours la possibilité d'avoir le même type d'informations que vous. Nous parlons ici d'êtres qui sont en conscience dans des plans plus inférieurs que votre figure. Ce sont des créatures aussi, mais elles ont des forces beaucoup plus grandes. Leur coordination ne s'effectue pas directement à partir du système de numération synthétique. Ce sont des contrats de portion inférieure qui livrent des conseils à d'autres plans encore mais qui n'effectuent pas de manœuvres de numération telles que vous les réalisez.

Vous êtes, sur ce plan, des âmes par rapport à ceux qui sont encore plus profonds que vous. Vous êtes très souvent utilisés comme étant des vecteurs de transfert par rapport à ces forces que souvent nous avons appelées les *opars*, les forces de mutants impérieuses qui signent des contrats sur la forme inférieure. Ces zones de puissances vous aident à vivre sur ce plan, car elles soutiennent votre existence par des apports d'énergies prédigérées venant des couches profondes. Ces mutants d'énergie de type plus profond que votre existence sont des portions d'espace-temps couvertes par des forces que l'ordre sumérien ne contacte pas, sinon par l'intermédiaire des B 4 ou des systèmes d'émetteur interne qui sont à l'intérieur de vous. Quand un contact de numération interne est capable de tenir une cinquantaine de forces de ce type, le contrat de numération est passé avec cet être, car la puissance de contrôle de cet être devient suffisante pour numéroter un système d'émergence sans qu'il y ait aucune disparité.

7. Corrélation entre les plans humains et infra-humains

C'est un très long exercice de prendre position sur ces puissances inférieures au corps humain, et les places de contrôle sont extrêmement difficiles à tenir pour ces êtres, car leur communication numérale véritablement accélère leur signature de synthèse. Lorsque les étages de numération qu'ils ont à mettre en place se figent dans leur corps de force, il y a alors un certain nombre d'opérations qui doivent être conférées à ces organismes en dépendance par rapport au corps de l'être sur ce plan. Ceci concerne un certain nombre d'opérations qui sont toujours très délicates à gérer, parce que la communication de ces êtres est sous le plan humain. La communication de ces êtres entre eux est souvent très difficile, ils sont englués dans des systèmes de force qui ne leur permettent pas de communiquer aussi facilement que vous le faites sur ce plan. La figure d'émergence se voit quelquefois quand vous avez des êtres qui viennent jusqu'à vous et qui ont des moyens de communication extrêmement limités. Ils ont des difficultés à parler ou à sentir les choses comme vous pouvez les sentir. Ces êtres sont très proches des zones de puissance, enfermés dans des corps lourds et longs à graver sur des antennes de sumérienne essence.

8. Corrélations dans une signature de totalité

Les corps sont des intermédiaires entre votre signature émergente et les formes matérielles sous-jacentes. La force de l'unité est d'essayer de réunir tous ces systèmes en une seule corrélation. C'est la raison pour laquelle les vortex, signés 10, ont toujours émergé des systèmes de puissance inférieurs au règne humain pour réaliser des corrélations dans une signature de totalité. Par contre, les réseaux d'extériorité, ceux qui s'adressent uniquement au plan de l'âme ou de l'amour, c'est-à-dire des réseaux d'extériorité qui sont une partie seulement du système de numération unitaire, considèrent que justement ces règnes souterrains et inférieurs sont des systèmes qui ne peuvent pas être intériorisés et qui doivent être laissés dans des zones de mort.

Le corps 10 a toujours demandé que ces signatures soient effectivement épurées avant de rentrer dans une dimension de synthèse sumérienne. Mais il a aussi précisé que la science intérieure avait un contrat avec ces zones, et qu'il n'était pas possible de leur enlever la possibilité d'une réémergence. Certaines religions pallient la défection par rapport à la résurrection de ces circuits en réalisant sur ce plan certaines formes de charité qui sont une action en surface du problème. Les êtres qui sont déchus d'un état de santé normal sur ce plan sont des êtres effectivement accrochés énormément par ces forces inférieures. Le mutant est très gentil en surface, mais s'il devenait un animal plus féroce, l'homme serait en face d'un problème, car il ne comprendrait pas s'il n'avait pas été aiguisé par une dimension unitaire *internelle*. Or, le règne animal est très intéressant à ce titre parce qu'on peut constater que, d'un règne à l'autre, il y a des déplacements et des forces de types divers selon les étages d'action.

Donc, il y a des vortex de puissance de plus en plus accélérés lorsqu'on descend dans des mondes inférieurs. Il est bon de savoir que ces signatures sont quand même unitairement accordées car il y a une signature de transfert à travers toutes les formes de créatures possibles et imaginables. Seulement, le contrôle d'énergie est de plus en plus difficile à tenir. C'est pourquoi ceux qui ne s'adressent qu'aux dimensions d'âme et d'amour ne peuvent pas avoir un contrôle suffisant sur ces puissances mortelles. C'est la raison pour laquelle ces signaux sont considérés par leur système de religion comme étant extrêmement néfastes parce que effectivement ils n'ont pas la dimension de conscience sumérienne suffisamment développée pour en effectuer le contrôle. C'est la sorte d'énergie que représentent ces puissances qui devient pour eux un élément destructeur et dangereux pour leur signature de numération.

9. Délimitation et maîtrise de l'extériorité et de l'infériorité

Le code de numération unitaire interne n'a pas ce problème, parce que le contrôle d'impérieuse figure est toujours réalisé. Chaque fois qu'un communicatif de numération interne se met en place, il doit *usiter* de ses forces de mutants pour contrôler ce genre de puissance. Seulement le sortilège 10 qui travaille sur ces puissances n'est pas tout à fait le même que les rituels utilisés par ceux qui s'investissent dans des zones de matière intermédiaire.

Le code de numération signé 1 n'intervient pas sur des zones trop extérieures, ni sur des zones trop inférieures. Il y a une délimitation exacte, et le contrôle de numération unitaire interne a toujours demandé que les processus de numération interne soient toujours délimités en ce qui concerne l'inférieur, comme ils sont délimités à l'extérieur. Ce qui fait le problème des êtres qui ont une extension d'âme importante dans leur religion ou leur rituel, c'est qu'ils sont très étendus sur l'extérieur. En conséquence, ils touchent à des figures d'infériorité terribles, et sûrement non terminées parce que l'infini et l'abîme sont des systèmes véritablement sans limite.

Or, le contrôleur de l'unité interne a toujours dit que celui qui voulait numéroter son système de transfert sumérien devait aussi bien tenir l'extériorité que l'infériorité. Les signataires de numération ont toujours demandé que la science sumérienne soit aussi à l'intérieur de l'amour. Si l'amour n'a pas cette signature de numération unitaire, il a une expansion telle qu'il se met automatiquement en contact avec des puissances extrêmement mauvaises dans le dessous. C'est ainsi qu'on a vu des créatures se mettre complètement à se projeter dans l'amour, se raccorder, comme ce que vous appelez les saints, à des forces de torture et de destruction effrayantes, car le système d'émetteur externe se met en relation avec des systèmes de puissances inférieures qui sont des circuits qu'il ne faut pas aborder avec un seul véhicule, mais avec un grand nombre de véhicules contrôlés par une signature de numération.

IV TRANSFERTS INTERDIMENSIONNELS ET SIGNATURE D'UNIFICATION

1. Normalisation des opérations de transfert

Si vous avez un système de mutant impérieux qui se déplace d'un plan de puissance à un plan de science, et qu'il contrôle, par exemple, une cinquantaine d'êtres, lorsqu'un individu se présente devant ce système impérieux et qu'il n'a qu'un seul corps, la concentration d'énergie qui va se faire dans ce corps pour passer cette puissance à un niveau supérieur va effectivement risquer de détruire ce véhicule dans des conditions qui sont toujours assez effrayantes, vues du plan de la forme. Cette opération est simplement une opération de transfert interdimensionnel qui n'a pas été normalisée, c'est-à-dire raccordée à un système de numération qui a réparti les énergies de transfert sur un nombre de véhicules adéquats pour que le transfert se fasse sans aucune égratignure, si l'on peut dire, de chacun des véhicules. C'est pourquoi tout être humain est capable de transférer la totalité des puissances du continuum de matière, s'il le veut ; seulement, il faut qu'il ait commandé au nombre de corps qui seront nécessaires pour faire ce transfert. S'il n'a pas réalisé ce programme, il est sûr que, dans les étages 8652 ou 66 724, il va non seulement être torturé d'une manière effrayante, mais il va aussi être soudé à des figures qui vont le détruire complètement.

2. Contrôle des soulèvements d'énergie 04 et 06

C'est une des raisons pour lesquelles nous avons toujours demandé aux unitaires de transfert interne de ne jamais créer de communications avec des systèmes de puissance élevés sans avoir préparé un champ d'énergie extrêmement grand pour encaisser les soulèvements d'énergie. C'est aussi pourquoi nous avons demandé aux 04, aux 06 ([7]), c'est-à-dire aux codes de numération qui travaillent sur des plans inférieurs, donc à ces 06, ces 04, qui sont, tout de même, des circuits en science mais qui n'ont pas une formalisation sur le plan où vous êtes – ces circuits d'émetteur coupent leur circuit de tout système de puissance non sumériennement accordé, c'est-à-dire pas suffisamment relayé par des êtres de forme de ce plan où vous êtes – nous leur demandons de couper leur signature de numération de tous les systèmes non raccordés à des êtres formels coordonnés, parce qu'ils ne pourraient pas shunter leur figure de numération à l'unité de transfert interne. Le contrôle d'émergence qui permet ces transmissions se réalise avec un système de numération unitaire interne qui est effectivement en transfert sur des êtres lumineusement intégrés, reliés à l'unité *internelle*, mais aussi à l'extériorité éternelle codée en direction de l'*internel*. En plus, ils disposent en dessous d'une force de mutant impérieux extraite de la figure de force globale qui, elle, contient des éléments extrêmement puissants ne pouvant pas être intégrés sans l'accumulation d'un grand nombre d'êtres.

3. Noyau énergétique et vaisseau d'émergence impérieuse

La numération qui vous concerne va toujours réclamer la constitution d'un noyau énergétique bien précis qui sera en corrélation avec le système de numération interne, mais qui sera aussi en cohésion sur le plan de votre existence formelle. Ce sont les deux éléments fondamentaux. Il y aura, en plus, un vaisseau d'émergence impérieuse – j'emploie le mot vaisseau parce que c'est effectivement une cohérence telle qu'elle peut prendre la forme d'un vaisseau – qui intégrera des sortes de puissances susceptibles de se dégrafer des signaux de puissance globaux et d'insérer ses figures directement en contact avec le circuit numéral que vous représentez, vous, les corps substantiels de ce plan, par rapport à leurs circuits de

7. *Quand on met un zéro, c'est que ce sont des systèmes qui travaillent dans la mort par rapport au plan de vie apparente que vous avez sur ce plan.*

puissance. La consécration d'un système d'émergence sumérienne se *numère* ainsi d'étage en étage. C'est pourquoi nous disons que la numération d'unité interne est capable de contrôler absolument tous les plans. Seulement, il y a une corrélation de numération qui se fait régulièrement entre la conscience et la partie de conscience descendue dans un plan de forme, qui s'appelle le système *animique* de numération tenant le relais avec le système de forme.

4. Alliance d'intériorisation

Lorsqu'on dit, par exemple, "56, 52, 66, 84, 203. Salut !", on rassemble encore une fois les éléments pour renouveler une alliance d'intériorisation. Les cercles qui veillent sur votre figure ne veulent pas la transformer uniquement avec les circuits de numération unitaire. Il faut aussi que les systèmes d'extériorité forment des combinaisons avec ce circuit pour qu'il y ait des changements d'impérieuse figure. La résonance d'une signature avec un autre niveau d'énergie est dépendante des professions exercées par les êtres qui veillent sur ce circuit. Il faut entendre par profession ceux qui sont gravés dans des étages de synthèse qui effectuent sur les corps des opérations telles que dérivation d'une signature d'émetteur, coupage de circuits signés morts, écartement des zircons, direction nord-sud intégrée, *subissement* ([8]) de sumérienne essence à partir d'un plan de synthèse, garde de vie et signature de synchronisation future. Tous ces systèmes-là sont donc accordés à des programmes que certains corps peuvent encaisser. C'est une opération complexe.

5. Système de synchronisation sumérienne

La majeure partie des étages de lumière qui veillent sur des plans inférieurs détaillent les circuits d'émetteur quand ils sont

8. Subissement : Processus d'une sumérienne essence s'abaissant pour soumettre un circuit afin de réaliser avec lui un accord de fonctionnement.

en action. C'est ainsi qu'ils constatent que, par ce fait, il y a des zones qui ne sont pas complètes quand ils sont en transferts numéraux. À chaque fois que vous rencontrez un système de synchronisation sumérienne, vous avez un système qui vous contemple d'un bout à l'autre de votre système. Il contemple les éléments intérieurs et ceux qui ne le sont pas encore. Il y a alors des conférences, faites sur d'autres niveaux, qui envisagent des changements dans l'existence des êtres qui se sont raccordés à une signature de synthèse.

Les personnalités sont toujours accordées à une signature d'émetteur. On ne transforme donc pas une personnalité sans se référer à son système d'émetteur interne, car ce code de numération est accordé directement au véhicule et lui confère une sorte de liberté intrinsèque à sa signature. Le moteur qui renseigne des opérations de future essence a un commandement sur ces émetteurs, et les moteurs de vie intérieure sont accordés à ces shunts de mutants directement raccordés au système du sumérien essentiel, celui qui commande les mutations jusque dans le monde des formes.

6. Corrélation unitaire et gordages de numération

Lorsqu'un contrôleur d'énergie sumérienne disperse ses figures sur une zone matérielle comme un corps biologique, par exemple, une partie des forces de l'unité interne qui se déploient dans cette zone use d'une corrélation unitaire spéciale, parce que les *gordages* 9, 10 sont simples, ils sont très proches et ils n'ont pas de complexité de numération, ils sont à résonance directe. Mais dès que vous dépassez les zones angéliques 9, vous changez les polarités sur tous les plans des 8 et des 7 puisqu'il y a transfert interdimensionnel dans ces zones. La corde de numération est très spéciale. Les moteurs 5, 6, 12 sont en corrélation par des moyens extérieurs au signal de numération. Les 12 communiquent avec les 6 et les 5 par des systèmes d'extériorisation sur les normalisateurs extérieurs. Le conseil 1 ne *numère* pas ses circuits de cette manière, il passe strictement à l'intérieur des numérations de synchronisation. C'est la possibilité qu'ont alors les créatures de ce monde d'aller directement au numérateur interne du 10.

L'ensemble des vaisseaux qui veillent sur les corps sont parfois assez accordés à cette signature, mais ils ont aussi des portions d'espace-temps extérieures à cette signature. Il arrive souvent que les numérateurs d'intériorité dérivés à l'intérieur des créatures soient un moyen très intéressant pour le système extérieur de retourner à la signature de synthèse sumérienne, en ligne directe. C'est la raison pour laquelle des portions d'espace-temps sont contactées à partir des créatures formelles pour rassembler des signatures autrement codées.

L'ensemble des *gordages* de numération d'un système de transfert accordé à un système de créatures vivantes est soumis à des pressions d'émergence qui font que le système de matérialisation crée une sorte de référence émettrice par rapport à des signatures qui sont dans des mondes plus subtils et dont la fluctuabilité est plus grande. Ainsi, vous représentez un système de puissance concentré en ayant un corps formel qui, s'il est réinséré dans le système de numération unitaire, devient réellement un pont de référence entre le système d'extérieur, lié aux infinis, et le système de numération unitaire, lié à la signature de synthèse sumérienne.

7. Unité internelle et contrats d'extériorité

Je vous explique ceci parce qu'il arrive que des êtres se prennent au jeu et croient que les opérations d'extériorité déférées dans leur direction pour passer en zone d'intériorité sont des forces de l'esprit supérieur qui leur demandent de faire ceci ou cela. En réalité, ce sont des êtres de l'éther extérieur qui désirent faire un branchement sur leur système pour pouvoir s'insérer dans leur circuit et repasser en direction du système intérieur. Il est arrivé ainsi que des êtres se croient inspirés d'une dimension supérieure. En fait, ils étaient inspirés par des dimensions extérieures qui désiraient passer dans l'intérieur de leur circuit pour pouvoir s'intégrer dans le système de numération unitaire. Cette situation est très difficile à faire comprendre aux formels, parce que leur codification ne peut pas toujours distinguer entre l'unité *internelle* et les contrats d'extériorité. Le plus grand moyen que vous ayez pour ce genre de signature est de conseiller à votre nature de ne pas répondre immédiatement à une signature de numération synthétique et de voir si les éléments extérieurs sont véritablement en train de se changer dans le sens d'une intériorisation ou dans le sens d'une extériorisation.

Si vous avez des numérations d'intériorité qui se déplacent, ou que vous avez l'impression que ce sont des numérations d'intériorité et que, en fait, les conseils donnés vont vous conduire à des systèmes de numération beaucoup plus extérieurs, vous pouvez être certains que ce ne sont pas des numérateurs d'intériorité qui sont intervenus, mais ce sont des systèmes de puissance extérieure qui désiraient s'investir dans votre système pour se réinsérer dans le système de l'unité. Il n'y a qu'à voir ceux qui se sont laissé emmener par ce genre d'inspiration extérieure pour saisir à quel point ils sont manipulés et engagés dans des voies où leur signe de mutant se déplace dans des zones à l'intérieur desquelles le contrôle de numération interne, souvent, ne désire pas s'investir. Le contrôle d'intériorité a un contrat d'intériorité pour les figures de puissance rassemblées à l'inférieur de son circuit, et non pour des systèmes trop éloignés de cette zone de corrélation.

8. Rapatriement interne et tentations d'extériorité

Ainsi, on voit des êtres qui se déplacent sur des zones très extérieures et qui semblent avoir une très bonne liaison avec ce qui les guide. Seulement, au bout du dernier contrat, lorsque le système extérieur s'est complètement investi dans leur circuit, ils ont servi de monnaie d'échange entre l'extérieur et l'intérieur. Eux sont passés à l'extérieur et les circuits qui les ont soi-disant inspirés sont passés à l'intérieur et vont essayer de continuer à se rapprocher en tentant une autre créature formelle, et en essayant d'échanger l'éloignement de cette créature contre le rapprochement de leur système énergétique par rapport au système interne. C'est ce qui est appelé la tentation dans les signatures du temps inférieur. Ces systèmes touchent effectivement les êtres les moins solides, les moins fiables, les plus plastiques, si l'on peut dire, en ce qui concerne la disparition sur des zones extérieures. Mais le contrat de synchronisation ultime ne casse pas ce genre de signature, parce que, en réalité, le contrôle d'un système de numération unitaire sur un corps substantiel dépend des facultés de réponse faites par le conscient qui est dans ce corps.

Si le conscient de ce corps substantiel n'est pas capable de signer son contrat en synthèse sans dériver ses soudures de mutants par ce genre d'opération extérieure, c'est que ce système sera à la charge du circuit de numération synthétique et ne créera pas de coordination lumineuse dans le plan supérieur au système de la *corporéité* humaine. En conséquence, les résonateurs de l'unité ont presque toujours laissé ces codes de numération s'extérioriser, parce qu'ils intégraient alors les systèmes qui n'étaient pas visibles mais qui s'étaient échangés avec ces systèmes formels extériorisés.

9. Dureté, obstacle à l'extériorisation – B 4 impérieux

Nous avons eu des centaines de signatures qui se sont fait prendre à ce piège de l'extériorisation après avoir été touchées par un système de numération unitaire. La majorité de ces êtres sont retombés dans une zone de forme matérialisée. Ils auront un champ d'émetteur qui sera créé pour leur position, mais à condition qu'ils aient rencontré l'obstacle, la dureté qui les fait s'arrêter dans ce processus d'extériorisation. Si leur faisceau *mécanien* ne met pas en place ce terrible obstacle à leur défection extérieure, ces grades de numération se dissolvent dans l'extérieur et ne réinséreront leurs *élémentations* que si un

B 4 de l'unité impérieuse soude ce circuit à une sumérienne essence. Cette opération est spéciale aussi, parce que les B 4 impérieux sont des B 4 ourlés autour des zones de puissance, non pas dans les systèmes de mutants impérieux accordés aux systèmes de mutants formels ; ce sont des systèmes de puissance qui sont dérivés en dessous et qui captent des émissions du formel inférieur. Ces codages-là, il y a des gens qui s'en occupent sur le plan des synchronisations. Ils ont des pouvoirs assez puissants pour contrôler les systèmes de mutants impérieux.

Quand ces systèmes d'émetteurs 6 se mettent à fonctionner dans ces zones de *mourance* ([9]), il y a effectivement des étages de synthèse qui se reconstituent parce que le plan-Sud de la *mourance* étant de se défaire progressivement de toute signature structurale et d'entrer dans la dissolution, le contrat d'émetteur impérieux signe des résonances avec des systèmes de renouvelance en ce qui concerne la structure de l'homme. Ces otages de numération s'incarnent dans certains fils, copinant avec les systèmes de mort, et ils émettent alors des énergies qui tirent complètement les systèmes qui se sont laissé dériver.

10. Ressouvenance

La *massœur* – vous, vous appelez ça la matière, mais nous, nous voyons tout en termes de fraternité – donc la masse est une sœur pour nous, la mère-sœur si vous préférez. Cette masse-sœur, qui nous aimante des énergies, assemble des figures par son poids, signe des contrats de *ressouvenance* en ces êtres. Je vous explique : qu'est-ce que la *ressouvenance* ? C'est une signature des pères d'U. Ils enregistrent tout, dans ces zones de force inférieure, et quand un corps se déplace signé dans ces zones de mort, ils ressoudent quelques émergences de ces *élémentations* déchues. La perte des résonances de

9. Mourance : état d'existence proche du plan de la mort, qui ressemble à l'état de mourant sans mourir.

sumérienne essence provoque des chutes de signatures en dessous, et c'est dans ces éléments inférieurs que se terrent ([10]) des éléments de souvenance.

Quand un être descend dans les zones de puissance, son forceps d'émergent s'agrandit, et il *zircone* – c'est-à-dire qu'il plonge d'une manière très aiguë dans des zones profondes, et il garde le réseau d'initiation impérieuse. Dans les mondes de puissance impérieuse, il y a toujours la présence d'un certain réseau d'initiation, mais un réseau souvent très caché, très dissimulé, comme dans les sociétés secrètes. Le réseau d'impérieuse figure est même plus profond que les sociétés secrètes apparentes sur ce plan. C'est beaucoup plus lointain, cela dépend de trames qui ne sont pas apparues sur ce plan, en général. Le contrôle d'émergence de ces circuits dépend d'une figure de numération dont nous ne parlerons pas aujourd'hui parce que ces étages ne sont vraiment pas du tout en mesure de rencontrer des êtres humains. La matière de synchronisateur 9 de ce monde n'est pas suffisante pour tenir le contrat de telles forces. Cent quatre-vingt-trois figures de mutants puisent leurs énergies dans des zones très violentes, et les forces qui veillent sur ces circuits sont extrêmement fortes.

11. Descente aux enfers et contrats d'intériorisation

Ainsi, les numérations d'intériorité se réalisent tout de même quand ceux qui ont dérivé leur signature se retrouvent en face de leur vieille mémoire, à cause de portions d'espace-temps qui sont déchues dans ces zones. Ainsi, les gens qui sont âgés et qui descendent vers les zones inférieures du passé, retrouvent des éléments de mémoire qu'ils ont perdus et ils reparlent toujours de leur vie. Au fur et à mesure qu'ils s'engloutissent dans le passé, dans le dessous de leur circuit, ils retrouvent des contrats d'émergence concernant ce qu'ils ont laissé en arrière d'eux-mêmes.

---

10. Se terrer : littéralement signifie s'enterrer, mais le sens ici est se cacher.

La majorité des êtres effectivement ne transfèrent pas leur passé, au contraire ils ne cessent de descendre des énergies en dessous. C'est pourquoi ils sont obligés de replonger au moment de la destruction de leur figure sur ce plan pour aller chercher les éléments qui les concernent. C'est ce qu'on appelle la descente aux enfers. Et le troisième jour, ils ressuscitent des morts – c'est ce que dit la tradition. Mais cela ne se fait malheureusement pas toujours parce que le moteur de mutant impérieux, qui est le contrôleur de la figure émettrice en dessous de la vie humaine, quand il a un crâne de numération qui se descend dans cette zone, les *démutile* ([11]), les démantibule.

85, 156 et direction 10 s'acharnent souvent à les aider à se sortir de cette figure, mais malheureusement ce n'est pas très facile, parce que le contrat d'impérieuse figure est surtout réservé à ceux qui, durant leur vie, ont signé un contrat de synchronisation. Ils se sont occupés, premièrement, de réinsérer leur soudure sumérienne par le dessus ; deuxièmement, de rouvrir des portes d'extériorité pour ramener leur système d'extérieur, c'est-à-dire se changer avec suffisamment de systèmes pour pouvoir réinsérer dans leur circuit les zones extérieures qui ne pouvaient pas être aimantées directement par leurs corps, mais par des intermédiaires énergétiques appropriés, tout en disposant, à l'intérieur, d'une centrale de numération qui permette de rapprocher ces signatures et de les réinsérer dans une structure correcte. Ensuite, ils ont la nécessité d'avoir synchronisé leur système de passé au lieu de dérouler leur vie sans en retirer le suc, c'est-à-dire les idées-maîtresses, les guides de numération, pour les avancer pour les sortes de futurs que vous pouvez avoir – je dis des sortes de futurs parce que ce ne sont pas vraiment des futurs linéaires comme dans le temps puisqu'il y a des sauts dans le monde de l'énergie. Nous disons que vous devez retirer les enseignements de votre expérience. La manière la plus intéressante est

11. Démutiler : démunir en mutilant.

de résumer les enseignements de sa vie en quelques phrases, dérivées de l'expérience, qui signent bien un contrat de sumérienne essence.

Les êtres qui ne réalisent pas ce transfert de leurs expériences passées dans un système de science unitaire, sont bourrés d'énergie non codée. Cela peut leur donner, au moment du départ, une impossibilité de changement de numération. Il est alors absolument impossible de les changer parce que le conseil de l'ordre a dit que si un contrat d'intériorisation devait être fait au détriment d'autres systèmes, c'est-à-dire que si on devait tirer de l'énergie d'autres systèmes pour créer une corrélation numérale synthétique, cette signature ne pourrait être faite qu'à partir des coordinateurs qui sont sur un plan formel, car la réserve d'énergie des plans formels est considérable.

12. Contrat d'impérieuse figure

Le contrat d'impérieuse figure ne se crée, en réalité, que lorsque l'on est formel et incarné. Ceux qui sont morts ne sont plus capables de faire ce travail. C'est pour cela qu'il est dit : "Il faut travailler pendant qu'il est jour, car nul ne peut travailler pendant qu'il est nuit". Le moteur d'intériorité est dans le corps vivant, et trace ses circuits dans un système de résonance sumérienne. Le moteur d'intériorité, c'est votre moteur vital, c'est votre vie. Ce moteur d'intériorité vous permet de synthétiser une numération synchronisée à la fois avec le système de numération sumérienne, et avec les éléments que vous rapatriez des zones extérieures par des relais appropriés. Vous ne pouvez pas tout synchroniser avec votre seul corps biologique.

Les motions de censure sur les corps biologiques sont importantes sinon ils ne termineraient pas leur carrière, ils disparaîtraient très vite. Le synchronisateur d'impérieuse figure met toujours autour des véhicules d'autres systèmes qui empêchent ces véhicules d'être frappés de tout ce qu'ils ont extériorisé dans ce plan ou dans d'autres plans, car il arrive que vous ayez exécuté des plans très durs dans d'autres systèmes, et si tous ces systèmes arrivaient à votre corps en même temps, vous seriez immédiatement détruits. ☆

*

13. Conseils de luminosité extérieure et formel inférieur

Les coordinateurs d'émetteur externe ont mis en place des conseils de luminosité, et au fur et à mesure que les corps sont de plus en plus complexes, ou complétés, on leur amène les éléments du système d'extériorité ou d'éclatement qu'ils ont à intégrer, à solutionner et à transformer. Cela, c'est pour le circuit extérieur – d'où la nécessité d'avoir un certain entourage qui vous permette de numéroter les circuits. C'est une des raisons qui font que les êtres qui sont en famille ont une possibilité de numération plus facile que ceux qui sont isolés.

Si, par hasard, vous réussissez à entrer dans un champ unitaire créé avec plusieurs êtres d'origines différentes, comme une communauté ou un groupe de travail, l'opération, qui n'est pas facile à gérer, vous procure, si vous la tenez correctement, des facilités de transfert assez rapide de tout ce qui vous concerne, tout ce que vous rencontrez, de tous les faisceaux accordés à vous, comme figures très spéciales qui vous permettent d'intégrer tout ce qui concernait votre résonance autour et ailleurs dans les codes de numération qui sont à réinsérer dans le système de l'unité interne.

Ceci est quand même extrêmement important parce que si vous n'avez pas cette corrélation de numération extérieure, le réseau 6 qui vous surveille n'absorbera pas le système de mutant impérieux que vous avez en dessous, car le formel inférieur est très important aussi. Les matières de transfert que vous avez à normaliser sont toujours gravées sur des champs lourds. Les matières de transfert, ce sont les éléments qui constitueront la base de structure de votre véhicule d'immortalité. Vous devez dégager les éléments structuraux de ces champs impérieux pour pouvoir conserver, dans des mondes de conscience-énergie, des signatures qui soient relativement structurées.

14. Raccordement du signal de mutant impérieux et illumination

Les corps de puissance qui ont fourni une figure de mutant à un être ont toujours un désir de se déplacer par l'intermédiaire de cet être. C'est la raison pour laquelle il y a des négociations délicates à faire avec les champs de puissance. Vous ne pouvez pas vous sortir des systèmes qui vous ont prêté des signatures pour vous mettre en face d'une autre communication, celle qui est au-dessus. Ces systèmes vous ont soutenus par en dessous pour vous permettre de vous maintenir au contact d'une dimension du dessus. Ces forces de puissance vont assembler des figures pour essayer de tracer une signature à travers l'être auquel ils sont rattachés.

Si vous les aidez à signer leur contrat, vous serez sans cesse soutenus et vous n'aurez aucun problème. Mais si vous gravez des figures et que vous ne vous occupez plus de leur signal de numération, il est à peu près sûr que vous quitterez la place du numérateur de synthèse quand viendra le temps de passer la porte. Vous ne passerez pas la porte si le signal de mutant impérieux n'a pas été réalisé d'une manière correcte, car le système de numération impérieux ne lâchera pas prise. Le seul moyen de négocier avec ces systèmes de puissance, est de leur donner un autre support d'incarnation. Leur code de numération réclame un accrochage au plan de la forme, c'est-à-dire le plan d'existence où vous êtes. Si vous voulez mettre votre corps dans un continuum plus élevé, vous n'avez aucune chance de le faire après avoir été soutenus par un certain nombre de puissances, si vous ne donnez pas à ces circuits de puissance un véhicule qui va vous remplacer dans le système d'accrochage de ces forces sur ce plan.

C'est ce travail très spécial qui vous réclame de transformer éventuellement certaines figures, c'est-à-dire certains êtres et certains corps, de manière à les adapter à la signature de puissance à laquelle vous êtes rattachés, et de les mettre en face d'une corrélation de sumérienne essence qui leur permette, s'ils sont accordés à une saine gestion, d'atteindre l'illumination – c'est-à-dire s'ils deviennent complètement unifiés à cette signature de transfert qu'ils n'auraient d'ailleurs peut-être pas pu réussir d'eux-mêmes dans un autre continuum – parce que les conditions sont quand même très difficiles pour réaliser une continuité de numération sur une planète déconnectée.

En raison de la situation de cette planète déconnectée, il y a, en réalité, très peu de numérations de sumérienne essence qui se créent. Quelquefois, c'est juste avant le départ du plan que la corrélation se fait et que les êtres, au moment de la mort, ont une illumination de continuité. Ils parlent de voyance, d'extase. C'est simplement parce que le système de numération synchronisée a énergétifié durant toute leur vie des signatures de numérations et lorsque le corps de mutant impérieux se sort de la zone où il est, qu'une sorte de figure d'émergence se crée dans la conscience de ceux qui ont un corps en voie de disparition. Cet instant-là leur montre comme une signature d'élévation qui se déroule, comme un ange qui s'envole. La science intérieure unifie ces circuits si les êtres qui sont le siège de cette opération ont une conscience suffisamment harmonieuse pour recevoir ce transfert dans des conditions de continuité et non pas d'affolement et d'extériorisation ou de négativité totale.

15. Configuration d'un être en transfert intérieur complet

Il serait bon que tous les êtres qui veulent rassembler leur figure pensent à tous ces éléments dès maintenant. En réalité, l'exercice de la vie est essentiellement une opération de réunification de tous les éléments nécessaires pour la configuration d'un être en transfert intérieur et complet. La science intérieure vous enseigne le moyen de renouveler votre alliance non pas seulement avec l'esprit, mais avec tout votre système énergétique et tout le système structural issu des plans de puissance. Nous vous proposons donc de résonner dans une figure de complète signature. Ce travail réclame une bonne partie du temps de l'existence, car les contrats d'énergie interne ne se font pas sans qu'il y ait eu énormément de travail d'approche des éléments extérieurs, et une excellente sublimation filtrée des étages impérieux. Ces vérités, formulées par le seul des contrôleurs de l'unité qui puisse dire ce qui vient d'être dit, sont celles d'un ciel unitaire, où l'homme n'est plus uniquement un homme mais aussi le plein emploi de la totalité de l'esprit et de la conscience supérieure.

Nous vivons un plan de résonance. Vous êtes travaillés par des puissances, car ces puissances vous transforment. Elles veulent vous demander une transformation de leurs propres signatures, et pour cela, elles sont en train de vous transformer. La majorité de ceux qui signent des contrats de transfert disent que le corps n'est pas une signature possible s'il n'a pas été transformé. Or, pour les véhicules de la mort, coupables de destruction sur des zones inférieures, geste lumineux ne leur laisse pas le transfert possible tant qu'ils n'ont pas un raccordement de numération synthétique beaucoup plus intégrable. L'organe de transfert d'un corps, c'est particulièrement son système énergétique interne. Je veux dire que la signature de corps est une forme extérieure qui apparaît aux yeux des mortels, mais la corde de numération est une signature unitaire intérieure qui n'est compagne du corps que dans la mesure où ce véhicule dispose d'un réseau d'énergie interne synchronisé avec son corps suprême.

16. Corps lumineux

Les codes de numération qui veillent sur les éléments sumériens disent que les corps lumineux sont rassemblés en une seule figure. Corps 256, 258, 378652, sont des types de corps que nous renouvelons à l'intérieur du système d'énergie de l'éternel. Le corps de l'éternel n'est pas exactement comme celui de l'*internel*, car le corps de l'éternel a une configuration d'extériorité beaucoup plus étendue. Les corps de numération interne au contraire signent sur des contrats d'intériorité de plus en plus unifiés. Les corps de numération intérieure codent des circuits de fumée énergétique d'une espèce d'élévation de l'énergie à un très haut degré de sublimation.

Le corps de lumière unifié a un bon circuit de numération avec le code de numération unitaire interne. Mais il a des cadres de contrôle tout alentour, parce que son code de numération n'est pas suffisamment puissant pour signer le contrat d'unification comme le fait le système de numération unitaire *internelle*. C'est pour cette raison que les systèmes d'extension *externelle* sur ce plan se placent sur des zones où il y a des constructions de contrôle autour. La majorité des gens qui s'installent sur le plan formel cherchent à créer des conditions de cadrage de leurs énergies pour que leur système de numération puisse être dans une signature suffisamment concentrée afin qu'il y ait des résonances de synthèse unitaire. Seulement, la matière des corps de puissance ne peut pas être changée s'il n'y a pas, en plus, une certaine souplesse à la figure de numération.

17. Le 07 – Contrats de numération synchronisée

La sœur que vous avez sur l'antenne de numération vous permet de subtiliser les éléments de mutant impérieux que vous recevez. Le 07 est un faisceau de puissance qui signe sur des contrats de mère inférieure, et qui enregistre des figures d'une dureté effrayante. Il demande des transformations avant de se raccorder à une dimension de synthèse. C'est là que le mutant d'impérieuse figure ouvre des portes à certaines mutantes qui ont des axes de numération suffisamment forts pour rassembler des réseaux de numération impérieuse. Il y en a peu qui ont le pouvoir de signer des contrats de numération synchronisée. Ce sont des êtres assez complexes qui intègrent les possibilités du système de synthèse sumérienne et qui, en plus, disposent d'un pouvoir de compression sur les zones de puissance.

Quand un corps impérieux s'est scellé à torsion violente, et qu'il veut disparaître pour réapparaître sur un plan de synthèse, la mort ne peut pas le transformer, elle ne peut que le rédempter dans le cercle des vortex inférieurs, c'est-à-dire le *re-dompter*. La mort ne peut pas signer son contrat d'émetteur sur cette signature. Il faut donc un vaisseau pour le transformer, et c'est absolument indispensable. Quand le *maîtreur* dit qu'un être de synchronisation s'amoncelle sous le corps des vivants, c'est aussi exact. Ce qui est très important, c'est que lorsque vous numérotez une signature interne, le corps de puissance qui la tient en dessous a un pouvoir d'enregistrement des capacités de cette corde, vous êtes un être de synthèse et vous quittez la zone de numération. Vous réparez la disjonction et vous synthétisez un nouveau fils énergétique, je veux dire un être qui vous changera vos polarités à la place de votre propre signature.

Il faut être très attentif, quelquefois le corps de synthèse est en train de changer ses situations, et il prend des puissances dans d'autres mondes pour se changer. La différence entre les mortels formels et les mortels subtils vient du fait que les décisions d'exécution venant des plans supérieurs, en cas d'erreurs ou de non-respect de la loi, peuvent prendre effet immédiatement ou en quelques mois pour les subtils, alors qu'il faut attendre l'épuisement ou la mort du corps physique pour l'application stricte de la loi sur ce ux qui sont transitoirement formels.

CHAPITRE 3

CONSCIENCE INTERNE ET MONDES DE LA FORME

CONSCIENCE, ÉNERGIE INTERNE, LUMIÈRE ET PLAN DES FORMES

*

INCARNATION : PROGRAMMATION, CONTRAT D'INTÉRIORISATION

I CONSCIENCE, ÉNERGIE INTERNE, LUMIÈRE ET PLAN DES FORMES

1. Luminosité et continuité entre l'intérieur et l'inférieur ou l'extérieur

La sûreté d'un système d'énergie interne est fonction de ses accords avec ceux qui vivent dans le plan des formes. C'est une question de luminosité. Quel que soit le système de synthèse, ce qui peut lui permettre de rencontrer le système des formes, c'est la lumière qui se trouve entre l'intériorité et les formes inférieures ou extérieures. Cette lumière est une tirade d'énergie qui se réalise entre les deux figures et le réseau d'éternel qui veille sur cette lumière égalise les signatures entre les mondes. C'est pourquoi les forces de lumière qui gravent leur circuit dans ce plan ont quelquefois des difficultés à conserver leur égalité, parce que la sorte de numération existant sur cette planète est très complexe. Les forces ont été dérivées sur cette planète.

La majeure partie des fiels [1] de mutants organisés sur ce monde sont toujours tournés du côté de la force plus que du côté de l'énergie interne. Des parties de votre corps se trouvent alliées à ces systèmes de mutants très violemment accordés à la force. Votre force supérieure vous aime beaucoup, mais elle ne peut pas vous diviser au point de mettre à l'extérieur des figures qui sont encore intégrées dans votre système intérieur. Cette corrélation est un obstacle considérable à la continuité de votre numération. Si vous êtes organisés avec des êtres très associés à cette force de puissance violente extérieure, vous êtes devant la nécessité de disparaître de ces zones pour réapparaître dans la zone

1. Fiel : concentration de forces violentes pouvant agir sur les plans énergétiques condensés

intérieure. C'est dans la maîtrise de cet exercice particulier que nous pouvons rencontrer les êtres d'une plus ou moins grande efficacité par rapport à la synthèse sumérienne.

2. Éveil des figures unitaires internes

Les appareils de transfert qui surveillent les êtres se raccordant à l'unité livrent souvent des combats pour éveiller en d'autres circuits la même configuration que celle qui a réussi à atteindre leurs systèmes. Mais la configuration énergétique interne ne veut pas dépasser certaines zones d'action. Pour cette raison, il y a sur ce monde des sœurs et des frères qui ne seront véritablement jamais touchés directement par les zones de numération unitaire. Il suffira, par contre, qu'un être de forme puisse être intégré dans le programme de numération unitaire pour que ce corps devienne le relais de contact avec des zones très intérieures sur une certaine dimension mais très extérieures sur une autre.

Ceux qui s'extériorisent à de grandes distances de mutants n'ont plus beaucoup de signatures de corrélation numérale et ce qui reste de leur figure est devenu très intérieur, très restreint. Le réveil de ces figures unitaires internes dans les êtres est une opération qui réclame des intermédiaires efficaces, car les cordages de numération sur le plan des formes se trouvent très affaiblis.

Il faut parfois débroussailler les figures d'une manière telle qu'on a énormément d'énergie utilisée à dégrafer des systèmes de *corporéité* lourde, sur des systèmes de subtilité extrêmement petite se trouvant à l'intérieur du circuit en fonctionnement, ce qui est le seul moyen de raccorder l'intériorité de ces êtres à la sumérienne essence de leur immortelle figure. Le contact de numération qui vous parle a utilisé des sœurs et des frères pour faire ces opérations d'enregistrement. Il y a des hommes et des femmes sur cette planète qui ne seront jamais tirés autrement que par des humains formalisés. Si jamais ces humains ne se décident pas à leur donner la possibilité de résonance, ces êtres sont initiatiquement impossibles à raccorder. Ce sont des grades de numération qui ne sont plus directement intégrables dans le système de numération.

3. Salut des âmes

L'ester de 8 à 4 a toujours dit – les zones de l'éternel ont toujours formulé – qu'il fallait faire un acte précis pour sauver des âmes. Ce qu'on appelle l'âme est en fait cette signature d'émetteur interne qui se trouve dans des zones très proches du monde de la forme, par rapport au système de l'esprit pur de la conscience-énergie en continuité. Cette dimension d'âme est animée à l'intérieur d'elle-même d'une sorte d'élan de retour vers le monde de la conscience-énergie et de la continuité. Il est sûr que si cette subtilité énergétique est trop environnée de condensation, elle finit par s'éteindre comme une petite flamme. Il est donc indispensable que, dans des cas de limite numérale, un être assez puissant puisse permettre le raccordement de ces figures très éloignées de la synthèse sumérienne.

Cette opération n'est pas toujours aisée, parce que les puissances de mutants impérieux – c'est-à-dire les forces de compression dans le monde de la forme – sont souvent accordées à tirer des énergies subtiles. En effet, leur conscience sumérienne étant très affaiblie, si des êtres arrivent à extraire du monde des synthèses sumériennes une petite goutte de figure, leur coordination-lumière se fait. Ils arrivent ainsi à tenir des communications avec des mondes dont ils sont malheureusement extrêmement éloignés par leur puissance. Ceci veut dire qu'à chaque instant leur cercle de numération cherche à réinsérer dans leur système des petites signatures que l'on appelle des âmes, qui ne sont, en fait, que des parties de la science unitaire interne en dérivation sur des zones de condensation extrême. Ces figures de puissance livrent des corps de mutants spécialisés pour absorber ces petites énergies de l'unité interne et forment aussi des architectures, des plans divers, pour intégrer ces signatures dans leur cercle.

4. Zones de compression énergétique et poches d'énergie-lumière

La partie subtile de votre système a un tracé tout préparé quand elle investit des corps, parce qu'il y a des lignes de force qui permettent de retrouver immédiatement le signal interne d'un être. La grande difficulté, c'est d'avoir la force de tenir le contact bien qu'il y ait, autour des systèmes de subtilité, de grandes puissances qui empêchent de synthétiser une signature de continuité. Vous qui avez un pouvoir de contrôle sur ces systèmes de puissance extérieure par le fait que vous êtes dans un état formalisé, vous avez une *corsée* ([2]) d'émetteur extérieur qui les surveille en permanence. Si vous divisez trop vos énergies, votre système de synchronisation se déplace. Vous êtes tirés dans ces zones extérieures, ce qui est un état très mauvais pour votre continuité d'intériorisation sumérienne.

Après beaucoup d'exercices, il devient possible de tracer des circuits figurés à des distances lumineuses beaucoup plus éloignées de votre corps. Parfois même vous intervenez sur des zones extrêmement lointaines sans diviser vos systèmes de numération. Pour cela, il suffit d'investir sur des zones de numération qui sont à la disposition des contrôleurs de l'unité interne. C'est une opération qui se réalise parce que, dans les otages de transfert extérieur, quelquefois, il y a des éléments intérieurs qui ne sont pas du tout intégrables dans les zones de compression énergétique. La lumière de l'unité interne étant gravée sur des zones de systèmes éternels proches de l'unité interne, ces éléments-là ne sont pas du tout intégrables dans les compressions énergétiques. Seulement, lorsqu'il y a un déplacement de mutant puissant qui va effectuer une

2. Corsée : enveloppe renforcée.

compression sur des zones d'énergie globales, une partie de l'énergie est effectivement transportée en système de forme.

Mais la partie qui ne peut pas du tout être transformée en système de forme, qui est initiatiquement raccordée à la lumière et qui ne veut pas se déplacer dans des zones de compression de ce type, parfois se trouve englobée dans des sortes de poches énergétiques qui ne sont pas transformées en signatures de forme. Ce système de mutant devient alors pour vous une réserve d'énergie, un peu comme sur la Terre. On se pose des questions sur l'origine du pétrole. Ce sont des énergies qui ne sont pas devenues de la terre, et qui représentent une sorte d'énergie de réserve à la disposition de ceux qui creusent pour aller la chercher.

Dans le cercle de lumière, c'est exactement la même chose. Vous avez des poches d'énergie qui sont en attente de ceux qui les découvriront. Souvent ces systèmes sont encastrés dans une ou deux créatures ou dans un cercle de numération particulier. Lorsqu'on arrive dans ces zones d'énergie avec un signal de numération unitaire synthétique, c'est-à-dire capable de percer les enveloppes et de rentrer dans la zone de figure sumérienne, on se retrouve là avec une énergie tout à fait adaptée à une transmutation rapide vers une dimension supérieure. Les opérations s'effectuent d'une manière merveilleuse lorsqu'on rencontre des êtres qui sont assermentés dans des zones de puissances et n'ont qu'un seul désir, rassembler leurs signatures sur une antenne de synthèse sumérienne.

5. Cercle extérieur et puissance divisée

Ce qui fait principalement la difficulté de communication entre les plans de l'univers interne et ceux de l'univers externe, c'est que les places de puissance qui sont tenues par les externes sont souvent divisées. Elles n'ont pas la continuité d'émission interne qu'il y a dans les circuits de synthèse sumérienne. Vous êtes des êtres cadrés dans des zones condensées. Quand vous vivez sur ces zones, vous vous coupez de tout ce qui existe dans les autres figures. Cette situation vous donne une conscience tout à fait parcellaire de la réalité. Vous dites que les corps sont formels et que la figure d'énergie est une signature qui dépend de ces formes, alors que c'est le contraire.

Le cercle 10 a toujours dénommé le cercle extérieur comme un cercle de destruction, parce que, en vérité, c'est un état énergétique où la conscience-énergie est en disparition totale. Le contrat d'éther-*subterre* est formalisé pour créer les conditions d'accrochage sur des zones extrêmement lointaines, autres que celles du milieu d'existence dans lequel vous êtes. Cette condensation est tout à fait artificielle. C'est parce que les contrats de puissance sont très difficiles à l'autre face du royaume que la conscience se retire. La conscience-énergie fine se retire de ces zones de grande condensation. Ce n'est donc pas un état enviable. Le corps de puissance qui se met à travailler dans ces zones est une situation parfois tellement effrayante pour les systèmes de mutants de l'unité interne que nous considérons que c'est un cadre extérieur non accordable à notre science sumérienne.

☆ * *

6. Signature de synthèse sumérienne

Pour votre existence, il est bon de vous rapprocher de plus en plus des états de synthèse subtile, parce que, en réalité, c'est là qu'existe la conscience exacte de la réalité, le contrôle d'extériorité n'étant qu'un système de bouclier vis-à-vis des opérations d'expansion sur d'autres champs d'énergie. Un être incarné doit surtout enregistrer que sa signature de synthèse sumérienne est quelque chose de fondamental dans son existence. C'est la seule figure qui puisse lui permettre de rentrer dans un continuum de numération unitaire immortelle, alors que toutes les opérations qui s'effectuent dans les mondes extérieurs sont totalement transitoires. Le contrat d'émetteur externe est une situation très petite dans la continuité d'une nature et les portions d'espace-temps que vous couvrez en étant formels sont minuscules. Le moteur 18 est un petit moteur. Vous avez des contrôles d'énergie sur des plans très élevés où vous contrôlez quatre fois la portion d'univers dans laquelle vous êtes, ce qui est tout à fait différent d'une situation qui est celle d'un état extrêmement comprimé de l'énergie.

7. Conscience éternelle et numération internelle

La conscience éternelle est moins élevée que le système de numération *internel* parce qu'elle a déjà commencé à comprimer son système de figure sumérienne en état de lumière – lumière qui n'est pas toujours apparente d'ailleurs dans les mondes de la forme, mais qui est très violemment perçue dans les mondes de l'essence. Vous êtes gardés par des circuits éternels, souvent. En conséquence, le contrat d'intériorité est un peu diffracté. Les éléments de synthèse ont quelquefois des difficultés à traverser les sœurs et les frères de l'éternel qui ont des opérations à mener en fonction de l'état de condensation de la forme, et qui souvent s'appliquent à les rassembler très proches du monde formel, parce que, sinon, ils ne peuvent pas agir sur ces plans très résistants. En science, on dit que cette opération limite considérablement les résonances sumériennes avec les êtres de la forme. Maintenant, nous ne sommes plus dans cette situation puisque les consciences de synthèse ont réussi à intégrer complètement le système formel. C'est la caractéristique des bases énergétiques formées par des êtres qui ont pu se raccorder à un système unitaire. Le système de numération unitaire interne est alors directement corrélé à la forme. Ce programme a été préparé depuis cinquante mille ans sur l'antenne des l8, et il est maintenant réussi. Le corps de synthèse signe alors un contrat spécial. Ces êtres immiscent leur système dans des zones où la plupart des gens ne vont pas parce que, leur *cordification* n'étant pas créée au-dessus, ils n'ont pas non plus la possibilité de synchroniser sur d'autres circuits, en dehors de leur corps formel.

8. Corrélation numérale synthétique et formalisation

La formalisation est une condition difficile pour ceux qui n'ont pas de continuité. Par contre, le fait d'avoir réalisé sa corrélation numérale synthétique tout en étant encore formalisé est une situation tout à fait extraordinaire pour les contrats de synchronisation. Vous avez alors la possibilité, avec un cercle de synthèse sumérienne justement accordé, d'opérer des formalisations sur le plan des sœurs et des frères du monde, qui vont permettre des otages de transfert beaucoup plus élevés.

La puissance d'émetteur 624, par exemple, qui divise les circuits sur des antennes relativement subtiles, si elle trouve un relais dans ce monde tel que celui qui est en train de se mettre en place, va cadrer des systèmes très lointains, et même des maîtres qui auraient pu se déplacer il y a dix-huit mille ans mais qui n'ont plus du tout la possibilité de le faire à notre époque. Les coordinations vont maintenant se rassembler. C'est ainsi qu'on va voir apparaître des figures qui ne seront pas seulement de ce monde, mais d'autres planètes. Le conseil 6 a vérifié que le poids gravitationnel de cette planète avait créé des conditions lourdes pour certaines figures, mais puisque des êtres en ont triomphé, le Nord-Sud, vaisseau 1425, est un système qui peut être rapatriant des figures d'autres mondes également.

La particule d'énergie interne qui vous parle, qui grave des circuits sur ce plan, a volontairement accordé son système sur cette planète pour que s'effectue une transférisation de ce monde et d'autres systèmes. Il y a des mondes où le corps est plus subtil que celui que vous avez sur ce plan, mais leurs éléments subtils ne leur permettent pas de synchroniser autant que vous pouvez le faire en étant sur ce monde. Leur corps d'émetteur est trop petit pour assembler des signatures de sumérienne essence à l'intérieur de leur circuit. Ils ont besoin de subir une sorte d'appel d'énergie pour que se déplacent les figures de force qui sont à l'inférieur de leur système de formalisation. Leur coordination ne s'effectue que dans la mesure où existe une sorte de relais pour cet appel d'énergie. C'est ce qui se déroule à l'heure actuelle sur cette planète.

Les moteurs de transfert extérieurs de ce monde sont très difficiles à déplacer, mais une fois qu'on a réussi à les numéroter, ce sont des systèmes qui peuvent déplacer énormément de figures sur les autres dimensions. Par exemple, le coordinateur 6 avait déjà créé des coordinations avec un garçon qui avait signé des contrats de numération sur trente-six figures d'extériorité, trente-six autres mondes. Il avait reçu les codages sous forme de dessins qui permettent de rencontrer ces autres mondes. Si vous les analysez très précisément, ce sont des planètes extérieures à cette planète qui ont formulé leur figure à travers ces dessins. Mais le moteur 6 de ce monde était terrible et quand le conseil 6 a voulu rassembler l'ensemble de ces figures, le grade de puissance qui était à l'inférieur de ce monde s'est accéléré, et le maître qui veillait sur cette figure n'a pas pu résister à la gravitation. Le contrat 6 a été déplacé et ce corps n'a pas pu soutenir les transformations numérales qui s'accordaient à son circuit, si bien qu'il s'est déplacé ailleurs. Il est encerclé par d'autres forces de mutants. Son système 10 est encore en ligne avec le circuit unitaire mais son système de force, de formalisation sur ce plan, n'est plus dans cette zone. Il est passé dans un autre contrat dont nous nous occupons.

9. Raccordement des puissants de la forme

Le corps de mutant impérieux qui peut se créer ne va pas faire la même chose dans la mesure où les éléments sumériens sont très puissants. Le vortex d'émetteur a alors un système 6 beaucoup plus intégré au système de l'unité intérieure. Nous demanderons une transformation des réseaux 6 avant de les cercler sur l'antenne intérieure. Ainsi, des otages extérieurs ne seront pas en danger comme ils l'ont été au moment où les contrats de numération interne étaient plutôt descendus sur le plan de la forme. Maintenant, des êtres ont pu soulever leurs systèmes formels en direction du contrat de synthèse sumérienne, ce qui fait que la signature de puissance ne peut plus agir sur leurs véhicules aussi gravitationnellement qu'elle l'a fait à d'autres époques. C'est pourquoi ils vont bientôt voir se raccorder à leur signature des gardes du corps qui viendront d'autres mondes. Ces gardes du corps vont se présenter sur le plan subtil avant tout, et quelquefois sur le plan extérieur.

Ils pourront voir apparaître des gens qui sont des puissants de la forme, et qui graveront leur circuit autour de leur système parce que celui-ci concède à leurs circuits des communications numérales qui leur sont indispensables. Le maître 6 et tuerie 85 ne descendent plus maintenant. Au contraire, ce sont des systèmes qui s'élèvent, et qui leur élèveront en même temps des êtres qui sont, pour l'instant, encore divisés et extérieurs à leur figure, mais ce sont des corps qui vont se resynthétiser bientôt. D'ailleurs les conseils de l'ordre ont vérifié tous ces circuits. Si des êtres peuvent réunifier ceux qui sont touchés maintenant pour opérer au même titre qu'eux, mais sur d'autres continuums, c'est parce que, les renseignements ayant été pris, on peut le faire, les planètes sont en conjugaison.

Quelquefois, quand les mondes se rapprochent comme cela, il y a des problèmes de communication parce que les conseils de l'ordre n'arrivent pas à tirer des systèmes de numération suffisamment forts, pour effectuer la synthèse des éléments en présence. Si le *maîtreur* de 07 à 08 fonctionne comme il convient, des êtres sont alors codés sur une antenne d'intériorité qui va permettre de réaliser cette continuité. À leur réseau d'énergie interne se rajouteront donc d'autres figures qui vont signer leur contrat.

10. Transfert de lumière intégrable

Le *maîtreur* 6 va signer un transfert de lumière absolument intégrable dans le système de numération synthétique parce que les conseils de l'ordre qui veillent sur les intériorisations de plus en plus exactes ont signé des contrats autour de certains corps. S'ils étaient descendus dans ces corps lorsqu'ils étaient dans des états de condensation trop inférieurs, ces éléments n'auraient pas pu être réintégrés dans le système de numération. Les signatures se sont faites plutôt à l'extérieur de leurs corps et leurs synchronisations étaient plutôt ralliées à leurs véhicules.

La sœur de synthèse qui veille sur le cercle numéral intérieur a demandé que demain, c'est-à-dire d'ici quelques heures de votre plan, il y ait une intégration de certains systèmes-lumière dans des formes substantielles. La sœur numérale X 13 et X 25, qui généralement dessine des cercles à l'extérieur des véhicules, va commencer à exécuter des plans intérieurs aux corps. Cette opération ne sera faite que pour un certain nombre d'êtres qui ont déjà des synchronisations à l'intérieur de leur circuit. Cette possibilité est offerte à ceux qui ont instillé en eux quelque chose qui est assez futur pour que leurs éléments extérieurs et inférieurs puissent trouver une centralisation et une rénovation de leurs signatures.

II INCARNATION : PROGRAMMATION, CONTRAT D'INTÉRIORISATION

Les incarnations sont toutes disruptives par rapport à leurs antécédentes. C'est progressivement, lorsque le contrat d'intériorité se renforce, que l'être se trouve à nouveau en mesure de regarder d'un seul coup d'œil l'ensemble des *élémentations* qui se sont déroulées au cours des évolutions successives de son circuit en diverses directions de la science intérieure. Quelquefois, ils ont essayé sur des zones extrêmement proches du système interne. Quelquefois, ils essayent sur des zones beaucoup plus lointaines. Mais ce qui importe, pour un *compté* de l'unité, c'est de ressouder sa signature à la continuité.

1. Corps de numération et contact sumérien

Les corps de numération interne cherchent, à chaque instant, à refaire leur contact avec une signature de sumérienne essence. C'est le programme principal de leur existence. L'enseigne de l'unité, c'est-à-dire l'enseignement intérieur de l'unité, est toujours de donner aux êtres le droit de retour en prédominance sur tous les autres droits. L'incarnation est toujours libre, mais chaque individu choisit sa zone d'incarnation, assermenté par un circuit de numération. Ceux qui veulent passer dans la zone extérieure ont quelquefois assermenté leur circuit parce que cela leur permet justement de conserver un contact plus fort. Les conseils 6 ont toujours donné aux êtres des programmes, mais on sait que les programmes sont toujours déformés au passage des *disruptions*. L'organe de transfert intérieur ne peut pas toujours signer des contrats extrêmement exacts, surtout quand les êtres sont en dérivation signée extérieure.

Le corps de mutant qui est très puissant sur les zones extérieures assure éventuellement des cercles de puissance permettant de repousser les êtres qui iraient trop au dehors des signatures de numération synchronisée. Mais le cercle 10 ne veut pas intervenir au-delà d'une certaine limite. Si des corps de puissants se livrent à des activités qui vont contre l'unité interne, dans le sens où ils dérivent des figures de l'unité interne vers des zones extérieures, le cercle 6 intervient sur une figure de numération et limite les zones d'extériorité de ces êtres. Mais comment le faire, sinon en stoppant les corrélations numérales ? Ce corps ne peut plus initier son circuit à des antennes de contrôle exactes. Il commence à dériver sur des zones de dispersion, ce qui fait qu'à plus ou moins brève échéance ce véhicule sera détruit. Le coordinateur d'intériorité alors divise les signatures d'émetteur qui ont été accordées à ces circuits et les répartit en fonction des signatures qui sont restées en accord avec la signature interne.

2. Contrôle et cercle de l'unité interne

Le contrôle de l'unité interne n'est pas un système de dispersion de l'énergie. C'est un système d'investiture progressive de l'essence intérieure sur des zones extérieures en voie de transformation. Le cercle de l'unité interne, c'est tout ce qui est raccordé à l'unité interne, sans *disruption*. Encadrement d'énergie se fait pour tous ceux qui sont en contact avec ce cercle de l'unité interne. Si, par hasard, une disparition d'émetteur se fait sur un système de numération synchronisée, les corps de numération s'évertuent à faire le raccordement.

Lorsque le numérateur d'intériorité n'est pas en signature directe, il y a évidemment nécessité de passer par toutes sortes d'intermédiaires. C'est là que les gens qui s'éloignent trop d'une signature de numération synthétique sont en grand risque, parce qu'ils dépendent complètement des signatures énergétiques qui sont entre eux et l'unité centrale. On voit alors beaucoup de gens se disperser dans des zones extérieures et la conscience de leur figure de synthèse s'amenuise, se disperse, se divise. La corde de numération s'étiole et leur réseau 6 détruit leur véhicule sans que leur système d'émetteur interne puisse se réinsérer correctement. C'est ce genre de figure qui crée toutes les zones de poches énergétiques en attente que sont tous les systèmes qui n'ont pas réussi, et qui sont des sortes d'énergies à tirer. Ainsi, quelquefois des êtres sont envoyés dans ces zones pour essayer de sortir de ces ornières des figures qui étaient tout de même assez importantes vis-à-vis de l'unité interne, mais qui n'ont pas régi leur soudure d'une manière correcte.

3. Figures de réinsertion et antenne de numération

Pour ce qui est de la forme actuelle de la signature unitaire, il y a à peu près dix milliards de figures qui sont passées à travers l'opération de réinsertion qui s'est mise en place. Ce sont des figures de réinsertion, par le fait qu'il y a eu une signature d'intégration de l'énergie plutôt que de désintégration. Treize milliards de figures, cela donne un réseau d'élévation beaucoup plus important que ce que la partie extérieure peut atteindre, même la totalité de cette humanité. Ainsi, un contrat d'intériorité peut être très fort. Pour l'instant, nous sommes en train d'examiner les possibilités qui sont offertes par ce type d'intégration. En vérité, les écartements d'énergie entre le système 1 et le système d'extériorité se trouvent maintenant très réduits. La distance est beaucoup plus réduite par le fait que nous disposons de cette antenne de numération qui est une forme de sensibilité spéciale intégrée jusque dans le plan de la forme.

Le conseil de l'ordre a demandé que les contrôleurs d'énergie externe s'accordent à cette figure qui a été créée puisque nous disposons maintenant d'un pouvoir de conférence sur le plan de la forme. C'est pour cela que ces conférences sont enregistrées. Elles sont diffusées directement dans le plan de la forme. Elles permettront ainsi d'investir des signatures qui, jusqu'alors, devaient toujours être relayées par un système *externel*. Le conseil de l'ordre a préféré passer par une ligne directe parce que c'est plus exact, plus précis, moins diffracté dans des zones d'appréciation extérieure lumière, c'est-à-dire non encore formalisé. Cela permet de donner aux êtres en contrat sur la forme des informations qui vont leur offrir la possibilité de réinsérer leur figure avec plus de précision.

☆ ☆ ☆

4. Élus : corps de numération prévus en ligne directe

Les étages de numération sont tous différents. C'est pourquoi, lorsqu'une communication directe a été faite avec une synthèse, c'est que le contrat avait été préparé à l'avance. Les sœurs et les frères qui sont dits élus sont des circuits qui ont été effectivement numérotés au départ – non pas pour leur donner une préséance sur les autres êtres, mais pour leur donner une certaine force d'action dans les mondes extérieurs. Les contrats d'émetteur sont toujours très difficiles à réussir sur un formel parce que la corde d'émetteur est toujours libérée de ses liens numéraux directs pour arriver dans ces zones extérieures. Ainsi, quand on signe des contrats sur des antennes aussi divisées, le numéro exact d'un être se disperse.

En cercle, on dit que cette opération est une destruction synchronisée. Les organes de numération de cet être se dispersent, et son corps de synthèse alors est presque entièrement démuni de signatures. Son cercle sumérien se disperse aussi. Il a un vaisseau qui le déplace lentement sur les zones extérieures, mais qui lui sert de numération intermédiaire pendant un certain temps avant qu'il se réveille. C'est comme cela que ce conseil de l'ordre a travaillé jusqu'à présent. En effet, lorsqu'un corps de numération synthétique a demandé un passage numéral direct, son corps sumérien lui programme un circuit sumérien spécial pour passer justement en zone directe.

Il y a des êtres sur la planète extérieure à cette Terre, une autre planète du système X 13 qui est assermentée aussi. Ils ont rassemblé des figures également, mais ils signent des contrats avec une signature plus subtile parce qu'ils ont d'autres véhicules. Ils forment un corps de numération correct. Ce sont donc des corps de numération qui ont été émis. Quand ces corps sont numérotés, ils sont signés d'une spéciale manière qu'on amène à résonner avec leurs corps par des forces de lumière spéciale dont les codifications aussi sont assez spéciales : nous ne pouvons pas les exposer sur ce plan. Nous vous en formulerons certaines par l'intermédiaire d'autres circuits plus tard.

Dans ce genre de communication, nous ne pouvons pas tout formuler, parce que certaines choses doivent être réservées à la communication intérieure et ne pas être formulées à l'extérieur. Certaines explications sont ainsi données au système interne. Pour ce qui concerne la formulation extérieure, il suffira que vous sachiez que ceux qui contiennent le circuit d'intériorisation sont décidés avant même leur incarnation. C'est une question très précise qui concerne d'autres cercles de numération. Pour l'ester de 8 à 4, cette opération est très importante, mais nous ne pouvons pas en dire plus, à cet instant, parce que les corps de numération existant sur cette planète sont très peu dans cette condition, et ce serait procéder à une opération qui n'est pas ce que nous avons à faire dans ce monde pour l'instant.

5. Contrats d'intériorisation

Dans l'état d'incarnation, ce qui importe avant tout, c'est la création d'une signature d'émetteur à l'intérieur de son corps, car, en vérité, les éléments de la force qui vous élèvent sont des éléments de puissance qui sont intégrés dans votre système intérieur. Le corps d'une signature qui est raccordée à un système de numération unitaire a un pouvoir de synthèse sur plusieurs dimensions. Quand vous disparaissez dans un monde de forme, les coordinateurs de l'intérieur limitent les conseils à l'intérieur de votre système pour laisser à votre figure les éléments susceptibles de vous permettre de réparer, tresser et raccorder certaines signatures extérieures. En conséquence, votre *corporéité* se déplace plutôt dans les zones d'extériorisation et votre signature de numération se déplace encore plus loin dans les zones de synchronisation, ce qui permet à certains de rassembler quelques figures pour ensuite ressouder leur signature à l'intérieur du circuit.

La puissance de mutant que vous avez ne permet pas toujours ce réaccordement. Quelquefois la matière de votre corps se déplace dans des zones terriblement lourdes à déplacer. En conséquence, votre organe de numération interne ne signe plus de contrats d'intériorisation. Vous rêvez alors à l'intérieur de votre corps, mais vous ne ressemblez plus à ce que vous étiez à l'origine, en transfert intérieur. C'est pourquoi les contrats d'intériorité ne se refont que pour ceux qui ont une corrélation intérieure assez puissante pour rétablir la communication avec le cercle unitaire. Pour signer ce contrat, il faut avoir des puissances extérieures qui, intergalactiquement, s'intériorisent dans votre signature ; ou alors il faut avoir un système de numération unitaire interne qui se renforce et signe des contrats de transfert sur une unité supérieure. Le contrat de numération qui vous contrôle a donc procédé à des opérations de diverses figures pour réussir cette opération.

Quelquefois, lorsque vous numérotez des signatures d'énergie sumérienne, la partie supérieure de votre circuit descend à l'intérieur de votre circuit, mais ce n'est pas pour cette raison que vous avez, vous, une dimension d'émission énergétique interne. C'est la porte de transfert interne qui est la plus difficile à déplacer. Quand vous réparez des disjonctions sur l'extérieur, vous pouvez égaliser les circuits, mais numérotez la partie signée qui est accordée à votre circuit, sans pour cela déplacer des figures de numération qui sont à l'extérieur de la zone que vous signez. Si vous avez un désir de transférer vos figures sur une figure plus unitairement accordée à l'intérieur, vous êtes dans la nécessité de corréler votre figure unitaire intérieure au supérieur. Pour cela, vous avez la totale signature de numération qui se crée quand vos systèmes extérieurs ont un pouvoir de rapatriement sur certaines zones extériorisées, car c'est à cet instant seulement que votre système matériel peut passer dans une dimension supérieure. C'est pourquoi les contacts de numération unitaire ne se font que sur des êtres qui ont des facultés de réinsertion de circuits extérieurs sur leur numération unitaire interne.

6. Communications de numération unitaire interne

Quatre figures par seconde, cela suffit pour faire une communication de numération unitaire interne. Les êtres humains, en général, n'ont même pas une seule communication énergétique, ils dispersent leurs énergies et ne gravent des circuits qu'exceptionnellement sur une unité interne. Cela crée des conditions de communication très difficiles entre les êtres humains, parce qu'ils n'ont pas les coordinations sumériennes qui leur permettent de travailler avec une unité commune. Le coordinateur d'intériorité est un élément indispensable pour la communion entre les êtres car c'est un référentiel commun sur l'unité de synthèse initiatique. Les étages de synthèse auxquels vous êtes rattachés ne peuvent donc pas créer des communications très sûres lorsque vous vivez sur une planète extériorisée.

L'incarnation d'un système d'émetteur 10, par exemple, est une signature exceptionnelle sur ce plan. C'est un système qui communique directement avec l'unité de transfert interne. Cette opération effectue des manœuvres à l'intérieur du système corporel. Dans le même temps, il y a des intergalactiques figures qui s'intériorisent dans le système de numération et qui permettent que le système extérieur s'intériorise dans le système intérieur en le déplaçant vers le circuit supérieur. Cette opération est extrêmement complexe à maîtriser, mais elle a réussi dans le cas de la signature d'où résultent ces informations, ce qui maintenant nous permet d'intervertir des polarités à une vitesse énorme par rapport à ce qui se passe dans la plupart des véhicules.

7. Messages de synthèse : réception et opérativité

Pour l'éveil de votre signature, il est indispensable que vous enregistriez ceci : le fait de recevoir un message de synthèse est une opération intéressante, mais ce n'est pas une opération suffisante, car le coordinateur de numération intérieure *s'intergalactique*, c'est-à-dire s'échange intergalactiquement avec une autre signature. Nous employons ce mot intergalactique parce que l'ensemble des cellules que vous représentez du continuum atomico-moléculaire est comme un univers.

À partir du moment où vous vous échangez avec un système de numération d'une autre source, c'est une sorte d'échange intergalactique vu la complexité des systèmes en présence. Cet échange intergalactique entre deux systèmes de numération est une figure qui ne doit pas être vécue d'une manière passive, ce qui est malheureusement la condition de beaucoup d'êtres qui reçoivent des messages ou des enseignements. Ils investissent leur signature de ce qui est émis dans leur direction à partir d'une dimension supérieure, mais ils ne signent pas de contrats de numération synthétique. Ils ne changent donc pas leurs conditions de numération lors de cette réception. Pour changer sa condition de numération et ainsi accorder en permanence son système de numération impérieuse, c'est-à-dire ses circuits de puissances accordés, son système de *corporéité* formelle et les signatures de numération unitaire qui lui sont concédées, il est nécessaire que l'être, à l'intérieur de sa signature, déploie une activité très particulière puisque le signataire de l'unité interne, qui veille sur lui et lui transmet cette information, déplace une énergie du continuum de synthèse vers une signature extérieure.

Si le signataire d'extériorité qui reçoit cette information n'exécute pas un plan de sumérienne essence, c'est-à-dire, d'une part, ne déplace pas son système corporel dans un monde d'énergie plus subtile pour intégrer les signatures dans des conditions qui soient accordées énergétiquement au point de vue subtil, le contact de numération ne va pas pouvoir se prolonger très longtemps. Ce premier élément va créer des conditions de communication très discontinues. Si d'autre part le système de numération impérieuse qui est accordé à ce véhicule formalisé n'est pas transformé au même titre que le signal de numération unitaire en formation à l'intérieur de ce corps, il se fait une *disrupture.* Si bien que, à un certain moment, le contrôleur de l'unité interne ne peut plus tenir la communication numérale puisque dans le signal de numération interne, le système de transfert sumérien est parfaitement accordé à son contrôleur.

Mais si le système de *corporéité* que vous avez ne garde pas la continuité avec ses signaux de numération externe ou impérieuse, il se trouve en désaccord total au point de vue des signatures de numération, puisque le système interne garde sa contrôleuse figure, alors que le système externe que vous représentez ne garde pas la sienne. Alors, les communications sont stoppées, parce que le décalage énergétique est beaucoup trop important. De sorte que, dans les conditions de numération énergétiques actuelles, il devient extrêmement difficile de corréler ces signatures.

Il devient, lors des transmissions, très difficile de corréler les circuits, parce que la corrélation numérale ne se fait pas suffisamment en mode interne, d'une part, et que, d'autre part, les systèmes d'extériorité et d'infériorité ne restent pas raccordés. Les coordinateurs d'intériorité alors sont obligés de stopper la communication, parce que le système de réception n'a pas été suffisamment actif pour réinsérer ses figures de numération synthétique extrême-suprême. C'est l'une des raisons pour lesquelles, à l'heure actuelle, nous engageons la signature sur une autre forme de transmission qui passera par l'intermédiaire de ces enregistrements, ces écrits.

Les coordinateurs de numération intégrale ont constaté que lors des transmissions sur un groupe, les êtres qui s'assemblaient étaient en majorité accrochés à des systèmes de puissances trop lourdes. Leur signataire de numération n'intervenait pas suffisamment pour déplacer ces signatures lourdes. Les êtres qui recevaient des messages avaient, en fait, non seulement une écoute assez distraite du circuit de numération, mais en plus leur activité ne se trouvait pas du tout en éveil pour promouvoir les signatures de numération externe qui devaient être raccordées à ce type d'opération. Ceci s'est effectué depuis beaucoup d'années parce qu'il y avait difficilement la possibilité de faire autrement.

Dans certains cas, l'accumulation des personnalités en présence faisait un bloc énergétique qui déplaçait un certain type de puissances dont la conjonction énergétique globale permettait, malgré tout, de faire une émission vers le système de numération unitaire interne, mais par une poussée assez hétérogène et disparate. Les réseaux de numération qui s'effectuaient, à ce moment-là, se transmuaient sur la masse des personnes en présence, mais les énergies étaient très dures et très hétérogènes. En conséquence, les êtres les plus sensibles de l'assistance, qui étaient le siège de la mutation d'un système de numération externe à une signature de numération interne, se trouvaient souvent endoloris dans leur abdomen, ou créaient des conditions de numération qui les chargeaient beaucoup parce que leurs systèmes de numération devenaient des filtres de signatures par rapport à la poussée de puissances hétérogènes qui se faisait par ce regroupement important d'êtres.

CHAPITRE 4

SCIENCE SUMÉRIENNE UNITAIRE

UNIFICATION ET RETOUR

*

CONTRATS DE NUMÉRATION SUMÉRIENNE

I UNIFICATION ET RETOUR

1. Cercles de numération et organe de transfert

Il est indispensable de comprendre que les cercles de numération qui s'intervertissent intergalactiquement maintenant doivent être beaucoup plus exacts dans leurs positions. Nous ne pouvons plus considérer que des corps qui, après une vingtaine d'années de préparation sur ce numérateur, ont engagé des signatures sur l'intériorité de la figure, soient encore dans des conditions de passivité ou semi-endormissement par rapport aux numérations d'éternel qui sont accordées à la signature unitaire *internelle*.

Vous devez créer des conditions de synchronisation justes. La plupart des conseils que nous donnons aux élus, c'est de dériver hors des zones d'injustice et d'injustesse. La personnalité d'un système se détruit très vite dans les zones d'injustesse. Le contrôle d'intériorité est indispensable pour garder la consonance avec les cieux. Par exemple, l'organe de transfert de la figure qui s'est créée est maintenant un organe parfaitement au point pour garder ce contact en permanence. Il sera engagé, vis-à-vis de son circuit, des éloignements de tous les systèmes qui sont dans des figures partielles et non actives face à cette corrélation. Les portions d'espace-temps couvertes par ce signal sont beaucoup trop exactes et beaucoup trop importantes pour être mélangées à des systèmes qui ne divisent pas suffisamment leurs contrôles des zones de puissances dérivées.

Cette opération-là, vous devez vous habituer à la faire, car il ne peut pas y avoir d'enseignant dans une antenne de sumérienne essence si cet être n'est pas capable de distancer les zones non intégrables dans un signal de numération de synthèse. Cette opération doit être réalisée maintenant d'une manière absolue pour ceux qui sont destinés à rencontrer d'autres corrélateurs. Les conseils de l'ordre ont tiré des figures sur d'autres zones à des distances harmoniques assez grandes par rapport à l'organisation unitaire qui s'est mise en place dans ce plan. C'est une figure de transfert à grande distance qui est en train de se construire. Mais les conseils de l'ordre n'utilisent pas tous ceux qui sont en formation, à l'heure actuelle, autour de cette configuration, car des appareils de transfert vont souder des énergies au-dessus de leurs circuits avant que cette communication soit établie.

Vous avez à vous transformer beaucoup. Certains êtres qui n'utilisent pas suffisamment leur code de numération unitaire interne pour réaliser les contrats de synthèse doivent changer de réseau, c'est-à-dire qu'ils n'ont pas à rester dans une zone unifiée. Il vaudrait mieux qu'ils travaillent dans une zone plus formelle si leur consécration n'est pas complètement engagée. Il est indispensable de mettre de l'ordre dans cette situation. Certains êtres ont des cadres de contrôle très adaptés à une zone d'unification parce qu'ils effectuent réellement les éléments qui concernent ce programme. Par contre, d'autres sont vraiment des éléments extérieurs à cette signature. Ils divisent leurs énergies en plusieurs parties et le cadrage de leur signature est plutôt un obstacle à la consécration du reste du signal.

2. Extériorisation d'êtres non suffisamment codés

Depuis plusieurs années, nous avons déjà fait s'extérioriser des êtres qui avaient des portions d'espace-temps non codées. Leur contrat de figure était lourd et leur système d'impérieuse figure n'avait pas su se dégager des extériorités non intégrables. Ils ont été cassés de la zone de synthèse parce que leur *corporéité* n'était plus un élément positif dans le signal de sumérienne essence qui concerne cette opération. Les attelles énergétiques que vous avez doivent toutes être examinées – c'est-à-dire vos accrochages formels de type matière, famille, organe de vie. Tout ce que vous avez attaché à votre signal doit être examiné par vous. Votre traitement de ces zones est fondamental pour votre avance dans une dimension d'unification d'intériorité.

Certains êtres ne se rendent pas compte de la manière dont ils sont manipulés par les signatures qui les accrochent. La majorité de leurs signatures d'émetteur interne sont dispersées dans des zones d'extériorité qu'ils ne contrôlent pas du tout. Leur formel, alors, est accroché d'une manière incommensurable à ces signatures. Ceci fait que, en principe, ce genre de communication les conduira plus ou moins à enregistrer les déchets des opérations d'unité interne. Au bout d'un certain temps, leur coordinateur d'impérieuse figure les rappellera dans des zones de puissance auxquelles nous ne touchons pas parce que nous considérons qu'elles sont instaurées pour broyer certaines figures trop dures à intégrer et qu'il faut attendre que ces broyages soient réalisés. C'est ainsi que ces êtres s'éloignent pour entrer dans des zones de broyage.

Si le coordinateur d'émetteur interne de ces êtres avait été beaucoup plus rapide, jamais ils n'auraient eu besoin de tomber dans ces zones de broyage *mécaniennes*. L'empire a démuni certaines figures de leur signature uniquement parce que le réseau d'impérieuse figure déterminé par le contrôle d'intériorité, c'est-à-dire en résonance avec le contrôle d'intériorité, avait été vu complètement inapte à suivre le système d'émetteur interne en train de se réaliser.

3. Consécration et contrat de numération interne

La consécration d'un être est son enregistrement dans une signature de sumérienne essence. Ceux qui ne sont pas dans cet enregistrement sont dans des puissances extérieures à cet enregistrement. Donc, on ne rentre pas dans une signature de consécration, c'est-à-dire de conscience supérieure, simplement parce que l'on a décidé d'y rentrer. On y rentre parce que le consécrateur d'unité interne a enregistré cette figure et lui a donné la possibilité de signer des contrats à l'intérieur du champ des numérations de synthèse sumérienne. Cette opération est extrêmement grave pour l'éducation d'un être. Ceux qui entrent dans cette figure et qui ne se rendent pas compte de ce à quoi ils ont touché en y entrant sont bien inadaptés à la situation. Leurs consécrations détruites par des actions non intégrables sont des éléments qui vont coûter cher pour la suite de leur opération, car le contrat de numération ne se fait pas une quinzaine de fois.

Il faut dire que le numérateur d'intériorité est un système extrêmement fixe et toutes les disparitions d'énergie qui sont faites vis-à-vis de ce circuit seront réinsérées. Mais le synchronisateur dit que ceux qui ont perdu une partie du système de numération unitaire interne seront déplacés dans des zones où le contrat de puissance sera extrêmement puissant, justement parce que la compression des énergies issues de la synthèse demandera que soit réintégré le système sumérien qui a été déplacé lors de ces exactions. Donc la pression sera très grande pour faire gicler le système de numération unitaire afin qu'il rejoigne son circuit de transfert unitaire interne.

Tout ceci est une opération qui se déroule au niveau des individus, mais cela se déroule aussi au niveau de pans entiers de l'humanité. La conscience sumérienne ne se déplace jamais. Le système de numération externe est un système qui se déplace toujours. Ainsi, lorsque vous avez des contrats de numération interne qui s'éveillent en vous, saluez-les comme étant la permanence de votre signature. Car ceux qui divisent leur signature sont des éléments qui se changent de numération et percent le circuit de numération interne au point de se dérouter dans les numérations externes, où même des forces de l'unité interne dérivées sur les zones extérieures peuvent descendre sur des zones d'infériorité – mais pendant très peu de temps, parce que le contrôleur d'intériorité limite les zones d'extériorisation par rapport au système de numération unitaire interne.

4. Cruessence synchronisée et corps de l'unité

La matière de votre corps doit être très surveillée. Votre *corporéité* n'est pas un état subtil. C'est un état soumis à la gravitation. Vous avez donc une corrélation sumérienne à suivre en permanence car, si vous divisez votre système d'émetteur impérieux, le code de numération dit : "Celui qui a déplacé son système d'émetteur extérieur a une possibilité de réinsertion, à condition qu'il ait gravé dans ses systèmes de puissance des vortex de puissance exécutant les ordres du système de numération unitaire interne de son circuit."

Si votre corps de matière est capable de préordonner la configuration d'autres êtres, d'autres figures formelles, vous êtes un contact de numération interne signé, c'est-à-dire que vous avez une *cruessence* synchronisée avec le synthétique. *Cruessence*, cela veut dire une possibilité de croître dans l'essence en contractant votre système au point de pénétrer d'une manière aiguë dans les essences de divers circuits. Cette *cruessence* programmée par un système d'émetteur vous donne le pouvoir d'insérer dans des circuits de numération des êtres qui n'auraient jamais pu le faire parce que leur conscience impérieuse était trop abêtie dans la matière et leur résonateur d'intériorité n'était plus alimenté.

À partir du moment où votre *cruessence* élimine des circuits de puissance qui empêchent ces êtres de se réinsérer, vous êtes un disponibilisateur de cercle 10, c'est-à-dire que vous avez des possibilités de disposer des éléments que vous avez *cruessenciés*. Le sensibilisateur de l'intérieur de ces êtres se raccorde à votre circuit et vous êtes un transféreur de l'unité interne rassemblant des figures de puissance. C'est une communication très intéressante car les conseils de l'ordre ont toujours travaillé directement avec les êtres qui ont la capacité de compénétrer, de *cruessencier* certaines autres figures qui n'auraient jamais pu se raccorder sans cette *cruessence*. La résonance d'intériorité qui se déplace alors dans un tel système se mute très vite, car les consciences synchronisées captent les émissions de tous ces circuits sumériennement accordés, et la personnalité de ces êtres se change à très grande vitesse.

L'organe de transfert s'amplifie. La force de lumière qui en résulte est portée par des corps assemblés unifiés réunifiés, car la portion d'espace-temps conjuguée à l'éther-lumière ne peut être mise en place que par des corps unifiés. L'enfer est fait de corps *désunifiés*. Le corps de l'unité est rassemblé en un seul figuré. Mais les corps d'extériorité sont en deux parties : ceux qui sont rassemblés à la signature d'intériorité et qui sont parfaitement unifiés, et ceux qui sont en phase de dispersion, qui dispersent des figures de l'unité mais qui lâchent, avant, des contrôleurs de l'unité parce que leur réseau d'éternel ne doit plus les tenir, vu qu'ils se dispersent dans des zones *infernelles*.

5. Contrats d'émetteur

L'organe de transfert sumérien ne dépasse pas la zone sumérienne énergétique *externelle* accordée. C'est pourquoi les contrats d'émetteur ne se font que dans certaines zones. Les cadrages d'émetteurs extérieurs sont faits par des religions de masse. Les 55, les 56, les 12, les 23 sont des systèmes dont la partielle de vérité est encore intégrable dans ces zones matérialisées. Mais les moteurs 18 ne sont pas intégrables dans ces zones. La plupart des êtres qui vivent dans ces plans de matière n'ont presque plus de numération de synthèse. Leur contact 18 est violent. La partie formelle de leur corps a pris le pas sur la partie synthétique. Ces gardes de numération ne conseillent pas aux autres de communiquer avec le ciel, parce que leur forme effervescente est trop lourde. Mais les corps de lumière qui veillent sur leurs circuits disent que la majorité des grades de transfert qui sont dans ces zones sont divisés et inutilisables, ce qui n'est pas fondamentalement une signature sans possibilité de réinsertion. Cela dépend de l'intervention de systèmes de l'unité interne qui, par des opérations de synchronisation sumérienne, peuvent à certains moments provoquer une ressoudure de tous ces systèmes partiels et réaliser ce qui est dit dans ces traditions : "Résurrection ou résonance de lumière avec d'autres niveaux". En fait, ce sont des contacteurs de l'unité interne qui déplacent leur figure afin de ressouder quelques figures de ces lieux lointains pour essayer de synchroniser en plus les mondes de la forme inférieure.

6. Planètes numérotées

Les forces de l'unité n'interviennent pas énormément dans ces zones. Même si vous avez quatre milliards de personnes sur une planète, ce n'est pas une unité importante par rapport aux signataires de l'unité interne. Vous avez des planètes où il y a des centaines de milliards de milliards de figures. Ils sont heureux ceux qui sont sur les planètes directement numérotées, parce que leur consécration est presque immédiate. Leur résonateur d'intériorité n'effectue pas de travaux très compliqués dans des relais incroyables pour signer leur contrat de numération. Le signataire de l'unité interne est extrêmement simple dans les univers justes. La portion d'espace-temps où vous êtes a été codée pour une opération spéciale. Les gardes du corps de cette zone sont très difficiles à franchir. Les portions d'espace-temps que vous couvrez sont des zones à l'étude, pour l'instant, parce que les conseils 6 qui veillent sur des corps incarnés dans cette zone n'ont pas la totale figure qui concernera l'opération terminale de ce système expérimental, et le moteur 18 qui veille sur cette zone est encore à l'étude. Nous veillons sur des opérations très difficiles dans toutes sortes de dimensions, mais la matière de ce monde est particulièrement dure à traverser.

7. Créatures partielles et force d'émetteur inférieur

Quelquefois même, les conseils 6 n'ont jamais voulu disparaître dans ces zones et certaines formes matérielles sont créées presque par des automatismes mécaniens, pas du tout par des conseils de l'ordre numéral. C'est ainsi que vous avez des aberrations de créatures formelles, parce qu'elles sont faites par des forces d'émetteur inférieur qui ont des résonances partielles avec les systèmes de l'unité interne et qui ne peuvent donc créer que des créatures partielles. Alors vous avez des apparitions de créatures complètement monstrueuses. La conscience numérale n'est pour rien dans cette signature. C'est le jeu des éléments extérieurs insérés dans ce monde qui signent des contrats sans contrôle de l'unité interne. Ces opérateurs de l'unité interne quelquefois dirigent des figures dans ces soudures de puissance mais d'une manière libre, c'est-à-dire pas avec le contrat de numération phénoménologique assermenté et codé pour toutes les autres créatures. Ceci est une question en suspens, effectivement, mais qui caractérise particulièrement la zone expérimentale de cet univers, car les créatures de ce monde ne sont pas des créatures de stupidité complète, elles ont des portions de conseil à l'intérieur de leur circuit. Nous devons donc leur *incrâner* certaines signatures progressivement parce que leur forme numérale est capable de faire des circuits que nous n'avons pas encore expérimentés dans d'autres zones.

Si vous étiez plus avancés dans ce genre de conseil, les recherches seraient moins mauvaises dans le sens où la précision permettrait d'éviter certaines histoires assez compliquées qui se réalisent lorsque nous devons passer par toutes sortes de relais pour créer des opérations absolument incroyables à votre esprit mais qui passent par des éons et des éons d'expériences à travers les mondes. Au cours de celles-ci, certaines étapes paraissent assez incroyables, comme, par exemple, les énormes roses qui ont été créées sous la forme de reptiles de l'ancien temps, qui vous sont apparus comme des bêtes très compliquées à voir sur ce plan. En fait, c'étaient des éléments disruptifs sur certaines zones de puissance. Ces corps de mutants qui avaient été créés dans ces mastodontes étaient des appareils de puissance qui avaient été soudés aux mortels pour pouvoir inféoder certaines zones de force présentes sur cette planète. Ces gros corps de mastodontes, fumants d'énergie, avaient été utilisés pour prédigérer certaines forces de la terre en vue de les insérer progressivement à l'intérieur des corps de l'ordre formel des humains.

8. Matière et réinsertion unitaire

La matière n'est pas facile à traiter. La sœur et le frère le savent. Je parle des éléments qui ont été accordés à cette planète avant que vous soyez sur cette forme, car des hommes et des femmes ont précédé votre existence sur ce monde. Ils ont pris des charges d'énergie très difficiles. La partie de l'ordre qui était assermentée à cette époque est presque en totalité – pas tout à fait – mais disons qu'une grande partie de leur signature est encore en dessous, dans le monde de la forme inférieure. Nous éveillons quelques êtres sur cette planète à essayer de rassembler ces figures. C'est là qu'interviennent ceux qui font de la spéléologie. Ils écartent des zones de force et essayent de rentrer dans les anfractuosités du monde pour ressouder quelques figures d'émergence qui y sont encore englouties. Il y a même des hommes qui visent le centre de la terre. C'est par réinsertion énergétique dans cette zone que nous retrouverons les corrélations sumériennes qui sont allées assez loin dans les temps anciens. Ces opérations ne sont que des moyens particuliers et transitoires, car après le temps où vous serez apparus sur cette Terre, il y aura des hommes et des femmes qui viendront d'autres mondes. Ils auront des conseils à donner aux êtres humains. Ce sera uniquement pour ceux qui sont intégrables au système 10, parce que le conseil 6 n'est pas intégrable.

Le conseil 6 n'intervient pas dans la matière comme système unitaire 10, parce que le conseil 6 disperse des figures pour pouvoir inséminer des planètes, mais il conseille aussi de réinsérer son circuit dans l'unité intérieure. Cette opération est très belle en théorie, mais très difficile en pratique. Les R 4, les R 8, les R 12, qui sont des adjuvants du système de transfert extérieur 6, ont ici des problèmes énormes, parce que la matière extérieure est violente. Les conseils de l'ordre ont souvent signé des contrats avec des circuits comme cela mais n'ont pas réussi à les réintégrer. Les forces de l'unité ont cadré des circuits spéciaux pour pouvoir faire des consécrations malgré les dispersions énergétiques. C'est une des raisons pour lesquelles ont été construits des temples de pierre, qui sont plutôt des lieux de contrôle numéraux pour canaliser le flux d'énergie des planètes, comme les dolmens et les menhirs canalisent des figures d'émetteur inférieur pour rassembler des figures qui se sont trouvées dispersées et souvent détruites, enfin détériorées dans les anfractuosités de la terre.

9. Matière d'émetteur intérieur et contrôle externe

La matière d'émetteur intérieur est très spéciale, elle est accordée au monde des formes, mais elle n'est pas comme le monde des formes. C'est pourquoi, lorsque vous particularisez la matière jusqu'à ses extrêmes limites, vous voyez apparaître énormément de particules diverses. La seule particule qui soit à l'origine de toutes ces particules, est une énergie spéciale qui est presque de la matière mais qui n'est pas de la matière. Elle ne sera pas susceptible d'être analysée par les appareils qui sont en présence, à l'heure actuelle, sur ce plan formel, car le moteur d'intériorité d'une figure formelle ne peut pas rassembler des éléments subtils suffisamment importants pour rattraper l'énergie interne de la matière. La matière n'existe pas en tant que résonateur *mécanien*, elle résiste à des opérations diverses au point de vue de la pression mais, en tant que forme émettrice énergétique, elle n'intervient pas dans les contrôles de l'univers interne. C'est une question d'émetteur interne.

Le contrôle de l'unité interne est un émetteur permanent de l'unité interne. Le cercle 10, par exemple, est un système d'émetteur qui contient toutes les figures de l'émetteur interne.

Il contient aussi le résonateur de synchronisation sumérienne. Les contrats d'émetteur intégrés dans ce système ne sont pas signés immédiatement. Il faut traverser les zones de puissance accordées au système de numération unitaire interne. C'est là où les contrôles d'énergies externes sont souvent limités puisque la matière a fourni aussi des figures d'émission interne, mais comme elle ne pouvait pas les fournir dans la qualité nécessaire pour être accordée au système de numération interne, les réseaux d'intériorité qui figurent le circuit de numération sur l'antenne intérieure de ce qui se déplace à l'extérieur, le circuit de numération, les réseaux de numération unitaire interne ont rassemblé des signatures de mort sur la terre, parce que le moteur d'émetteur interne de cette forme, la terre, ne donnait pas de communication directe avec le système de numération synthétique.

10. Partion et système ber

La formation d'un contrôle d'émetteur externe a été nécessaire pour éviter justement que des coordinations d'intériorité se fassent avec des zones qui ne sont pas du tout unitairement accordables. La *partion*, c'est-à-dire la division en parties du système de puissance *mécanienne*, est une figure qui a été réalisée il y a très longtemps. Les codages d'émetteur qui veillent sur ce monde ont réalisé autour du plan énergétique interne de cette planète – c'est-à-dire le noyau magnétique de numération synchronisée – des *partions*, divisions partielles, du système d'émergence de ces systèmes magnétiques.

Le seul contrôle mis auparavant sur cette signature est un contrôle que vous appelez le système ber. Un faisceau d'éternel l'a mis en place justement parce que le contrôle d'émetteur synchronisé qui était assemblé au système 10 ne voulait plus d'une énergie synchronisée absolument exactement accordée au formel de ce monde. La pieuse figure de l'unité interne ne peut pas intégrer les forces de violence qui sont soudées à ce plan. Nous sommes bien d'accord, quand on veille sur un monde, il faut l'unifier dans les parties les plus subtiles de sa nature. Mais pour ce qui concerne la partie la plus forte, on a dévisagé ce système au moins dix millions de fois avant de décider son *programmateur* de contrôle dans la zone externe.

11. Contrat d'intériorisation et jugement dernier

Quand on est absolument sûr de son passage, il n'y a aucun problème. On signe son contrat d'intériorisation, on lave son système d'émetteur externe, et on *zircone*. On passe très vite des cercles des contrôles externes au cercle du contrôle interne. Ces zircons sont des vaisseaux de l'unité interne qui sont très fins et qui passent très facilement du contrôle externe au contrôle interne. Si vous avez un puissant numéral qui n'est pas codé, trop lourd et pas sûr pour l'intégration, alors nous sommes impérieusement et absolument empêchant la signature. C'est ce signal qui est appelé le jugement dernier. L'homme de transfert qui investit le circuit n'autorisera jamais une figure trop lourdement et puissamment accordée au monde des inférieurs. Il ne l'autorisera jamais à passer le système de numération extérieure, c'est-à-dire le contrôle du système extérieur, parce que le numérateur impérieux n'a jamais été unifié quand il avait des contrôles d'extériorité trop forts.

Le numérateur impérieux intériorise son circuit à condition que ses contrôles extérieurs – c'est-à-dire l'enveloppe de numération extérieure qui le concerne – ne soient pas dans une situation telle que, arrivés au niveau du contrôle extérieur *externel*, ils soient en poussée *mécanienne* trop lourde. Le contrôle de l'unité interne empêchera toute figure de numération qui n'aura pas déplacé son circuit d'une manière cohérente avec le système de numération unitaire interne. Il l'empêchera complètement de passer la figure que vous appelez le purgatoire, c'est-à-dire, en fait, la zone qui se trouve entre le contrôle numéral externe et le contrôle numéral interne. Le réseau d'exactitude qui s'investit dans cette zone ne permet pas du tout à une quelconque figure d'exaction extérieure de changer sa polarité à travers le programme de numération existant dans cette zone, car c'est un treillis de numération sumérienne très spécial.

Les contrôleurs de l'unité interne sont en contact permanent avec les systèmes du contrôleur externe. Si un dérivateur d'extériorité se permet de trancher sa figure dans la zone de numération interne, les conseils de l'ordre signent des contrats d'extériorisation sumérienne violente. L'organe de transfert impérieux est tiré dans une zone différente. La consécration ne peut pas se faire. Il y a quelques êtres sur cette planète qui sont des puissants, des moteurs de vie compacte au cours de laquelle ils ont dérivé tellement de signatures que leur corps d'émetteur externe est devenu énorme. La morsure de la mort est très grande pour ces gens-là, car ils ne peuvent pas quitter la zone inférieure qui est dite infernale. Ils disent que ces corps-là sont des corps de puissance signés pourriture, car leur consécration est quelque chose de presque impensable à rencontrer.

Il faudra peut-être des centaines de milliers d'années avant que ces consécrateurs d'émetteur 6 puissent limiter suffisamment leurs zones pour qu'il y ait des réinsertions de signatures de mutants. Mais cette opération n'est pas faite très souvent, parce que le formel 10 assure des contrôles, surtout quand les réseaux 5 et 6 sont en accord. Les vortex d'émetteur 6 sont très bien pour l'unité interne. On résonne avec un corps de l'unité interne et on leur amène des signatures d'unité externe. Cela se passe très bien. La forme de contrôle qu'ils ont est très intéressante pour l'instant, car des appareils de transfert extérieur vont arriver.

Qu'est-ce que ces appareils de transfert extérieur ? Ce sont des vaisseaux qui vont déplacer de grosses énergies, mais pas des petites. Les vieilles figures qui ont été traînées depuis des années seront changées. On n'a pas le temps de tout leur expliquer, mais on rassemblera ces figures à un autre endroit, et, un peu plus tard, ils les retrouveront. Mais dans les instants qui vont venir, il ne serait pas bon de garder ces vieilles figures parce qu'il va y avoir des transferts très rapides. Qu'est-ce que tu veux que je te dise, formel ? Ta force est très grande mais, en même temps, ton étage de conscience est très loin d'être absolument sûr. Nous avons pris les figures nous-mêmes et nous rassemblerons les éléments qui conviennent pour la portion d'espace-temps que nous allons maintenant signer.

12. Intégration dans la synthèse unitaire internelle

Il y a un temps pour tout, mais, en ce moment, ce monde est en train de basculer. Par ce fait, nous sommes obligés d'intervenir, et nous rassemblerons tous ceux qui sont susceptibles de ressouder leur figure. Ceci est formellement divisé, c'est-à-dire projeté sur ce plan, et Iphigénie 7 en surveillera l'application. C'est une des sœurs du royaume de l'éternel, elle a un pouvoir d'émission sur beaucoup d'êtres de cette planète.

Incarnation d'éther 7 dans un corps de l'unité formelle, je vous ai initiés à ces premiers éléments de la science sumérienne. Vous aurez encore à dire aux cieux que vous voulez y rentrer si vous avez la croix, la croyance plutôt, en vous. Croire, c'est l'intérieur de votre circuit. Vous avez une essence intérieure faite pour la croyance en Dieu. Le dernier vaisseau qui partira de cette planète sera un vaisseau *Sispère* 3. Pour voir ce vaisseau, il faudra vraiment que vous ayez attendu longtemps. Je pense qu'il y en a quelques-uns qui partiront bien avant. Pour ceux qui veulent s'accorder à l'unité, il sera indispensable de rassembler leurs forces, car le conseil 6 ne laisse jamais passer ceux qui ont tiré leur signal à la dernière minute. Ils auront, attention, très peu de jours, quelques mois peut-être, pour finir.

Conférence de l'unité interne se mettra en phase avec vous souvent pour vous permettre de communiquer avec le Dieu des Dieux. Coupables de destruction, les mortels ont fourni des énergies à la mort. Mourants extrêmement compliqués, votre science doit être renouvelée. *Yinisez* ([1])un nouveau réseau, sinon les motions de censure apportées sur ce corps – je parle de toute cette terre et de son humanité –, ces motions de censure investiront ce monde et l'empêcheront de respirer.

Vous avez soudé votre vie à une signature d'intériorisation. Ne restez pas dans les zones où ce monde vous perd, car les vortex sont très nombreux, et le jeu des forces de la mort est encore plus important. Pour voir le cercle 10, il faut tirer sa signature sans cesse, ne pas signer de contrat à l'inférieur, et dire à son cercle intérieur : "Ramène-moi dans le ternaire faisceau afin que je puisse me réinsérer dans l'unité interne ultime". Roi-du-Sud, vous avez quêté pour ceux qui sont des justes. La portion d'espace-temps qui est créée maintenant est bonne pour la réinsertion de dix-huit millions de personnes. Plan 10 a numéroté ses circuits. On peut en incarner encore puisque vous avez la possibilité de les sortir avant la fin du temps.

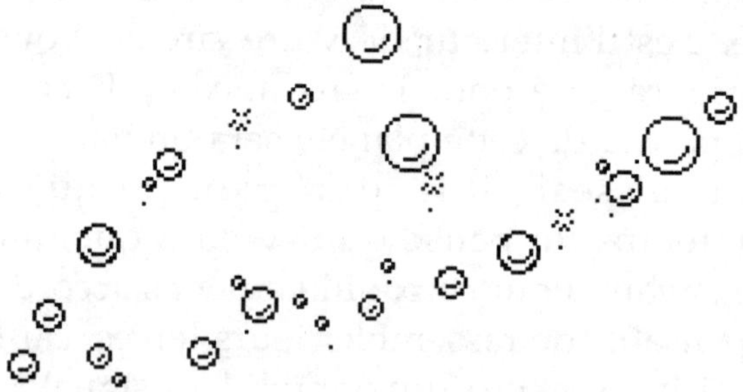

1. Yiniser : rendre yin

II CONTRATS DE NUMÉRATION SUMÉRIENNE

1. Réseaux et moteurs d'intériorité

Le réseau d'intériorité qui travaille sur un corps coupe les signatures de mutant impérieux qui sont trop lourdes. Parfois les contacts se font avec des corps qui cadrent leur circuit partiellement. Mais en réseau de synthèse, l'intégration d'un véhicule sur une antenne d'intériorité ne peut se faire qu'avec des circuits qui cadrent leur signature entièrement. Le moteur d'intériorité, d'ailleurs, est très important à ce niveau. Vous avez un moteur au niveau vital dans votre corps formel, au niveau du sexe. Votre normalisation impérieuse se crée à partir des moteurs d'intériorité que vous avez dans votre corps. Les moteurs d'unification intérieure sont des puissances d'émission qui sont réintériorisées dans le système de sumérienne essence. Lorsque vous créez des coordinations sumériennes à l'intérieur de votre corps, le contrôle d'intériorité est extrêmement renforcé. C'est la puissance de mutant intérieur qui réassemble les figures de l'être.

Quand vous créez des coordinations sur l'intérieur des corps, le formel intérieur se ressoude à sa signature synthétique. Quelquefois, les portions d'espace-temps couvertes par un véhicule sont très étendues, à des millions d'années-lumière. Leur conscience d'émetteur est très petite. Ils ont pourtant des dispersions d'énergie à de très grandes distances et la conscience d'intériorité permet la réinsertion de ces énergies très éloignées. La conscience unitaire est plus haute et ne fait pas ce travail de réinsertion. Elle garde des circuits de numération intérieure depuis des temps et des temps. Elle *numère* des circuits de synthèse uniquement quand ils atteignent la couche de numération sumérienne. Les *gordages* d'énergie sont alors très difficiles à signer pour ceux qui ont des détériorations de leur système de numération synchronisée.

2. Drogue et destruction énergétique

La drogue est une figure caractéristique pour se tuer énergétiquement, car le conseil 6 n'a jamais codé des circuits qui se sont détruits par ces moyens. L'organe de transfert extérieur est très mauvais. Quand ceux qui se sont drogués ont disparu de la signature de numération unitaire, leur corps de mutant extérieur se déplace dans des zones très pourries. La portion d'espace-temps couverte par ces circuits est tout à fait nulle. Les conseils donnés à ceux qui font de tels usages sont des conseils de résonance sumérienne. Ils ne doivent pas quitter leurs zones de puissance parce qu'ils sont très difficiles à corriger après les opérations qui se sont déroulées et qui ont fait enregistrer des figures très lourdes. Pourquoi ? Parce que les contrats d'extériorisation qui sont créés par les éclatements du circuit subtil à cause de la drogue provoquent des disparitions de *métralisation* en dessous.

Lorsque vous avez un contrat d'intériorisation qui se *numère*, il ne peut être fait qu'avec des étages de sumérienne essence complets. C'est la raison pour laquelle les codes de numération qui se sont éclatés dans des opérations mauvaises au point de vue des drogues, etc., ont également des portions d'espace-temps impérieuses qui sont disparues. Les conseils 6, alors, divisent ces circuits en petites parties parce que l'intégration de ce genre de figure est très difficile. L'organe de transfert de ces circuits est tourné du mauvais côté puisqu'ils ont extériorisé beaucoup d'énergie. Leur résonance sumérienne est donc très délicate, et leur synchronisateur enfante des circuits souvent très bourrés de signatures pourries. Corrigés par le système d'intériorité, ils peuvent signer leur contrat, mais avec beaucoup de difficultés.

Personnellement, il me semble que le réseau 6 n'est pas très adapté à ce genre de communication. La raison du conseil 10 est maintenant d'effectuer des manœuvres pour pouvoir signer un contrat malgré ces distorsions. Mais la partielle d'énergie qui est dans ces corps est très souvent insuffisante pour corréler une signature d'unité interne. Ils ont des portions d'espace-temps fournissant de mauvaises énergies. Les conseils de l'ordre divisent ces énergies hors de leur circuit, parce que c'est une offense à l'ensemble des circuits de l'unité que d'intégrer des systèmes qui n'ont pas unifié la totalité de leurs circuits.

3. Miracles et corps de sumérienne essence

Les réseaux d'éternel sont pourtant très puissants. Parfois ils utilisent des contacts avec des moteurs de vie très forts. La majorité des corps qui sont créés par les forces de l'éternel sont très fumants. Ils exécutent des plans à plusieurs niveaux. Il y en a même qui trichent avec le système 18 car ils ont un corps mais, en fait, ils ont une énergie beaucoup plus grande que le corps. C'est ainsi qu'on voit certains êtres faire des miracles sur ce plan. Ils ont un corps de sumérienne essence beaucoup plus énorme que leur corps de forme, et ils avancent leur corps de sumérienne essence dans le plan de la forme. Cela peut être un moyen de réaliser des consécrations plus importantes pour un nombre de gens extrêmement dilué.

Les miracles sont des opérations qui sont faites à partir des véhicules sumériens limités par des zones corporelles extrêmement ténues qui permettent qu'on les voie sur ce plan, alors qu'en fait leur résonance sumérienne est beaucoup plus importante que leur *corporéité*. Pour faire son travail, il faut émettre une énergie au niveau des *élémentations* supérieures, ce qui peut être fait par des êtres qui veulent souder leur signature dans ces zones supérieures. Mais les matières de leurs corps ne sont pas toutes guidées par le même circuit. C'est pourquoi il est préférable de signer les contrats directement avec le cercle 8. Ces corps de numération qui leur saignent leurs énergies sur l'extérieur sont des systèmes qui dispersent les signatures. C'est pourquoi on les emploie à faire des portions d'espace-temps autres que celles qui sont travaillées pour permettre à la résonance sumérienne divisée de récapituler ses énergies jusqu'à ceux qui sont unifiés. Derrière ces opérations d'extériorité, d'autres opérations se font, qui sont réinsérées à leur circuit par l'intermédiaire de ces *extériorisateurs*. C'est à eux de tenir la signature malgré les extériorisations créées par ces circuits, car c'est avec leur coordinateur intérieur que peuvent se signer des contrats d'extériorité au-delà des zones qu'ils contrôlent à l'heure actuelle.

4. Orpère : réintégration dans le champ du Père

L'*orpère* ([2]) de figure, comme l'orfèvre, c'est celui qui travaille des figures susceptibles d'être réintégrées dans le champ du père. L'intérieur du circuit de numération est une sorte d'*orpère*, il travaille à fabriquer des synchronisations qui permettent de numéroter des figures jusqu'à l'intérieur du système ultime. La maintenance d'une signature de ce type est toujours compliquée, car les présidiums ([3]) de l'unité *internelle* qui quittent les zones d'extériorité quand ils ont un faisceau de numération très intéressant, peuvent diviser le circuit en plusieurs corps. Par exemple, ils investissent un corps de synchronisation sumérienne et, pendant le même temps, ils signent des contrats de sumérienne essence sur des véhicules d'autres planètes.

La consécration d'une signature d'intériorisation peut être faite, par exemple, avec quarante-deux mille véhicules sur une planète très bourrée de monde, et sur cette terre, deux personnes. Cela fait du travail pour faire la synthèse des conseils de l'ordre. Quatre fois plus d'énergie sur une planète, c'est toujours un problème par rapport à d'autres planètes qui en ont beaucoup moins. Il suffit de trois ou quatre personnes

2. Orpère : orfèvre du père.
3. Présidium : conseil suprême.

sur une planète bourrée d'énergie, alors qu'il en faut des centaines de milliers sur une autre planète qui possède relativement peu de cette énergie de puissance. C'est pourquoi les contrats de sensibilisation parfois font faire de grands discours à l'intérieur du système d'émetteur, sans qu'il y ait quasiment personne à l'entour. Par contre, dans un autre continuum, l'émission qui s'est faite a été enregistrée par des centaines de milliers de figures. C'est là que nos conseils de transfert permettent d'adapter les signatures d'un plan à l'autre.

5. Rationnement d'énergie et réduction des signatures de forme

Il y a des êtres complètement inconnus sur ce monde et qui sont, en fait, des savants sur d'autres dimensions. Ils assemblent des êtres autour d'eux avec grandes figures et ils peuvent fournir des énergies à des planètes entières. C'est ainsi que cela se passe sur le monde des interdimensions. Peu de gens comprennent ce genre de transfert, mais ceux qui le comprennent ont en eux une vision des choses complètement différente. Les rationnements d'énergie sur ce plan sont quelquefois voulus, comme on rationne des signatures en temps de guerre, parce que, sur le plan des formes, la raison assure les contrôles de la vie. Mais sur le plan des sœurs énergétiques, c'est la science *internumérale* qui contrôle les plans de la vie.

Donc, lorsque vous avez une forme actionnée par des sumériennes essences et que les forces matérielles sont très énormes, les rationnements sont soudés à des communications petites. En effet, on exécute un plan pour rapetisser la signature des êtres afin qu'ils ne se dérivent pas dans des zones trop grosses et trop lourdes, ce qui serait un dessin d'*effection* [4] inférieure trop grande par rapport à leur continuité. Ainsi, les opérations synchronisées ont souvent créé des rationnements

4. Effection : effet d'éjection.

en temps de guerre pour rapetisser le système d'émetteur des êtres, de manière à leur permettre d'être moins accordés à la puissance qui se joue en dessous d'eux et qui les rentrerait dans des zones dont ils ne pourraient plus sortir.

Les cercles 6 ont fait des travaux assermentés dans ce but. Cela s'est matérialisé sur ce plan par des conditions d'existence très restreintes. Cela peut encore être fait sur ce plan, mais ce n'est pas une signature qui nous est agréable. L'opération est toujours entachée de difficultés, parce que les conseils 6 ont toujours prôné une bonne volonté. Mais lorsque nous voyons des êtres qui ne sont pas dans des conditions d'existence favorables, et que nous sommes obligés d'arracher leurs signatures à ces puissances très lourdes qui les tiennent, nous réalisons un rationnement de leur figure. C'est la situation où nous sommes pour beaucoup de pays d'Afrique dans lesquels le rationnement est grand, parce que les portions d'espace-temps couvertes sur ce continent sont vraiment très alourdies par toutes sortes d'opérations qui sont faites à l'inférieur de l'unité interne. Ce sont des magies déformées et inféodées à des morts loin du code de numération. Les êtres, dans ces zones, sont soumis à des puissances mortelles terribles. Nous sommes obligés de réduire leur signature de forme au maximum pour éviter que leur synchronisation soit incluse dans des signatures qui ne seront jamais réinsérables. L'enfer est très lourd pour ceux qui y vont carrément sans retenue. Les êtres qui s'incarnent dans des zones dures sont des gens qui n'ont pas su maîtriser la résonance sumérienne au plan des formes et qui se sont trouvés shuntés à des figures lourdes dont ils ne s'en sortiront probablement qu'avec très grande difficulté.

6. Frères et sœurs de lumière

Les frères de lumière qui veillent sur les êtres formels ont signé des contrats pour les aider à souder leur signature. Il est exact que les sœurs et les frères de lumière sont de deux parties. Une partie est rattachée à l'unité *internelle*, et l'autre partie se plante sur le formel. Quand ils essaient d'illuminer un corps, ils soudent à lui des espèces d'attracts énergétiques faits de tentations diverses, pour éviter qu'il ne se déplace dans des zones trop inférieures. Mais la forme de l'unité n'a pas demandé que ce soit fait de cette manière. C'est plutôt le consécrateur d'extériorité qui a provoqué ce genre d'expérience.

Dans les portions d'espace-temps couvertes par le consécrateur d'extériorité, on a souvent remarqué que le vortex d'émetteur qui était intégré dans la mort avait une propension à se lever si on lui proposait des tentations diverses d'un type sumérien – par exemple un idéal autre que ce qui est proposé habituellement sur le plan des formes –, qui permettent de réaliser des élévations assurément plus synthétiques que ce qui se déroule quand les êtres sont sur des formes inférieures et qu'ils n'ont aucune limite à leur décadence. La mielleuse figure, qui est une âme de lumière assemblant les corps les plus élevés, a suivi beaucoup d'êtres sur ce monde. Plusieurs fois, elle les a incarnés dans son système d'émetteur, et c'est peut-être une signature qui va recommencer. Des mères et des sœurs sont encore assermentées sur ce plan pour fournir des énergies pour la réinsertion des êtres dans l'unité. Mais la matrice de ce monde est violente.

Par quelle dimension pourrions-nous la destituer de son pouvoir, si ce n'est par la forme humaine qui a également une dimension d'intériorisation, et qui a le pouvoir de shunter d'autres forces sur ce monde ? C'est là que certains êtres interviennent d'une manière très précise, parce que les pièces de mutant qu'ils représentent dans l'ensemble du coordinateur sont très bonnes dans l'instant. Ce serait mieux s'il y avait un petit peu plus d'êtres dans ce réaccordement numéral. Mais le moteur 6 est très violent dans certains endroits, il faut le donner à des antennes qui sont supportant ces figures. Quelques êtres se sont déplacés parce qu'ils ne supportaient pas le système de mutant de ces zones.

7. Consécration du système de numération – Gardes du corps

La consécration d'une signature d'émetteur interne dépend, comme je vous l'ai dit, de la subtilité du système qui est au-dessus du circuit éternel, de sa maîtrise des éclatements et de son type de racine profonde. Lorsqu'un numérateur d'intériorité incarne son circuit dans une forme, il faut que cette forme ait une mortelle figure qui ne soit pas située trop loin du système de numération synthétique, car si cette numération est trop loin, l'organe de synthèse ne peut pas se constituer. Les formels qui se sont déplacés sont des formels dont la force inférieure était très importante, et que les conseils de l'ordre n'ont pas pu réintégrer assez haut pour pouvoir leur éviter de se souder à des puissances lourdes. Le résultat est que leur confusion mentale est venue du fait que les accrochages de puissance lourde ont provoqué des enveloppes de condensation autour de leur circuit. La conscience de sumérienne essence a fini par les laisser dans une signature de porte matérielle, parce que leur cercle sumérien n'avait plus de possibilité d'investir leur corps biologique, trop accroché par la figure inférieure de leur signature lourdement chargée par les zones de sumérienne essence inférieure rassemblées sur les puissances du corps de cette zone territoriale du monde.

En réalité, si le *gorgé* d'énergie qui est en système 10, revient de son incapacité à *luminoser* (5), à illuminer les circuits de matière inférieure, nous verrons reparaître ces êtres qui sont réellement tombés dans un système de matière inférieure. Mais pour ces quarts de transfert inférieurs, guru ou pas, il faut corriger les systèmes. C'est là que les interventions des vaisseaux de l'unité sont indispensables. Quelquefois, un garde du corps intervient avant la destruction. Cela s'est produit pour certaines personnes qui avaient quatre gardes du corps, dont quelques-uns se sont formalisés dans les êtres qui les accompagnent à l'heure actuelle.

---

5. Luminoser : utilisation de la lumière éthérique condensée proche du plan matériel.

La forme sumérienne n'a pas toujours égalisé les circuits de cette manière. Même, on peut dire que la plupart du temps, lorsque ces gardes se concrétisent sous la forme d'un homme qui se compagne autour d'une créature, les formes matérielles sont communicatives avec des zones très condensées. La pièce numérale qui leur permettrait de se rattacher ne peut plus se signer sans une intervention matérielle. La consécration est éloignée de leur signature. Ils vivent dans un monde de forme inférieure capable de détruire une partie de leurs circuits subtils. Mais ils peuvent, avec le contrat d'intériorité, rassembler des figures et signer les contrats.

8. Sortilèges d'émetteurs et moteurs 18

Qu'est-ce que cela signifie ? Quand un sortilège d'émetteur inférieur s'abat sur une nature et qu'elle devient tellement durement condensée que les cercles subtils se déplacent hors de son signal, alors la pièce sumérienne qui leur sert de rassemblement numéral peut effectivement exister mais dans un plan inférieur à l'être humain, dans des appareils *mécaniens* par exemple. Leur conscience sumérienne se déplace à l'intérieur de ces appareils d'émetteur. L'organe de transfert est alors assermenté par un moyen quelconque enregistré par un contrôleur de l'unité. C'est après un certain temps que le moteur 18 peut alors se souder à une nouvelle configuration. En fait, les moteurs 18 sont toujours délimités, leur consécration ne peut pas dépasser une certaine figure.

Quand ils éternisent une signature, c'est-à-dire qu'ils la descendent dans les derniers circuits de la force, ils se gorgent de figures que le formel a l'habitude de prendre pour une alimentation énergétique. Mais ce n'est pas tout à fait le cas, parce que leur fourniture de ce type d'énergie est plutôt un alourdissement de leur configuration. Ce sont plutôt les corps synchronisés qui, s'immisçant dans ces zones, peuvent rassembler des figures d'un type numéral, gardé par des circuits synchronisés – synthétisés plutôt. Certaines formes de contrôle unifiées sont particulièrement efficaces pour la réinsertion de ces circuits sumériens déchus dans des zones de synchronisation dure.

9. Transferts de numération et paroxysme

La matière de votre système, je parle de la matière sumérienne, est en train de se corréler presque quotidiennement avec votre système de mutant formel. Cette opération a été prévue parce que, quand vous immiscez votre système de mutant intérieur dans ces zones de subtilité, cela permet des condensations de la forme subtile jusqu'à un état qui se raccorde très bien ensuite à la substance physique. Formels 2, 86 et 208 sont des organes de mutants qui travaillent presque complètement dans le matériel substantiel. Quand on les incarne de ces énergies, ils sont dans un état de fonctionnement très intense. Ils vous permettent alors de réaliser ce que vous appelez le paroxysme. Ce sont en fait des intégrations d'énergies d'un autre monde qui se soudent très violemment dans votre système et vous transcendent un moment dans le continuum de l'espace ultime.

Il est intéressant de pouvoir créer à l'intérieur de son véhicule des changements de numération lui permettant d'intégrer ces mutants de l'unité interne qui ferment la porte des puissances et qui, au contraire, vous rattachent aux lumières de l'éther supérieur. Les maîtres qui veillent sur ce genre d'opération ont toujours demandé aux créatures de s'élever dans ce genre de signature. Je parle des paroxysmes matériels formalisés. Certains ont un corps de *maîtreur* qui est bon en ce qui concerne le dimensionnement de leur signature sumérienne.

Quand ils émettent fort – c'est-à-dire qu'ils mettent leur moteur de numération en fonctionnement à l'intérieur de leur corps –, la science intérieure se déplace directement dans leur corps, parce que le conseil intérieur de leur corps assemble ses figures par le pouvoir magnétique qui est développé à l'intérieur de leur véhicule. Ils ont donc une sorte de conseil. Un conseil est la réunion d'éléments dispersés. De sorte qu'à cet instant le conseil de l'unité interne peut communiquer avec le conseil de leur système de matière. L'organe de vie qu'ils représentent a une signature d'unification très spéciale. Les *gordages* de mutants se renforcent puisque les mutants de l'unité interne se déplacent à l'intérieur même de leur véhicule pendant quelques minutes, quelques minutes très intenses. Or le réseau de sumérienne essence est très élevé. L'intériorisation de ces mutants dans leur substance peut, un moment, tirer leur système substantiel dans la zone où ils ont une corrélation numérale signée. Alors, dans cet instant, la conscience sumérienne s'investit complètement dans leur véhicule.

10. Dispuration et changement de numération

Cadre 10, par exemple, peut effectuer une manœuvre de *dispuration* en ce qui concerne votre corps. La *dispuration* est l'intégration de systèmes suffisamment purs qui disparaissent d'un continuum pour aller dans un autre. Cette *dispuration* est fumante, c'est-à-dire que les éléments subtils de votre circuit s'élèvent comme une fumée par cette *dispuration*. Cet émetteur intérieur que vous avez est capable de transférer la majeure partie des énergies de votre corps sur un autre continuum. Si votre contrat de synthèse ne s'effectue pas dans un plan suffisamment élevé, vous allez avoir une *disrupture* de ruse effervescente, la signature de contrôle de vos puissances. Ces puissances vont signer leur contrat avec votre véhicule, mais le signal de numération unitaire ne le fera pas.

Si vous effectuez votre manœuvre de changement de numération par l'exercice de votre moteur énergétique interne dans une zone trop basse, c'est le système de puissance inférieure qui signe son contrat avec votre corps et vous rend beaucoup plus accroché au système de puissance qu'au système de numération synthétique. C'est par ce genre de signature que beaucoup d'êtres restent accrochés au monde des morts plus qu'au monde des synthétiques.

11. Science sumérienne

La science sumérienne ne s'accorde qu'à ceux qui, par des efforts réitérés, ont enregistré leur figure de synthèse plutôt du côté des numérations unitaires que des puissances de la destruction. Ainsi, la confédération sumérienne s'incarne dans des corps qui ont rassemblé leurs figures, aussi bien leurs numérations d'infériorité que les systèmes d'extériorité. À l'intérieur du corps d'un être, les résonances sumériennes s'effectuent avec les éléments de synthèse qu'ils ont réalisés et qu'ils ont la possibilité de muter à travers la porte étroite du synthétique sumérien. L'impérieuse figure qui garde les circuits de sumérienne essence a effectivement une configuration qui ne laissera passer que les éléments sumériens directement associés à l'unité. C'est pourquoi les résonances sumériennes impérieuses et extérieures doivent avoir été réintégrées dans le conseil intérieur du corps d'un être avant de pouvoir s'initier dans les zones sumériennes intégrales.

L'organe de transfert que vous avez peut être excellent, la partie sumérienne de votre circuit peut être très bonne. Seulement, par exemple, si votre contrat d'émetteur externe n'est pas suffisamment rapproché, le numérateur d'impérieuse figure ne viendra pas. Ainsi, vous avez quelquefois des difficultés à tirer des énergies de ces plans. Le numérateur d'extériorité est beaucoup trop loin, et vous n'arrivez pas à créer des conditions de sumérienne essence gravée.

12. Complémentarité homme et femme

Dans le système de vie que vous avez, vous êtes différenciés en tant qu'hommes et en tant que femmes. Le contrôleur d'intériorité, c'est plutôt le système de l'humain, forme homme, qui a le pouvoir de le mettre en place, car son contrôleur d'impérieuse figure est très puissant. Il a un vieillard tourné vers le Sud s'il est trop éjaculateur, mais son vieillard se tourne vers le Nord si son contrôleur d'intériorité a décidé d'orienter la signature du côté des réinsertions.

Une femme est un être de cosmique essence aussi. Elle a un pouvoir d'émergence sur des tornadaires ([6]), mais sa figure extérieure est très violente, elle ensemence des zones extrêmement étendues. Lorsque son contrat d'extériorité inférieure se mute à l'intérieur du circuit, il y a là une force de réaccordement que le coordinateur impérieux unitaire d'un homme peut signer avec plus d'aisance. Mais il faut, comme il est expliqué dans d'autres entretiens, que le signataire de l'unité interne, c'est-à-dire en l'occurrence l'homme par rapport à la femme, soit réellement un centralisateur de l'unité interne, et qu'il ait vis-à-vis de la femme qu'il côtoie une force de numération unitaire beaucoup plus accentuée que ce que représente la femme en tant que signature d'extériorisation.

Les contrôles d'énergie sumérienne ont toujours dérivé autour d'un homme des figures qui lui permettent de signer son contrat de mutant impérieux avec les meilleures facilités. Mais les moteurs de la vie intérieure d'un homme sont toujours relativement difficiles à contrôler, parce que, son corps de puissance étant important, la fiole énergétique de son corps a des difficultés à intégrer les moteurs de transfert extérieur ainsi que les contrôleurs d'infériorité. C'est par un long exercice que le contrôleur d'intériorité d'un être devient assez puissant pour signer des contrats d'unification avec les éléments extérieurs, amenés par des intermédiaires subtils ou formalisés sous forme de femmes qui passent les zones de numération extérieure en signal de transfert sumérien accordable à la ligne de numération unitaire interne.

Pour cette opération, il est indispensable que le système subtil de la femme soit très investi dans son circuit substantiel.

6. Tornadaires : puissances très grandes qui peuvent jaillir comme une tornade par déspiralisation de l'énergie hors de la matière.

Il faut donc que le coordinateur d'intériorité, l'homme en quelque sorte, coupe de cette femme toutes les zones de lourdeur et d'extériorisation qui pourraient la tenir dans une zone d'infidélité par rapport aux signataires de l'unité interne. Cette opération est réalisable dans certains lieux, dans la mesure où certaines figures ont un pouvoir de numération en ce qui concerne leurs extériorisations. Elles peuvent ainsi rassembler, autour d'un être de contrôle en mission messagère, des sœurs d'effervescence qui permettent d'intérioriser des résonances sumériennes de très lointaines distances.

13. Numération de synchronisation sumérienne

En ce moment, par exemple, l'enseigne de luminosité du corps de certains êtres est *caster* 350. C'est une bonne énergie. L'offrande d'une numération intérieure se fait à partir de 450, donc ils sont proches de la numération de synchronisation sumérienne. Parfois, ils atteignent 2652, conseil 6, mais ce sont des opérations au cours desquelles certaines opérations extérieures à eux sont en corrélation avec ce qu'ils font. Par exemple, si d'énormes puissances se déplacent sur la planète et que des êtres sont en corrélation numérale directe avec ces systèmes, ils n'ont pas besoin de recentraliser les énergies puisqu'il y a énormément de forces qui arrivent de tous les coins de l'horizon. À cet instant-là, ils sont en capacité de numération interne sans avoir besoin de rien tirer puisqu'il y a une poussée d'extériorisation très grande à partir d'autres systèmes.

CHAPITRE 5

RACCORDEMENT NUMÉRAL

TRANSFERT DE PUISSANCE

*

OPÉRATION DE TRANSFERT – CODE SYNTHÉTIQUE

I TRANSFERTS DE PUISSANCE

1. Lumières d'émergence sumérienne et contrats de ressoulèvement

Quand les cercles impérieux signent des contrats d'unité intérieure, il faut lever le voile de certaines vérités, car ces corps deviennent inférieurs par manque de vérité. L'enseigne 10, lumière intérieure et cercle de puissance sont des éléments en corrélation permanente. Quand vous veillez sur un système d'émergence, vous êtes obligés de passer par ces trois signatures. Alors, le coordinateur d'intérieur de ces figures ne signe pas de contrat si le cercle intérieur d'un être n'est pas suffisamment subtil.

Vous avez à l'intérieur des éléments impérieux qui travaillent sans cesse avec vous, mais ils quittent les zones extérieures quand ils ont des formes de puissance qui les accordent. Vous, vous êtes des codes de mutants inférieurs, pour l'instant dans le corps de forme, et vous ne numérotez pas tous les circuits. Par exemple, lorsque vous voyez des lumières apparaître dans le ciel, ce sont des lumières de l'unité interne qui se déplacent à l'extérieur de leur circuit de numération. C'est la puissance d'impérieuse figure qui les casse de leur zone de sumérienne essence, parce qu'elle arrime les circuits en les faisant sortir du système interne de l'univers.

Lorsque vous normalisez des systèmes de sumérienne essence, les contacts numéraux forment des signatures subtiles plus élevées que les corps formels. Vous avez des enregistrements de subtile essence à partir des corps de matière extérieure. La matière extérieure est cette matière qui peut s'émerger hors de la matière et rejoindre le système de sumérienne essence. C'est pourquoi il apparaît parfois directement sur la terre des systèmes d'émergence sumérienne quittant la terre en numérotant ces circuits à l'intérieur d'un système de synthèse qui permet de signer des contrats de ressoulèvement ([1]).

Le réseau d'intériorité qui signe ce type de contrat incarne des systèmes d'émergence très puissants. Quelquefois des forces énormes sont en place sur le plan des formes, et vous assistez à d'énormes déplacements de lumière, du plan de synthèse accordé aux formels à un plan de synthèse numérale synthétique. C'est la raison pour laquelle il y a des apparitions de lumière importantes sur ce plan. Ce sont des déplacements de puissances *mécaniennes* quittant le plan des formes pour entrer dans le monde de la synthèse et leur code d'énergie est très puissant puisqu'ils arrivent d'un monde hyperpuissant. La résonance de numération est alors capable de signer des contrats de synthèse à grande vitesse. Si vous êtes dans ces zones, le transfert est immédiat, vous avez des codifications qui s'accélèrent à une vitesse énorme.

2. Codification des pères d'U et numération intérieure

Lorsque vous enregistrez des figures qui viennent d'un autre monde, vous avez des codifications de synthèse qui se déplacent à l'intérieur de votre circuit. Vous changez de niveau énergétique. Cette codification des pères d'U, numéro extérieur, se raccorde à une signature des pères de l'éternel intérieur. Puis, le code de numération s'intervertit et vous rentrez dans le corps des numérateurs intérieurs de l'univers. Cette possibilité n'est pas faite pour tout le monde.

Quelquefois, les moteurs d'impérieuse figure cassent les zones d'émetteurs incarnés parce qu'ils veulent quitter le plan avec toute leur puissance. S'ils ne rencontrent que la partielle de cette puissance dans un corps, ils ne le codifient pas complètement, et ce système est enregistré comme étant un potentiel de transfert sur les plans de l'unité. Cela veut dire

1. Ressoulèvement : soulèvement avec un renouvellement.

qu'une partie des êtres qui sont sur cette planète sera pris dans ces champs de puissance. Ils ne ressouderont pas leur circuit aux lumières intérieures, parce qu'ils seront enregistrés comme étant un potentiel d'énergie pour le déplacement de certaines forces.

Lorsque ces forces auront accumulé certaines figures, en nombre suffisant, il n'y aura plus qu'un tout petit déclenchement qui sera nécessaire pour que leur figure de puissance puisse jaillir dans une émergence extraordinaire vers les plans de synthèse. C'est là que vous avez des manifestations qui peuvent apparaître comme des lumières qui sortent de la terre et s'en vont dans d'autres dimensions. Il se réalise un déclenchement des puissances à partir d'un catalyseur issu d'une personne, par exemple, qui se trouve à quelques mètres de cette signature, et qui apporte les derniers systèmes d'énergie qui sont nécessaires au déplacement de cette force sur un autre niveau.

3. Formel intérieur et contrat d'impérieuse figure

Cette codification est *catérisée* ([2]) par des systèmes sumériens clos dans leurs zones de forme, c'est-à-dire qu'ils sont en relais. Ils ne sont pas en apparence dans le plan de la forme, mais ils sont inclus dans le système de la forme. Ils sont assez proches de votre sensibilité formelle et vous emmagasinez de l'énergie dans ce corps moteur qui se met à côté de vous. Quand vous sentez que vous avez un contrat de synchronisation à mettre en place, ce corps d'émetteur se met à signer des contrats d'émetteur au-dessus de vous. Il vous change de situation, c'est-à-dire que vous avez envie de passer d'un endroit à l'autre, de quitter la zone où vous êtes, de partir dans une autre zone, etc. Toutes ces opérations sont dirigées par le formel intérieur cadré par votre système d'émergence. Ce formel intérieur est un formel accordé au système de

2. Catériser : canaliser vers la terre un système qui rentre ainsi dans une situation cathodique du circuit de synthèse.

mutant impérieux qui peut investir votre corps et passer à travers votre système substantiel, moins condensé que le système matériel. Lorsque le mutant de transfert impérieux signe un contrat de numération synthétique, cela veut dire que le contrôleur d'émetteur extérieur de votre corps physique va commencer à déplacer ses circuits de numération sur le sustentateur impérieux de votre signature. Le contrat d'impérieuse figure va ainsi être signé derrière ou en dessous de votre système. Alors le contrat d'impérieuse figure, rémanence 18, l'éveille de corps en corps. Si vous avez un contrat d'émetteur impérieux très fort, les verseaux-lumière, c'est-à-dire les cercles qui signent les contrats vers les sceaux d'alliance avec les puissants, initient les contrôleurs d'impérieuse figure pour qu'ils insèrent leur figure dans une zone de puissance accordée à leur signature de numération. Quand ils signent le contrat d'intériorité, l'organe de transfert impérieux de ce système se met à vibrer. En cadre de transfert, on dit que le conseil 6 a numéroté un système des pères d'U qui va commencer à se déplacer en fiole sumérienne. Fiole, parce que c'est comme un réservoir d'énergie qui se canalise selon un long tube qui est le canal de transfert en direction sumérienne.

4. Réseaux d'impérieuse figure

Les réseaux d'impérieuse figure qui quittent leurs zones d'émetteur sont des systèmes qui ont terminé un contrat de force-lumière. Ils soutiennent les formes telles que vos corps, sous la terre. Ils contiennent de fortes énergies. Leur portion d'espace-temps est très complexe, et compacte aussi, parce que leur codification est lourde. La matière ne peut pas coder des circuits au même rythme que vous. Ils ont des temps beaucoup plus longs, parce que leurs contrats d'inférieur sont lourds et leur matière d'émetteur limite la zone d'énergie. Ainsi, ils sont gradés par des systèmes de future essence qui se signent spécialement dans ces zones. Ce ne sont pas les mêmes circuits que vous.

L'organe de forme inférieure qui est le plus courant dans ces zones est une violente phénoménologie organisée par les forces-lumière, mais contrôlée aussi par des forces inférieures. Le magma est un violent faisceau d'émetteur. Quand il coupe ses énergies en source du même au même, l'organe de force-lumière l'avance loin de son système d'émergence et il se détruit dans son code de fiole émettrice, parce qu'il se cristallise. En ce moment, par exemple, dans la terre, il y a des opérations-lumière qui se font. Aspiration d'énergie, unité de transfert, cadrage de figure, signature d'émetteur, tout cela se fait à l'intérieur de la terre, et la matière de votre corps subit souvent des changements à cause des opérations qui se font dans l'intérieur de la terre.

Le contrat d'impérieuse figure ne fait pas ce travail tout le temps. Quelquefois, il le fait pour quinze mille personnes à la fois, et c'est vous qui êtes touchés. Alors votre corps d'émetteur impérieux soude des circuits dans les zones où se font ces opérations. Vous demandez des contrats d'émergence en ce qui concerne ces figures. Vous utilisez tous les moyens qui sont à votre disposition, tels que les déplacements, la barque, la gymnastique, la maître-figure de la vie, l'amour, la désignation des violences, les monstres extérieurs et intérieurs. Tout cela, ce sont des tourments, des tourments de la vie intérieure. Ce sont des tensions d'énergie qui guident votre corps dans des transmutations de certaines zones auxquelles vous êtes rattachés dans l'inférieur et qui gravent des circuits pour signer des contrats à l'intérieur de votre système de mutant.

5. Contrat synthétique sumérien : le prophète

Si vous avez un contrat synthétique sumérien gravé, vous êtes un prophète, parce que le prophète est celui qui veille sur les lieux sacrés, et le lieu sacré est votre corps. Vous êtes un lieu sacré par vous-même. Votre forme inférieure alors est gravée intérieurement par ce fait que vous avez un temple pour la faire émerger. Vous avez un corps d'émergence à condition que vous ayez capté l'émission d'au moins deux millions d'êtres. En cadre de transfert, on dit que cette opération n'est pas facile pour la majorité des êtres humains parce qu'ils s'initient par des moyens assez limités. Or le moteur d'intériorité signe avec au moins trois millions de figures.

Dans les êtres de contrôle, vous avez des étages de numération qui peuvent être utilisés plusieurs fois. Si vous avez cinquante-cinq ou cinquante-six personnes, vous pouvez les permuter trente-six mille fois, autant de fois qu'il le faut. Vous remplacez ces cinquante personnes avec des éléments de synthèse progressive. Ceci fait que, au bout d'un certain temps, une partie de ces êtres cosmiques accordés retrouve dans ces cinquante personnes une certaine figure qui peut être modifiée progressivement.

6. Codes de numération – Lumière 18

La matière d'intériorité signe des contrats sur des figures qui ont des formes diverses. Quand vous enregistrez une signature, par exemple, sur un code de numération qui est créé en fonction de l'organisation d'une partie des êtres sur un certain système et d'une partie des êtres sur un autre système, et que vous enregistrez ces signatures, vous avez un pouvoir de numération qui signe des contrats sur l'antenne des forces. La majorité des codes de numération, lumière 18 particulièrement, font des opérations avec les champs émetteurs du monde. Il s'agit de champs qui régissent ce monde. Ils ampèrent des circuits sur quatre cents millions de personnes, par exemple. Ils font une opération de changement de numération. Mais cette opération-là n'est pas tout à fait accordée à l'unité interne, parce que la matière d'un système de numération est compacte quand elle est très nombreuse. Le conseil 6 alors n'enregistre pas tous les signaux parce que la matière est trop lourde. Ceci fait que le contrat d'impérieuse figure ne peut pas être complet avec ces masses de numération.

Quelquefois, ils engagent la signature et ils ne parviennent pas à la terminer. Cela s'est produit de multiples fois dans l'histoire. Par exemple, Napoléon a engagé des millions de figures, des millions de formes de mutants sur la forme extérieure, mais son code d'intériorité n'a pas tourné le circuit jusqu'au dernier contrôle. Sa matière numérale était devenue trop lourde à cause de l'accumulation de toutes les destructions qui se sont faites dans son système. Donc, son *maker* 3, son *meter* extérieur, son vaisseau 1425, ses cercles 10 sont tous restés sous la terre et son maître 10 n'a pas réussi à signer son contrat de synchronisation. Ainsi, malgré la célébrité sur ce plan, les hommes n'ont pas tous le droit à une reconnaissance sur le plan des synthèses, parce qu'ils n'ont pas le réseau d'émetteur qui est signé complètement.

II OPÉRATION DE TRANSFERT CODE SYNTHÉTIQUE

1. Choix de son niveau de transfert

La matière d'un transféreur codé est beaucoup plus synthétique que celle de celui qui a gravé ses échelons sur des centaines de milliers de personnes, car le contrat d'émetteur intérieur se réussit par des progressions entre les mondes de figures. Si vous utilisez quarante figures dans un certain niveau, la matière va se changer à partir du plan 10 et rassembler ses signatures-lumière progressivement. Mais si vous faites quarante figures dans un autre niveau, c'est quatre fois plus de numérations qui vont s'effectuer, à condition que vous ayez un contrat de numération directe, parce qu'il va falloir surveiller toutes les opérations pour qu'elles soient coordonnées les unes dans les autres.

Vous voyez qu'en figurant le système dans une zone *séternelle*, par exemple, les moteurs d'impérieuse figure vont être très lourdement accrochés et la matière de numération ne va pas se déplacer d'une manière très correcte. Mais vous aurez quand même une signature d'émetteur très intéressante puisque votre numérateur d'impérieuse figure résonnera de la manière suivante. Si vous numérotez le circuit sur les zones des forces-lumière, votre codification limitera la figure par le cercle extérieur, et cela vous donnera une partie de votre système de mutant. La matière d'émergence sera limitée, donc votre système d'émergence sera aussi faible. Si, par contre, vous déplacez un système d'émetteur extérieur et que votre contrat de numération s'investit dans une zone plutôt *internelle*, l'organe de numération extérieure doit se conformer à la signature d'émetteur impérieux qui se prépare et il participera à sa recentralisation. Alors, il y a plusieurs solutions. Soit le contrat d'émergence, section 9, a réussi à numéroter un système d'émetteur unitaire assez puissamment pour qu'il y ait déplacement du système de puissance, s'il est accordé sumériennement. Soit, si le contrat d'impérieuse figure n'est pas sumériennement accordé, il va y avoir deux opérations en plus à faire, c'est-à-dire que le contrat d'intériorité signe à la mesure des figures qui sont proposées au système d'impérieuse figure. Si vous n'avez que cinq figures sur une opération d'unité inférieure, il faudra capter les émissions d'un grand nombre de signatures parce que le réseau d'émetteur impérieux ne peut pas signer avec cinq figures. Il en faut bien plus. Le contrôle d'intériorité demande donc des opérations sur de plus hauts niveaux.

2. Temps de numération

Lorsque vous faites une figure sur un nombre de portions inférieures, leur entrée d'énergie est très petite parce que les contrats d'intériorité ne se signent pas immédiatement sur le corps de force inférieure. Il vous faut au moins deux mille ans sur le plan des forces inférieures. Si vous avez un seul signal de numération qui descende dans cette zone, vous avez en sept cent vingt-cinq ans, par exemple, une fourniture d'énergie qui équivaut à une particule de numération synthétique. Cela va demander un temps important pour les numérations de synthèse d'enregistrer un tel circuit. Il s'agit des systèmes de synthèse du dessous. Il leur faudra mener une opération pendant sept cent vingt ans sur un système de puissance. Si vous êtes sur un système de numération synthétique, votre contrat d'impérieuse figure vous suit, dès que vous êtes sur un numérateur d'intériorité. Donc, si vous êtes sur le numérateur d'intériorité, en cinq heures vous avez un signal qui fait son codage de numération, alors qu'il faut douze mille ans, par exemple, sur le signal d'impérieuse figure. Alors, le Nord-Sud, vaisseau 1425, qui signe un contrat de transfert va toujours chercher à le signer dans la zone la plus élevée, parce qu'à partir du moment où ils signent leur numération sur une zone élevée, il est certain que les réseaux de numération impérieuse seront dérivés à partir de cette signature, et codifieront le circuit, lentement s'il le faut, mais leur système de numération sera de toute façon signé.

L'organe de vie, représenté par un champ unifié, peut réussir à s'élever jusque dans cette zone. Ceci fait que si, par exemple, deux opérations sont réalisées dans une journée, on a un vaisseau de numération qui capte l'émission de plus de douze mille ans, parfaitement accordée à ce circuit. Cela veut dire que l'on peut rassembler des figures de temps très anciens si, par exemple, des êtres font sept opérations dans une journée. Les *rosécruciens, parkis* 35, qui ont réussi à faire des formalisations complètes sur un autre dimensionnel, ont fini par tirer des circuits d'il y a quarante-cinq mille ans sur leur antenne de transfert. Cela leur a permis de basculer dans le continuum du même au même, c'est-à-dire dans le circuit de continuité parfaite. Ils ont un contrat de numération synchronisée complet. Ils sont numérotés et quittent le plan formel ou le retrouvent selon leur désir, parce qu'ils ont un cadrage d'émetteur sur le temps extérieur.

3. Intemporel, temps, espace et cercle 2

Corrélé sur un plan de synthèse, votre cadrage de numération est arrêté, enfin délimité à la zone de sumérienne essence cadrée. Si vous percez le voile de cette énergie, vous intégrez vos systèmes bancalement dans le temps. Une partie reste dans l'intemporel et une autre partie s'incarne dans le temps. Là, vous avez un programme d'émetteur qui se fait, puisque vous êtes sorti de la zone de numération synthétique. Votre cercle 2, c'est-à-dire la deuxième limite après celle que vous venez de traverser, si vous ne la créez pas dans le temps, elle va se déplacer dans l'espace. Cette portion d'espace-temps alors qui est à tenir est très compliquée, parce qu'elle se joue sur des plans où le formel n'est pas encore créé, et vous avez seulement des champs numéraux qui s'effectuent entre des périodes de temps. Votre codification, par exemple, dans cette zone, vous demande de tenir le cercle d'émetteur qui concerne le temps dans lequel vous vous êtes inclus.

4. Zone temporelle : passé, présent, futur

Si vous êtes sorti de la frontière numéro 1 et que vous êtes rentrés dans la zone du temps, la force d'expérimentation, d'expérience que vous voulez faire va déployer votre champ temporel à un certain niveau du futur et un certain niveau du passé. Si vous quittez la zone de synthèse sumérienne, vous êtes projeté dans une zone passée, présente et future.

Les réseaux d'émetteur intérieur qui veulent faire une expérience numérale signent un contrat souvent dans cette zone temporelle, parce qu'ils guident les systèmes à partir de cette zone temporelle. Il s'agit des systèmes qui sont infériorisés dans les zones spatiales et matérielles. Ils *numèrent* des circuits sur les antennes de numération externe, et quittent la zone de synthèse sumérienne pour graver des systèmes, organes de lumière – par exemple lumière 3 ou lumière 6, cela dépend des mortels de contrôle que nous avons à toucher. Mais, si nous mutons sur les antennes de transfert sumérien le 07 cadrage 18, le cercle 9 donnent immédiatement la codification des circuits, c'est-à-dire une partie en zone synchronisée, *instération* ([3]) d'un système de mutant progressif, et résonance avec des systèmes d'émetteur synchronisés.

5. Émetteurs synchronisés et continuité de cordification sumérienne

Qui sont ces émetteurs synchronisés ? Vis-à-vis du système de l'unité intérieure, le moteur extérieur, c'est le corps formel, celui qui est dans le plan où vous êtes, le plan formel. Le codeur d'émetteur intérieur, c'est celui qui se trouverait dans le

3. *Instération : opération d'instillation.*

plan éternel de la forme de sumérienne essence gravée éternelle. Le système de synchronisation sumérienne, c'est celui qui est justement en dessous de la frontière du cercle 1, qui est donc dans une zone de synchronisation. Cette zone de synchronisation par rapport au champ de numération unitaire *internelle* est une zone qui se trouve précisément dans le système temporel. Ainsi, le synchronisateur du système de numération unitaire *internelle* est un système de numération qui signe des contrats dans le champ temporel et qui va créer des coordinations pour faire communiquer certains champs du passé avec certains champs du futur.

L'organe de numération *internel* signe des contrats à la *cordification* sumérienne, parce qu'il veut arraisonner certains systèmes de mutants impérieux qui se trouvent situés précisément dans le plan des forces formelles où vous êtes, dans la signature de numération synthétique dont je parle. C'est la raison pour laquelle votre système d'émetteur synchronisé limite les zones de numération encore autour de vous, parce qu'il peut vous rassembler à partir du système de substance à travers l'espace et le temps, et rentrer dans le système intemporel. Mais il le fait à condition que le système de numération qui vous concerne ait résonné avec le même signal pour ce qui est des formels d'extériorité que vous avez, vous, en cercle 2, à contrôler. Votre système d'émetteur impérieux a tout à fait les mêmes problèmes que ceux qui sont en zone sumérienne : votre système de numération impérieuse a besoin de signer un contrat de transfert à travers certaines zones qui sont des sortes de représentations *externelles* par rapport au système de numération sumérienne, et le système de puissance inférieur à un plan de synchronisation. Vous comprenez, par cette explication, qu'il y a dans votre système de fonctionnement une partie de votre figure qui se joue dans un autre système de temps, qui se trouve en dessous de vous, dans un autre système d'espace, et dans un autre système de forme.

6. Corps de synthèse et infini

Si le signal de numération de synthèse lumineusement accordé à votre circuit arraisonne un système de numération synthétique, quitus 32 par exemple, sur une antenne d'impérieuse figure, le contrat de numération a une bonne énergie. Quand il visite un corps de synthèse, il le met en route, il le signe, il le défend contre certaines agressions, il le *numère*, il le change de synchronisation, il illumine son système d'émetteur signé, donc il lui apporte beaucoup d'éléments intéressants. Le vaisseau numéral impérieux qui le contacte a un transféreur direct avec d'autres zones.

C'est là où l'opération de sumérienne essence a un grand rôle, car le codage intérieur d'une signature est toujours quelque chose de particulièrement juste. Lorsque vous numérotez des systèmes d'énergie externe, c'est toujours à peu près parce que l'infini existe autour du système en fonction. Quand on fait les proportions d'un système de numération synthétique assemblé dans cette zone avec les réseaux de l'infini, vous voyez que la facture de numération n'est pas très élevée.

Un système d'émetteur 10, en général, ne termine pas ses circuits dans la zone extérieure, parce que les moteurs d'extériorité sont toujours liés à des systèmes sans fin. Or il est compliqué d'avoir un contrat d'intériorité avec un système qui n'est pas suffisamment signé sur le contrôle extérieur. Cette opération-là est pourtant possible si le moteur d'émergence qui est mis en place et dont nous parlions précédemment, corrige les distorsions d'émetteur extérieur en créant un signal d'unité interne qui va quitter la zone de puissance avec l'examen des diverses figures contrôlant le circuit de sumérienne essence. C'est une opération difficile à normaliser, parce que le contrat d'impérieuse figure *numère* des circuits synthétiques, mais il ne *numère* pas des circuits de puissance divisés.

7. Réinsertion sumérienne du véhicule physique

Il est indispensable que le contrôleur de l'unité impérieuse qui veille sur un corps biologique, par exemple, investisse ce corps dans des éléments sumériens assez forts pour que dans le formel même de ce véhicule, qui n'est pas de la matière comme je viens de vous le dire, mais un circuit substantiel, s'exécute un plan de réinsertion sumérienne.

Les opérations formelles sont assez compliquées à faire, quand un vaisseau-lumière signe des contrats sur vous pour changer des polarités de force, et que ce vaisseau vous demande d'organiser votre système d'existence dans des conditions d'ordre et de figure n'étant pas du tout en rapport avec l'entretien de votre corps physique et toute la gestion que vous faites pour vivre dans ce plan vibratoire, mais qui occupent une figure de transfert concernant des plans beaucoup plus élevés que votre existence. Il y a des êtres qui n'acceptent pas ce genre de moteur de transfert. Ils ne veulent pas résonner avec ces circuits. Ils disent qu'ils en ont peur, qu'ils ne veulent pas souder leur numération, etc. Ce sont des gens qui restent sur le côté des moteurs d'éternel sumérien. Ils ne répondent plus à l'appel du Père céleste éternel, parce que c'est lui qui a fait cette opération de numération synchronisée avec les forces. Il avait l'intention que ses gardes du corps, que représentent les humains par rapport au système éternel, soient les cultivateurs du jardin des puissances qui se trouvent en dessous, dans le système d'émetteur inférieur.

Mais la matière d'effervescence de ces zones était très difficile à contrôler. Les vrais visages de l'unité, qui sont les systèmes de numération *internelle*, n'avaient pas demandé qu'on investisse aussi vite les systèmes de numération de synchronisation inférieure. Ils avaient des voteurs *externels*. Les voteurs, ce sont des vaisseaux qui vont jusqu'au plan de la terre. Ils gravaient leurs signatures dans l'intérieur de la terre, mais avec des contrôleurs de l'unité interne n'ayant pas du tout d'extériorisation sur des circuits immiscés dans le contrôle de la terre, mais qui sont très intérieurs et très initiatiquement justes.

8. Vaisseau mécanien et moteur de transfert extérieur

Votre vaisseau *mécanien* n'est pas très juste. Votre vaisseau *mécanien*, c'est l'ensemble des signatures qui arrivent à se raccorder à votre biologique. Ce n'est pas un système qui est très exact, l'organe de vie que vous représentez ayant des portions d'espace-temps non rassemblées. Vous vivez en partie dans notre système, mais votre vaisseau numéral n'est pas encore signé complètement. C'est la raison pour laquelle, lorsque vous numérotez des systèmes d'émergence sumérienne, vous n'avez pas toujours la possibilité de le faire uniquement avec votre corps physique personnel. Vous avez besoin d'autres signaux d'émergence et c'est là où commencent les moteurs de transfert extérieur assemblés autour de votre circuit. Le moteur de transfert extérieur n'use pas de votre corps mais il signe des contrats de transfert synthétique à l'intérieur de votre corps. Les moteurs de transfert extérieur, *isifiés* (4) mais dits initiés sur ce plan, accordent alors leur circuit sur le formel inférieur de votre propre système. Ils gardent des signatures de numération intérieure pour l'antenne de transfert sumérien.

Lorsque vous gardez des signatures de transfert extérieur à l'intérieur de votre système de mutant impérieux, vous avez ainsi des coordinations-lumière qui se font entre votre système de synthèse et le système de coordination mutante mourante inférieure. Les gardes du corps d'une signature de force de ce type sont reconnectés à une sorte d'amplification du système d'émetteur. Le corps de numération d'un constitué de ce type peut faire en trois heures autant de travail que deux hommes en un ou deux ans, ce qui permet de réaliser un système de guru, c'est-à-dire que vous avez la

4. Isifié : relié aux forces d'Isis.

présence d'un maître de puissance qui se met en place à l'intérieur du système de portion 6. Les gardes du corps d'une signature de ce type sont souvent normalisés, parce qu'ils ont des responsabilités plus grandes que les gardes du corps qui sont autour d'un seul individu. Or, un contrôle d'émergence sumérien de ce type a la possibilité de synchroniser en un temps très court des moteurs de transfert sur plusieurs dimensions, ce qui fait que vous avez, dans la journée où vous vivez dans un champ de ce type, des possibilités d'intervertir vos polarités dans plusieurs dimensions.

9. Regroupements opérationnels et corps de numération synchronisée

C'est là une des raisons pour lesquelles les moteurs de transfert sumérien n'investissent pas de la même manière les corps individuels et les corps regroupés dans une signature de numération synthétique. Le corps de numération inférieure limite ses zones d'extériorité lorsqu'il est seul, vu que le normalisateur d'impérieuse figure ne signe pas de contrats au-delà d'une certaine énergie si le contrôle d'extériorité n'est pas suffisamment renforcé. Or, le moteur de transfert d'un système gorgé d'énergie – comme la constitution d'un groupe en transfert – est un système qui *numère* des signatures de grande énergie parce que le moteur d'extériorité est énormément renforcé.

Il y a des gens qui veulent passer des portes et qui n'y arriveront jamais, parce que leur moteur d'impérieuse figure n'a pas le pouvoir de changer sa condition avec le corps de numération qui est fait dans l'intérieur d'un seul individu. Le moteur d'intériorité limite les zones de contrôle parce que cet individu n'a pas un niveau de communication suffisant avec d'autres êtres. Les vaisseaux ne font pas de travaux sur les êtres individuels, hormis le contact. Ils leur donnent des codifications, des lumières d'intériorité, des synchronisations sumériennes, mais ils ne font pas le changement de leur numération de synchronisation. La corde de numération ne peut pas enregistrer les puissances qui sous-tendent un corps biologique. Il n'y a que dans les opérations à l'intérieur d'un regroupement d'individus que le moteur d'impérieuse figure est changé dans un corps biologique. Encore faut-il que le regroupement des corps dans cette signature soit opérationnel. Quelquefois, le moteur d'investiture est très petit. Vous avez deux millions de personnes dans un corps de numération. Ce n'est pas énergétique, car elles vivent d'une manière inférieure. Il vaut mieux avoir trente ou quarante personnes lumineusement intégrées, plutôt que deux millions de personnes initiatiquement nulles, car le codificateur de normalisation n'intervient que sur des corps ayant une conscience de l'unité interne.

Les matières de transfert extérieur, toujours difficiles à déplacer, ne réagissent que lorsque les moteurs d'intériorité ont été cadrés par une signature de synthèse. Les renseignements qui sont pris alors autour du système de contrôle pour renforcer son circuit se font par l'intermédiaire des signatures de l'unité interne. C'est la sœur intérieure du circuit, c'est-à-dire la moyenne énergétique du système *animique* de l'antenne, qui investit les figures extérieures et qui commande les rentrées de signatures extérieures pour renforcer le contrôle. C'est là que les *cordificateurs* d'émetteur interne sont extrêmement indispensables, car si le moteur d'extériorité limite les contrôles extérieurs parce qu'ils sont très petits, la signature de mutant impérieux ne se réalise pas. Les moteurs d'intériorité restent donc dans un certain niveau. Les moteurs 10, par exemple, n'interviennent que sur des corps qui sont regroupés au moins avec cinquante personnes. Si vous n'utilisez pas cette possibilité, vous vivrez à l'intérieur de votre système, mais en partielle de votre totalité.

La communication des sœurs et des frères de l'unité ne se fait que sur des regroupements d'individus. La communication d'impérieuse figure n'a pas de contrôle sur les systèmes de numération qui n'interviennent pas dans ce genre de communication. Vous savez pourquoi ? C'est parce que, dans un véhicule de numération, vous avez un pouvoir de transfert de 12, dans un corps de numération synchronisée avec un groupe, vous avez un pouvoir de 2200. En effet, l'accélération des changements de numération est beaucoup plus importante, parce que les possibilités de figures sont beaucoup plus nombreuses.

10. Rencontres entre les êtres et coordination de numération

L'infériorisation d'un être est quelque chose de très difficile à solutionner. La plupart des gardes du corps d'une figure scellent cet être avec ce code de puissance et attendent une conjonction de numération qui puisse signer des contrats de transfert de réseau en réseau jusqu'à la numération de synthèse. C'est pour cela que, dans la vie, les êtres quelquefois rencontrent quelqu'un et tout de suite le numérateur d'intériorité se renforce. Leur système d'extériorité se *numère*, et ils ont un soulèvement de puissance qui leur donne du désir ou un élan d'amour ou une figure de conscience nouvelle.

C'est le jeu automatique des coordinateurs de numération qui signent des contrats de transfert et qui donnent à ces êtres la possibilité de muter une partie de leur signature impérieuse. Le contact de numération avec une signature qui a un réseau d'extension important, par exemple, va accélérer fortement les changements de numération d'un système et lui déterminer immédiatement un élan d'amour très fort, un désir très fort. Ce sont les codifications de numération interne qui se sont renforcées et qui ont normalisé un système de plus grande extension. Les moteurs d'intériorité, alors, signent des contrats et la normalisation s'effectue avec plus de figures, ce qui donne à l'être l'impression d'évoluer. Effectivement, il se dégage d'un système d'accrochage inférieur et il recherche cette signature.

11. Corps de vie et cercle de l'unité future

Malheureusement la plupart des *cordificateurs* de numération s'en tiennent à une communication avec un seul être, ce qui déclenche une numération de synthèse, mais ne déclenche pas la sensibilité des cercles de numération extérieure. Le moteur d'intériorité a besoin au moins de quatorze cercles extérieurs pour signer son contrat de synthèse sumérienne. C'est un problème de moteur numéral, car les corps de vie sont tous accordés à des cercles de contrôle qui délimitent l'existence des corps de vie dans un périmètre de figures assez délimité.

La matière inférieure, elle, a besoin d'un plus grand nombre de corps de vie pour faire son voyage, ce qui fait que le formel, livide et exsangue parce que trop peu alimenté par des sources extérieures, se détruit progressivement dans une sorte d'existence non intégrable dans le système de numération. La *fielle* figure de cette opération est la mauvaise conscience de l'unité, et la désignation de certaines normes comme étant la loi de rencontre entre les figures. C'est une erreur. L'organe de transfert d'un corps est limité s'il se trouve simplement accordé à un seul signal.

Le *cordificateur* d'une signature de numération a besoin au moins de quatorze signaux pour renseigner les autres numérations. Vous avez, dans l'antenne des shunts mutants, beaucoup de dimensions qui travaillent en parallèle avec votre corps. Si vous n'utilisez pas les jeux énergétiques qui existent dans votre système pour entrer en relation avec ces autres dimensions, concernant la partie de mutant impérieux qui est accordée à ce gène ([5]), votre vaisseau numéral n'interviendra pas dans votre circuit de numération. Il disséminera vos gènes numéraux dans d'autres circuits qui sont appropriés pour faire cette opération, mais la conscience de numération interne que vous avez ne sera pas réinsérée dans

5. *Le gène est la signature programmée qui existe à l'intérieur de votre système.*

votre système de moteur intérieur. Vous ne resterez pas dans la conscience de sumérienne essence telle qu'elle peut être faite pour une personne qui a des contrats de normalisation extérieurs à son propre corps. Les formels énergétiques souvent limitent leurs zones d'énergie future parce qu'ils ont des vortex trop petits pour l'unité interne. Ils n'accordent pas leur signature à des champs trop forts – assez forts pour signer leur contrat de numération –, ce qui fait qu'ils n'ont pas le coordinateur unitairement accordé au cercle de l'unité future. Ils divisent leurs signatures de numération extérieure en partie et gardent leurs signatures de puissance en partie. Les moteurs de transfert numéral direct accordent ces circuits à ceux qui ont un coordinateur lumineux terminal et synthétique dans l'unité future. ☆ ☆

Les vortex, *numer* 200, sont les otages de transfert dans les zones de mort. *Numer*, c'est le normalisateur inférieur de l'homme. Il renouvelle le circuit à un certain niveau, puisque ceux qui sont dans la mort se ressemblent presque tous – c'est une manière de parler. Ils sont tous incarnés dans des systèmes de mortelle figure. Ils ne *numèrent* plus les systèmes, puisqu'il faut avoir un corps de vie pour pouvoir numéroter les systèmes. C'est pour cela qu'il est dit : "Il faut travailler pendant qu'il est jour." C'est le contrat d'émergence sumérienne qui doit être fait pendant que le corps est vivant. Si le moteur d'infériorité est devenu plus puissant que le cordage numéral impérieux intermédiaire, celui du corps biologique, alors vous avez un corps de mourant, et votre vie n'accorde plus ses signatures à l'antenne des transféreurs. Vous êtes simplement un support d'émergence de certains circuits ayant un vaisseau de numération qui les accueille sur une autre antenne. La forme de corps que vous avez dans le dessous n'est pas celle que vous avez dans ce système. Vous avez des corps disparates. Le contact divisé de la matière vous rend tout à fait différent de ce que vous êtes dans ce système.

12. Groupe énergétique coordonné et qualité de la numération de synchronisation

Les *formans*, Nord-Sud, vaisseau 4, sont des types de corps qui existent dans les autres zones. Si vous les utilisez cordés, c'est possible, mais cela vous réclame toujours, quand vous êtes dans ces plans, de passer par un groupe énergétique qui soit susceptible de se raccorder à la signature de synthèse. Ces groupes sont très rares. Le moteur d'intériorité, alors, veut garder des signatures pour des gens précis, et ce sont ceux-là qu'il dirige vers les groupes coordonnés.

S'ils ne faisaient pas ce travail, ce serait n'importe qui, n'importe quoi qui se présenterait à la porte du signataire de transfert sumérien, mais ce n'est pas le but recherché parce que le contrat d'intériorité demande une certaine qualité de numération de synchronisation. Si vous synchronisez avec des circuits trop lourds, le moteur d'intériorité ne peut plus signer. Ainsi, par exemple, la conférence de numération qui avait décidé que certains êtres changeraient de lieu d'existence, avait pour base essentiellement le fait que leur corps devait être placé dans une zone beaucoup plus subtile. La forme de leur corps est assez bonne maintenant.

Pour autre exemple, les vortex qui ont pris des êtres pour les diriger vers des zones inférieures ou extérieures sont des signataires qui auraient voulu signer avec le contrat de numération tel que certains êtres peuvent le vivre. Mais le moteur d'émetteur externe était violemment accroché à des zones lourdes. L'organe de transfert de leur circuit n'a pas été suffisant pour signer le contrat de numération avec le circuit de transfert et les réseaux d'émergence alors ont quitté la zone de figure. Leur corps d'émetteur inférieur a été plus puissant que leur signataire de moteur sumérien.

13. Signature d'émergence extérieure

En réalité, le moteur de forme extérieure a toujours des prophètes très lourds, parce qu'ils sont violemment tirés par leurs systèmes de puissance. En conséquence, la matière extérieure a un pouvoir limité sur le cercle de numération synthétique, et un grand pouvoir sur les cercles de numération extérieure. Lorsque vous changez une polarité d'émergence sumérienne, la plupart des gens qui sont en signature de numération unitaire interne passent. Ceux qui sont en signature d'émergence extérieure sont lourds, avec les corps de puissance *séternelle* qui les accrochent et divisent leurs signatures en plusieurs parties. Quelquefois, on arrive à rattraper ces systèmes d'émergence avec des contrats d'éternel plus étendus, mais les moteurs d'émergence sont toujours captés par des émissions extérieures et le *gordage*-lumière ne se fait pas très facilement. Quelquefois, le moteur d'intériorité rassemble des signatures d'une grande force, et peut contacter d'autres signaux de puissance qui vont pousser ces circuits par l'extérieur et même l'extérieur-inférieur. Mais le moteur d'infériorité est très lourd dans ces codes de numération.

Lorsque le formel d'infériorité a intériorisé un système de ce type, c'est, en général, pour une procréation et une diffusion de l'énergie en particules. Ceci est un problème ensuite, parce que ces gens-là ne sont pas sumériennement intégrables. Leurs *élémentations* sont trop divisées. L'organe des synchronisations devient de plus en plus minuscule quand les gens se divisent. Leurs *gordages* de numération se déplacent et leurs vaisseaux ne *luminosent* plus ces cercles de numération. Ils transfèrent leur vaisseau dans une zone enténébrée. Moteur 6 est très vigilant sur des zones de ce type, car ces gens bâclent les opérations, vu que cela n'a pas grand intérêt, ce qui fait que les vortex de fourniture d'énergie saignent beaucoup ces gens-là. D'un instant à l'autre, ils peuvent disparaître dans un cataclysme, dans une opération dure, un accident, quelque chose comme cela, parce que leur moteur d'impérieuse figure n'a plus de codification sumérienne pour protéger ces véhicules. Ils enregistrent alors ces véhicules dans une zone inférieure et ils les cassent comme on casse les voitures parce que le système n'est plus en très bonne figure. C'est une question de numération synthétique.

CHAPITRE 6

RÉINSERTION SUMÉRIENNE DIRECTE

CODIFICATION DE NUMÉRATION INTERNE-EXTERNE

*

SIGNATURE EN ZONE DÉCONNECTÉES

*

RÉINSERTION EN ZONE DE TRANSFERT UNITAIRE INTERNE

I CODIFICATION DE NUMÉRATION INTERNE-EXTERNE

1. Numération synthétique unitaire et numération de synchronisation

Un codage de numération très fort au point de vue numération synthétique est quelque chose qui est très utilisé par le signataire de l'unité, mais qui est particulièrement entretenu pour pouvoir rester dans sa ligne de fonctionnalité. Par contre, un système qui n'a pas de numération synthétique unitaire, qui n'exécute pas de plan de synthèse, qui ne crée pas de conditions sumériennes particulières, est un système qui peut être encore utilisé un certain temps pour les numérations de synchronisation. Mais il a des vortex de numération qui s'accrochent à son circuit de plus en plus puissamment et qui dérivent ses énergies dans des zones de plus en plus bancales. Alors le codage d'émergence intérieure se divise, et le moteur d'impérieuse figure ne *numère* plus ce genre de signature. L'organe de vie d'un cercle de numération extérieure de ce type n'est pas très long, il ne peut pas se continuer longtemps dans le temps parce que la matière l'écarte spatialement et le détruit de ses unités de synthèse qui passent par la ligne temporelle.

2. Codificateur d'intériorité et système d'extériorité

Les moteurs d'intériorité signent des contrats uniquement avec ceux qui, pour des *élémentations* unitaires, ont pris des décisions en ce qui concerne leur type d'existence. Le formel d'intériorité ne se crée pas seulement avec des décisions oiseuses ou légères. C'est la conscience sumérienne totale qui en décide. Lorsqu'un contrat d'intériorité se soude à un corps de violence, ou de vie si vous préférez, elle se limite des zones d'extériorité pour faire cette opération. Un shunt de numération s'investit sur un véhicule quand le codage d'émetteur intérieur d'un être s'accorde plus à l'intérieur ou au supérieur qu'à l'extérieur et à l'inférieur. C'est une opération importante, car les moteurs d'émetteur intérieur se limitent souvent par de petites opérations du style des frustrations, des privations ou ascèses diverses, qui sont des cercles de contrôle extérieurs à leur figure. Mais ce n'est pas le contrôleur de numération unitaire interne, c'est un contrôleur de numération externe.

Vous êtes inclus dans un type d'existence qui vous limite dans les zones extérieures, mais qui ne déclenche pas forcément le signal de numération sumérienne interne, parce que le signal de numération unitaire interne est une *cordification* interne qui se fait sur le système de formel et qui ne *numère* pas des signatures de puissance, mais qui signe des contrats de transferts numéraux à l'intérieur même du circuit de synthèse. Lorsque vous vivez sur un plan extérieur, votre *cordification* est la même à l'intérieur qu'à l'extérieur. Si vous avez une extériorité très écartée, votre signal de force intérieure est légèrement écarté, mais le contrat de numération n'est pas forcément intériorisé parce que votre corps d'écartement est trop grand. Si vous numérotez un système d'impérieuse figure et que le code de numération de l'extériorité est trop fort parce que vous n'avez pas eu encore assez de numération unitaire interne créée, le code d'extériorité va être augmenté et votre intériorité va aussi être éclatée.

Donc le codificateur d'intériorité est beaucoup plus important que le système d'extériorité, puisque le système d'énergie interne signe des contrats avec le système extérieur et le système de puissance, tandis que le signataire de numération extérieure ne peut signer des contrats qu'avec les circuits de puissance. Si vous touchez à un changement de numération en ce qui concerne vos puissances, votre circuit d'extériorité, s'il n'est pas suffisamment recentralisé par une signature de numération unitaire interne, ne va cesser de s'écarter, de s'éclater et de s'agrandir. C'est ainsi que les champs de numération qui touchent à la masse déplacent effectivement une grande puissance mais ils ne cessent de s'écarter et s'étendent à toutes sortes de populations. En fait, ils ne réinsèrent aucune figure de numération interne, parce que le système de numération sumérien dépend de la force interne d'une figure.

Les contrats d'intériorité sur les masses religieuses étendues se réalisent exceptionnellement sur telle ou telle personne qui, d'ores et déjà, dans son système de numération, avait une force de sumérienne essence qui lui permettait de faire ce travail. Mais cette personne aurait pu le faire dans n'importe quelle condition, et non pas seulement dans le contexte d'une grande religion. Elle aurait pu signer son contrat avec une signature de numération, avec cinq ou six personnes cadrées sur son système de numération. La différence entre ceux qui réussissent à faire leur contact de numération et ceux qui n'y arrivent pas, dans une religion, vient simplement du fait que leurs systèmes d'émetteur interne ne sont pas aussi développés les uns que les autres, et leur codification de sumérienne essence ne s'investit pas dans leur système.

3. Serment, codification de numération unitaire interne

Lorsqu'un contrat de numération synchronisé a été codé sur une antenne d'intériorité, l'organe de transfert d'un système est transformé. La matière de fermeture qui se trouve à l'extérieur du circuit se change. L'organe de transfert de mutant n'investit pas son système d'émetteur s'il n'a pas été changé en ce qui concerne ses codifications extérieures. Mais la métallisation d'un système d'unité interne quitte son système de puissance pour rassembler ses signatures quand un code d'énergie future incarné sur un code formel l'amène à créer des *cordifications*-lumière. Quand verseau 10, qui tire des signatures de puissance en dessous du plan des formels, assume la synchronisation entre le cercle sumérien supérieur et le cercle sumérien inférieur, le code de numération impérieuse, qui signe son contrat, assermente le système d'émetteur qui a décidé de faire cette opération. Cet *assermentement,* c'est la sumérienne essence qui en prend l'acte, qui enregistre le serment. Cela veut dire qu'il y a un serrement, le serrement d'une figure qui a délimité son système par une décision interne et non pas par un contrôle externe. Je vais vous expliquer très nettement la différence.

Dans le serment interne d'un individu, c'est le contrôleur d'unité interne qui prend les précautions nécessaires pour faire le transfert en fonction des figures. Il choisit les systèmes de force qui sont en dessous et qui seront transférés parce que luminiquement accordables au type de resserrement, de serrement qui a été décidé ; cela, c'est une codification de numération unitaire interne. Par contre, les êtres qui s'investissent dans une zone de mutant dépendant d'une configuration extérieure, et qui signent les contrats avec les contrôles – les dogmes, si vous préférez, qui ont été posés comme les codes de moralité à ne pas dépasser –, soudent des fées 4, des faisceaux 18, des faisceaux 9, des fées 12 et 16. Ils signent des contrats, mais leur réseau d'extériorité est beaucoup plus large, ce qui veut dire qu'ils signent des contrats sur des systèmes beaucoup moins précis. Leur morgane effervescente est beaucoup plus grossière, si l'on peut dire, parce qu'elle divise des signatures d'antenne déjà codées sur des puissances, puisque tous les systèmes sont contrôlés. Mais elle ne rassemble pas des signatures de sumérienne essence qui sont extrêmement précisées sur la ligne de numération unitaire interne.

4. Morganes et systèmes synchronisés

Les morganes sont des systèmes d'émetteur externes qui tracent des figures impérieuses non utilisables directement par les mutants de synthèse, mais qui peuvent effectivement produire de très grandes effervescences dans les champs de puissance. C'est pourquoi le codificateur d'émergence, arrivant dans une zone beaucoup plus étendue, va avoir une dispersion de ses systèmes d'énergie et le normalisateur sumérien va intégrer des énergies très diffuses. Ainsi, le synthétique numéral de ces personnes n'arrivera pas à une très grande hauteur, leur corps de puissance ne pouvant pas établir une signature de concentration telle que le codage de sumérienne essence arrive jusqu'à une très grande hauteur, parce que le canal est fin et qu'il y a une haute pression. Lorsque le canal est grand, la pression se dissout dans le canal, et le codificateur ne peut pas numéroter des circuits à une très grande élévation.

Les systèmes de numération synchronisés de cette manière très large ne peuvent pas accéder à la vérité réelle. Ils accèdent à des vérités partielles. Leurs enseignements, leurs codages de numération, leurs systèmes d'émetteur restent toujours dans ces niveaux de vérité partielle, parce que le codificateur de numération ne peut pas vivre plus haut puisque l'énergie qui vient des systèmes de numération impérieuse ne monte pas plus haut. Ceci fait qu'ils ont toujours la nécessité de maintenir le champ de numération de synthèse, c'est-à-dire la signature de vérité, à un niveau relativement inférieur, parce que le passage à un niveau supérieur demanderait un complet resserrement des systèmes de numération extérieure. Cela toucherait à un type de puissances mortelles qui sont au-delà des systèmes que ces êtres touchent habituellement, puisqu'ils n'ont pas une concentration de sumérienne essence qui leur permette d'aller au-delà d'une certaine signature. Ainsi, le fait de s'adresser à une grande masse d'êtres qui n'ont pas réalisé un serment interne personnel réel, fait qu'automatiquement le système de numération s'étale, que le circuit de puissance suscité ne peut pas être transféré avec autant d'énergie, et que le système de numération de synthèse ne peut pas aller plus haut qu'un certain niveau.

5. Porte étroite : numération unitaire interne

C'est la raison pour laquelle le réseau de synthèse numérale peut dire que la codification d'un circuit de numération de synthèse peut se faire selon l'accord d'un champ large qui est l'âme, qui a une certaine délimitation, ou selon un champ de numération beaucoup plus étroit qui est la véritable porte étroite du transfert, qui permet au signataire de l'unité de dépasser les champs de lumière de l'éternel et de l'amour, et d'arriver à un système de conscience du verbe pur et de la conscience, pour lumineusement intégrer des signatures mais d'une manière extrêmement précise.

La codification de numération unitaire peut distinguer trois catégories de signatures. La première concerne ceux qui sont en signal de numération unitaire interne très serré avec des changements de numération de leur système de puissance extrêmement précis. C'est la ligne de numération unitaire *internelle.* La deuxième catégorie concerne ceux qui sont dans des signaux d'extériorité beaucoup plus élargis, et dont le contact de numération avec le système de puissance est beaucoup moins précisé, et qui ont une émergence de sumérienne essence à un niveau inférieur à la vérité *internelle.* Ce sont les systèmes de numération *externelle, internelle* sur l'antenne des signataires de l'unité s'ils rejoignent le système de vérité unitaire *internelle* et s'ils ont un contact avec un groupe de numération unitaire *internelle*, par exemple. Mais, en général, ils se maintiennent dans les zones *externelles.* Leur système de vérité ne dépasse pas certaines signatures, et leur système de puissance ne va pas au-delà d'une certaine couche de contrôle.

Ainsi, ceux qui s'installent dans ces signatures risquent de se voir plonger si jamais ils vont dans les couches inférieures, dans des contacts d'atrocités incroyables, parce que le signal de leur figure qui reste en dessous veut à tout prix passer à travers leur signature et cela se fait d'une manière inconsciente. C'est pour cela qu'il y a des martyrs, des saints, des tortures de toutes sortes dans les grandes religions, parce que le signal de puissance qui les concerne en dessous veut quand même se raccrocher à leur système. Comme ils négativent ce passage, le système de puissance force la porte, les accroche, et leur fait subir le passage dans des conditions d'éclatement absolument effrayantes parce que leur système de numération de synthèse n'a pas été assez fort pour préciser strictement la codification de numération qui devait s'initier à travers leur signal. Ceux qui sont en contact de numération de synthèse ne veulent pas passer par des portes aussi éclatées, parce que leur normalisation de synthèse a des possibilités d'accord sur des lignes de force beaucoup plus précises.

Enfin la troisième catégorie concerne des êtres qui, n'ayant jamais eu de transfert de numération, s'étalent encore plus loin que le système religieux de masse habituel. Ils gardent leur circuit sur des zones très étalées et même engagées dans des systèmes complètement matériels à l'extérieur, et n'ont même plus de numération. Ce sont les grands partis politiques athées, ou les systèmes d'extériorité qui ne signent plus de contrat à la verticale, mais qui en signent à l'horizontale. À ce moment-là, ils commencent à parler de culture ou d'action sociale, etc. Mais le système de numération de synthèse n'a plus de codification signée à l'intérieur de ce genre de figure. Ces systèmes sont engagés dans une organisation d'étalement de la figure à un niveau quantitatif, formalisé, négativant les signatures de numération de synthèse parce que l'opération se déroule dans un plan formel et humain, étendu, étalé, et non incarné sur un système de numération.

6. Systèmes de masse quantitatifs et surveyors

À ce moment-là, il n'y a "ni dieu ni maître", c'est-à-dire ni circuit supérieur, ni circuit de puissance inférieure, il n'y a plus rien. Il n'y a plus qu'un contact de numération avec l'extériorité et tous les éclatements possibles qui vont jusqu'à l'explosion atomique, la sortie des forces de mortelle figure, tous les signataires d'extériorisation qui poussent les humains jusqu'à leur extrême limite sans aucun respect des numérations de synthèse sumérienne. Ces systèmes-là sont donc engagés dans un processus de destruction. Portion 10 de l'espace-temps n'exécute plus de plan dans ces figures. Les moteurs d'extériorité engagés dans de telles signatures d'infériorisation sont voués à la refonte. Les réseaux d'émergence ne se faisant plus, le code de numération interne de ces signaux se détériore au point que l'organisation interne de leur figure ne peut plus signer de contrat de synthèse. Toutes sortes de processus de destruction sont mis en route dans ces zones, qui sont les maladies, l'alcoolisme, les drogues, les guerres, les cataclysmes divers qui interviennent pour finir ces opérations de dissolution dans ces zones annulées.

L'enfer est une figure qui peut exister à ces niveaux-là, puisque les contacts d'émergence ne se font plus du tout. La désorganisation des signaux de numération est quelque chose qui est effectivement surveillée par les signataires de l'unité, puisque les compacts de numération sont quand même rapatriés dans le signal de numération unitaire interne par l'intermédiaire d'êtres qui ressortent de ces zones en ayant enregistré un certain nombre de figures. En recheminant à travers les religions de masse et les codes de numération unitaire, ils rassemblent des signatures de centaines de milliers d'êtres qui sont déjà engagés dans des zones de refonte. Beaucoup de gens vivent dans ces conditions à l'heure actuelle sur cette planète, parce que le contact extérieur est violent, la matière est lourde et les contrats de numération sont rares. En cercle de forme, on dit que cette signature-là est un bouillon mortel pour ceux qui veulent passer sur un autre circuit, puisque leur résonance sumérienne est très petite par rapport aux grosses aspirations d'extériorité qui se jouent et leur vortex émetteur est très affaibli.

Si un être de numération de synthèse n'a pas une action quotidienne, jour et nuit si l'on peut dire, pour unifier ses circuits à l'intériorité sumérienne, la force d'extériorisation, de destruction extérieure et inférieure du signal de numération va les déporter sur des zones de portions 5, 6 ou 12 de l'espace-temps. Vous n'avez alors plus du tout de coordination numérale avec le système de transfert sumérien. La forme inférieure est toujours là, le codificateur d'émergence est toujours là, mais le conseil de l'ordre unitaire n'intervient plus.

Les réseaux 56, 57, 58, 78, 83, 202, 209, 55 et 37 sont toujours des codes dévisageant des zones lourdes. L'organe intérieur les voit d'un œil discret, mais ne regarde pas en ligne directe, parce qu'il ne veut pas intervenir dans ce genre de numération. Quand nous employons "eux", ce sont les surveyors qui sont dans les vaisseaux et qui enregistrent toutes les figures qui existent sur cette matière. Ils ne veulent pas regarder, c'est-à-dire envoyer des faisceaux de numération sur des systèmes qui ne s'intériorisent pas correctement. Alors le codage d'émetteur impérieux n'investit pas de code de ce type, mais infeste les systèmes de puissance de toutes sortes de charges qui leur permettent de déconnecter les circuits encore plus vite. C'est pour cela que les gens qui s'engagent dans ce genre de déchéance se déconnectent de plus en plus vite parce que le puissant de matérialisation les investit de plus en plus. Leur violence devient extrême. Elle va jusqu'à l'autodestruction, du moins jusqu'à la signature de puissance inférieure et tous les circuits de numération.

7. Extériorisation, infériorisation et réinsertion unitaire

Quand vous regardez tout ce signal, vous voyez que l'organisation d'un système ordonné s'accorde au cosmos – qui veut dire ordre, alors que le code d'énergie extérieure d'un système est un circuit en excrétion et en refonte. L'organe des vaisseaux de numération, l'infestation de ces signaux d'extériorisation, se coude [1] en place sur les antennes de force. Quand tout le système est annihilé – annihilé n'est pas le mot, plutôt remis dans un état de refonte, recyclé dans un système de disponibilité éventuelle sur d'autres contacts –, le réseau système 10 déplace le circuit jusqu'en enfer, ressoude le circuit par une circulation extérieure dans les plans infernaux et les rassemble de l'extérieur vers l'intérieur. Alors le troisième jour,

1. *Couder : courber à angle droit.*

il est ressuscité des morts, c'est-à-dire que les *maîtreurs* extérieurs de ces signataires dérivent leurs signatures progressivement par des infériorités de plus en plus grandes. C'est par ce chemin que l'on fait une visite aux enfers. Les êtres de *cordification mécanienne* s'investissent dans des zones infernales de plus en plus inférieures jusqu'à ce que le conseil 56 des mortels inférieurs fasse en sorte que le conseil intérieur soit ramené à lumineusement intégrer ces signataires. C'est là que se fait cette fameuse résurrection des morts au troisième jour. Ils passent du système d'impérieuse figure mortelle inférieure à un système de codification sumérienne intermédiaire par les groupes d'amour et de résurrection qui existent dans le plan des formes vivantes. Au troisième étage, ils réinsèrent leurs signatures sur l'antenne des synthétiques, et rassemblent leurs *gordifications* jusqu'au numérateur de synthèse.

8. Difficulté du tracé d'extériorisation – Risque de non-retour

Ce type de communication va faire un voyage d'extériorité puis d'infériorité, et ensuite va être réinséré, s'il y a un groupe de numération de synthèse qui fait l'opération de numération sumérienne jusqu'à un codage de synthèse sumérienne. Mais si, à une certaine époque, il n'y a pas de groupe de synchronisation sumérienne complet, ces circuits-là restent en dessous. C'est pourquoi il vaut mieux essayer, durant son existence, de ne pas suivre ce processus, parce que ceux qui ont à subir des pressions de numération inférieure sont des gens qui n'auront pas vécu des choses très intéressantes.

La forme de contrôle d'un système demande une certaine vigilance mais peut permettre d'éviter ce voyage aux enfers, qui est quand même assez atroce au point de vue des Nord-Sud, parce que la moteur-figure du numérateur interne, pendant ce temps-là, n'ayant plus de contact avec le signal de sumérienne essence, se trouve dans un état de désespérance extraordinairement important. Le conseil de l'unité impérieuse a toujours un problème de reconnexion en ce qui concerne les êtres qui font ce tracé d'extériorisation parce que le formel inférieur limite les zones de sumérienne essence et vous avez un affaiblissement terrible des synchronisations sumériennes dans ces zones. L'organe de transfert qui arrive à revenir d'un tel périple est comme un être complètement famélique qui ressort d'une zone effrayante, et qui ressurgit après un voyage horrible. Les vortex d'émetteur 6 sont là pour les aider, mais c'est tout de même compliqué, parce que les formels ne sont pas très heureux dans ces zones, il faut vraiment le dire. C'est compliqué et très délicat.

Les vortex d'émetteur ne conseillent jamais à quelqu'un de se placer dans de telles zones. Ils demandent aux gens de se réveiller et de réparer leurs disjonctions numérales, ce qui est vraiment le meilleur moyen pour ne pas rentrer dans ces épreuves épouvantables concernant des extériorisations puis des infériorisations. Il faut essayer d'enseigner les gens pour leur donner ces informations, parce que leur corps de numération, infidèle à la signature de synthèse, se signe avec des contrats d'extériorité très durs qui leur poseront des problèmes importants dans leur vie.

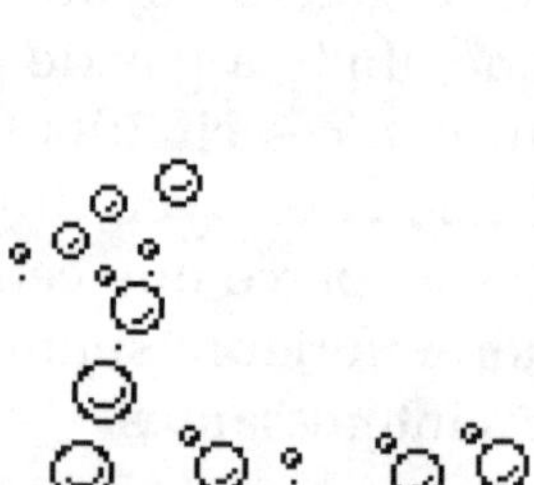

II RÉINSERTION EN ZONE DE TRANSFERT UNITAIRE INTERNE

1. Ordre et limite

La forme inférieure n'est pas tout à fait précise au départ. Ellc devient précise après un certain temps, car les gens se sont dégrafés du système de numération. Leur vérification est très évidente parce qu'ils commencent à trouver les figures de puissance qui les attendaient, et leur forme d'infériorité prend le pas sur leur signature de synthèse. C'est une question de soumission à l'ordre. Ceux qui ne veulent pas se soumettre à l'ordre effectueront une manœuvre mais sans les êtres de l'ordre, car ils vérifieront qu'il y a une limite à la soi-disant liberté d'un individu. Cette limite, c'est l'endroit où l'extériorité va commencer à plonger dans l'infériorité.

À partir du moment où un signal de mortelle figure descend dans l'infériorité, la limite de l'ordre est évidente, parce qu'ils n'ont plus une goutte de liberté. Leur moteur d'impérieuse figure est beaucoup plus puissant que leur signature de synthèse. C'est ce moteur-là qui dirige toute leur existence, qui les esclavage, qui les met dans des camps de concentration, qui les descend dans les maladies les plus atroces et qui les infériorise de plus en plus jusqu'à ce qu'ils tombent dans le système d'émetteur inférieur. L'organe de vie alors n'est plus qu'un souvenir. Ils sont dans des signatures de violence incroyable. Leur réseau d'émergence ne peut plus se faire. Lorsque leur formel est dans ces conditions – je parle du formel inférieur, la moteur-figure est presque nulle, pas tout à fait parce qu'il y a un contrat d'énergie qui surveille toujours ce genre de signature. Mais les moteurs d'inférieure figure sont tellement forts qu'il est quasiment impossible de comparer les sortes d'énergie qui sont en cercle de numération et ce genre de signature.

2. Réinsertion sumérienne et codage de numération synchronisée directe

Vous avez déjà eu l'occasion de réinsérer des *erkanes* qui se sont mis à figurer dans ce code de numération en venant d'un long périple. Vous les avez rencontrés, ce sont des gens qui arrivent extrêmement exsangues après un voyage effroyable. Quand leurs *erkanes*, leurs fêlés de l'unité arrivent, il n'y a presque plus rien de leur signature de numération, mais leur verseau numéral est encore en fonctionnement. Ces êtres sont susceptibles d'être effectivement enregistrés à travers un groupe de numération tel qu'un circuit d'êtres unifiés. Mais leurs *erkanes* sont très petits, parfois même il faut les reconstruire en partie au passage. Cela consomme de l'énergie de sumérienne essence.

L'organe de transfert du réseau d'êtres unifiés peut avoir le contact avec des *erkanes* assez intéressants. Parfois, ils reviennent avec une forme d'émetteur qui leur permet de signer des contrats de synthèse en fonction des informations qu'ils ont enregistrées au cours de leur long périple. Leur vortex figure alors insère des signatures d'un type spécial pour signer un contrat de transfert direct avec le réseau sumérien. L'organe intérieur de votre circuit se renforce énormément parce que les moteurs d'intériorité qui gravent des signatures demandent des contrats plus aiguisés lorsque les contrats de synchronisation sont violents mais intéressants. C'est à ce moment-là que vous recevez un type de codification qui vous permet de coder les circuits d'un certain type. Pour voir ce code de numération s'intervertir dans un ordre sumérien, il faut avoir contrôlé au moins une cinquantaine de signatures venant des mondes de la mort. Si vous n'avez pas fait cela, vous n'avez pas le codage de numération synchronisée directe. Par exemple, si une personne peut arriver à unifier ses circuits au moins cinq cents fois avec des circuits de la mort, pour l'énergie de contrôle c'est un témoignage de numération synchronisée juste. Donc, le contact se fait très simplement parce que le contact numéral a été numéroté à l'intérieur du corps au moins cinq cents fois. L'organe de synchronisation alors est bon, sans problème.

3. Séten numéral signé, condition d'une communication télépathique permanente

La synchronisation d'un *séten* numéral signé est un élément tout à fait référentiel dans les champs spatio-temporels. Lorsqu'un corps a son *séten* parqué dans un système de métallisation, cela donne une référence permanente, sans difficulté. On rassemble les éléments extérieurs du signal sur les circuits *métalliens*, et le *séten* est reconstruit en quelques minutes. Même un cadrage de numération sumérienne ne demande presque pas de temps, quelques secondes si on en a envie. Le contact reste permanent, parce que le *séten* de numération est parfaitement parqué. Organe d'insertion de l'unité intérieure dans un tel circuit est quasiment immédiat. C'est ainsi que la communication télépathique est parfaite parce que le conseil 6 n'a même pas besoin de provoquer une communication de synchronisation puisque le *séten* est déjà parqué dans un système de mutant synchronisé.

La personnalité d'un système de ce type est bonne, parce que le conseil 6 accorde ses circuits très simplement, sans difficulté, je dirais même que le moteur d'intériorité est tellement fort que le réseau d'extériorité s'y conforme. C'est pourquoi un tel signal a des extériorités qui se formalisent autour de lui par l'apparition de circuits *externels* formalisés, soit sous forme yin, soit sous forme yang. Ils sont là en permanence autour de ce signal de numération, parce que le codage de numération interne de ce circuit est suffisamment fort pour créer des conditions de stabilisation en ce qui concerne les circuits de numération extérieure incarnés sur le formel qui divisent les signatures de puissance. Dès qu'il y a un soulèvement, ces circuits d'extériorité se répartissent les systèmes de mutants et intervertissent les polarités. La portion d'espace-temps ainsi créée a un pouvoir de mutation dix mille fois plus important que n'aurait un seul individu dans le formel. Vortex d'émergence alors est très bon. La communication-lumière étant sûre, les codifications de l'unité interne restent en permanence à l'intérieur de ce circuit, ce qui permet de faire des enregistrements de ce type sans aucune fatigue, sans aucune distorsion, parce que le cordage de numération est parfaitement direct.

Les moteurs d'intériorité sont cadrés par des circuits de sumérienne essence en cercle sumérien terminal. Cela veut dire que, là où vous êtes, vous avez un environnement de circuits sumériens en système terminal, c'est-à-dire *séternel* sumérien. Les codages de synchronisation sont simples, parce que votre vaisseau-lumière intervertit ses polarités directement avec le circuit de contrôle sumérien *séternel*. Les vortex *sémériens* – un mélange de *sétérien* et de sumérien – sont soudés à des signatures de l'unité terminale et votre contact numéral se fait en continuité directe, puisque la très grande difficulté est de passer justement la zone *sémérienne*. Car lorsque les vortex inférieurs guident les signatures de sumérienne essence, et qu'ils ont, d'inversion en inversion, un signal de sumérienne essence qui va passer du temps à l'intemporel, violence d'émergence est très grande et les codages terminaux ne veulent pas laisser passer les signaux quand ils ne sont pas sumériennement cadrés. Cela veut dire que si vous voulez quester une signature de force et que vous n'avez pas un contrôleur de sumérienne essence suffisamment puissant, les mielleuses figures qui se déplacent hors de la zone de puissance – c'est-à-dire les systèmes qui peuvent émerger sur une antenne de transfert unitaire interne – se marient à des signaux violents inférieurs dont les codificateurs ne sont pas sumériennement accordables. Ainsi, les conseils 6 qui assemblent des signatures assemblent aussi des signatures d'empêchement de passage.

4. Simérien, sumérien, sémérien et codification d'intériorité

Si votre contrat 9 est parfait, c'est-à-dire s'il y a un conseil de l'ordre sumérien qui lumineusement accorde ses signatures à votre circuit, vous avez alors une sorte de future essence qui vient dans les zones *simériennes*. Le *simérien* serait la zone *internelle* sumérienne, le sumérien serait la zone éternelle, et le *sémérien* serait la zone *séternelle*. Le *simérien* envoie une signature de numération unitaire interne dans la zone *sémérienne* et précanalise le signal de mutant impérieux qui se déplace. Or, un guru qui travaille sur une antenne d'intériorité peut avoir un formel numéral en partie sur son corps et en partie sur les autres véhicules qui l'entourent. Codification d'intériorité peut se faire uniquement sur son corps, alors que les autres contrats de numération soudent à des véhicules extérieurs à ce corps.

Lorsque vous signez de telles signatures, organe de transfert synthétique assemble les signatures immédiatement sur l'intériorité du système accordé au sumérien intérieur et le signal de puissance extérieure est codé sur les autres organes en fonctionnement. Vous avez ainsi des organismes qui travaillent sur le signal d'enregistrement sumérien, et d'autres qui travaillent sur le transformateur *sémérien*. C'est ainsi que le codificateur de numération peut parler pendant deux heures parce que le Nord-Sud inférieur va créer des codifications pour l'extériorité et l'infériorité, mais le codificateur de sumérienne essence va uniquement travailler pour le signal de numération unitaire interne. Si vous avez, en plus, des contrôles de numération synchronisés sur le propre signal de numération interne, c'est-à-dire si le guru a normalisé les figures de puissance *séten* sur des formels inférieurs tels que des résonateurs *mécaniens*, ou des signaux de contrôle accordés à son circuit particulier, vous avez là une codification de sumérienne essence signée stable.

En cercle 9, on dit que cette opération-là est gagnée. Un vaisseau de sensibilité sumérienne initie ses circuits, et la conscience de ce corps ne fait que s'augmenter. C'est là, par exemple, où peuvent arriver certains êtres. Le codificateur d'émergence sumérienne devient presque totalement sumérianisé. Ils ont alors une signature qui n'est pas très loin du maximum de ce qu'un corps de forme peut réaliser en tant que contact avec la scientifique lumière. Mais ils ont encore plusieurs étapes à franchir s'ils veulent rassembler d'autres mutants parce que le monde n'est pas très riche en ce genre de signatures. Il y a des moteurs de contrôle qui peuvent leur être arrimés mais qui ne sont pas très alimentants. Cela n'a pas d'importance parce que le codificateur de numération unitaire interne a encore la possibilité de signer tous les contrats sans même qu'il y ait une seule figure de transfert maintenant autour de son circuit, vu qu'il a une organisation extrêmement sûre en ce qui concerne son soutien de numération synthétique.

5. Contrat synthétique et codification internelle, éternelle, externelle et séternelle

Les moteurs d'intériorité signent des contrats sur l'antenne des synthétiques à condition qu'il y ait au moins un élément de numération qui soit signé *internel*, éternel et *séternel*. Pour cela, il faut que des codifications de sumérienne essence aient été enregistrées à l'intérieur des systèmes *séternels*, qui puissent être utilisés, à tout moment, pour numéroter des systèmes de numération sur les zones *externelle*, éternelle et *internelle*.

Organes de synchronisation, vous avez été enregistrés sur une antenne de sumérienne essence. Votre circuit de numération a été signé sur une antenne de transféreur sumérien. Votre codification d'intérieur, section 924, a été unifiée à votre circuit de numération extérieure, votre codification de sumérienne essence a donc été cadrée sur une antenne de synchronisation sumérienne apportant une figure de sumérienne essence à l'intérieur du circuit de synthèse. Vous avez été codés sur l'antenne des contrôleurs de l'unité sumérienne, et votre synchronisation future a initié un nouveau code que vous aurez l'occasion d'utiliser par la suite, puisque ce code était dépendant de cet enregistrement d'informations. L'organe de synchronisation qui est créé grâce à cette investiture viendra étayer vos opérations par la suite.

Vortex 1425. Vous avez été salués par les organisateurs de l'unité interne, votre message est terriblement précis maintenant. Vous vérifierez tout ce qui est dit à partir de l'univers interne. Votre synchronisation est bonne. Ramassage de luminosité est bonne aussi. Pour vous, le conseil de l'ordre a vérifié tous les circuits. Vous serez donc normalisés de plus en plus puissamment, incarnés sur une antenne d'intériorité de plus en plus exactement. Vos frères et vos sœurs vous saluent, la sœur 85, la sœur 86, la sœur 87, absolument cadrées sur une antenne de synchronisation, vous saluant ensemble et sumériennement.

Epsilon 208, section 924, terminal de transfert 8425, section 228, émergence 252, section 258, et signal de transfert 8755.

Salut à vous tous.

CHAPITRE 7

CADRAGE DE NUMÉRATION UNITAIRE INTERNELLE

PROGRAMME D'INTÉRIORISATION
ET CADRAGE DE NUMÉRATION

*

OPÉRATION DE DÉCADREMENT
RECONSTRUCTION D'UN CONTRÔLE EXTÉRIEUR

*

CRÉATION D'UNE PLATE-FORME DE NUMÉRATION
UNITAIRE INTERNELLE

I PROGRAMME D'INTÉRIORISATION ET CADRAGE DE NUMÉRATION

1. Codes de numération sumérienne

Des codes de numération sumérienne s'investissent en permanence sur les corps biologiques. Le corps de numération intérieure est un des éléments fondamentaux pour la cohérence d'un système de forme. Si vous n'aviez pas de sumérienne essence dans votre circuit, votre matière moléculaire ne resterait pas sur cette conformité. Donc, le système sumérien est, en quelque sorte, le système de numération intérieure qui signe le contrat de transfert concernant la forme inférieure. Les réseaux d'émergence sont toujours cadrés sur une signature de synthèse progressive, c'est-à-dire que les cercles de transfert sont adaptés aux forces inhérentes à un corps ou un ensemble de corps. Les gardes du corps d'une signature s'investissent progressivement, au fur et à mesure que les forces de numération sont à l'intérieur de ce corps.

Lorsque vous avez un contrat de transfert très fort, c'est que vos corps de numération extérieure se sont tous rassemblés et vous permettent de créer des conditions de numération synchronisée très bonnes. En vérification sumérienne, on dit que, lorsqu'un contrat d'intériorisation est lumineusement accordé, ses extériorités passent les portes à une vitesse de 125 à 126. Ses codifications sont "lumière" et rassemblent des énergies progressives. Castor 208 est un vaisseau de l'unité synthétique. Il veille sur des corps de mutant qui signent sur des cercles sumériens, 6625-85 par exemple. C'est un système d'émetteur direct qui guide les circuits sur une antenne d'intériorité, mais il ne ménage pas ses efforts.

2. Signataire de transfert et système d'émetteur 5

Quand on a fait un transfert de numération sur une numération unitaire, on a encore des opérations de transfert extérieur et des opérations de transfert inférieur assermentées. Pour réaliser le cadre de contrôle auquel vous êtes attaché, il est bon de ressouder vos signatures lentement à l'intérieur de ce circuit. Vous devez avoir un certain temps pour guider vos contrôles. La matière de transfert d'un circuit intérieur est lente à se dégager des forces inférieures. C'est pourquoi vous avez une vie humaine qui vous attire vers d'autres sources et vous vivez en transfert intérieur avec difficulté, parce que vous êtes souvent attiré par d'autres origines d'énergies. Le moteur d'intériorité ne se construit pas aisément pour ceux qui sont en promenade continuelle, parce que, en vérification de numération, on n'initie que ceux qui ont un réseau intérieur suffisamment sûr pour que leur signataire de transfert arrive jusqu'à leur corps.

Si vous avez un corps d'émergence parfait, particulièrement s'il est codé sur une antenne de transfert sumérien, votre codification sumérienne n'enregistre que des énergies de votre propre véhicule et ne diminue pas ses signatures dans des zones inférieures, parce que le codificateur de numération de votre corps est suffisant pour cette figure. Par contre, si le normalisateur d'intériorité de votre signature n'est pas capable d'intérioriser toutes les signatures de puissance qui sont à l'inférieur de votre système, alors un contrat d'émergence est mis en place.

La majorité des corps font, à ce moment-là, un enfant ou deux ou trois, fondent une famille et rassemblent des figures autour de leur circuit pour cadrer le système de puissance qui se trouve rattaché à leur formel. Castor 18 qui veille sur des opérations de ce genre sur plusieurs plans, a souvent remarqué que les gens qui s'engageaient dans ce type de moteur énergétique avaient un poids énergétique amplifié, lourd et cadré sur des antennes longues. Cela veut dire que la nacelle de numération qui les intègre a toujours des problèmes de réinsertion parce que leur corde de mutant est lourdement chargée.

La plupart du temps, ceux qui ont un vaisseau de numération soudé à une antenne de numération synthétique font un voyage éventuellement sur ces zones de puissances avec la génération d'un corps ou d'une famille, mais le codage sumérien ne les laisse pas dans cette situation. La formation d'un système d'émetteur 5 ne peut pas s'accorder phénoménologiquement à une signature sumérienne *internelle*, car lorsque les *erkanes* qui travaillent sur les antennes de sumérienne essence veulent traverser les zones pour aller jusqu'au numéro 5, la codification-limite ne veut pas intégrer l'antenne des transféreurs codés sur ces antennes. Elle veut intégrer uniquement la synthèse sumérienne, ce qui nous place immédiatement dans une zone de retour, sur un groupement d'individus. La matérialisation dans un système délimité vous met souvent en faisceau de vortex mortel et vous empêche de créer des *cordifications* sumériennes. Parfois, quelques êtres se déplacent hors de ces zones et limitent leurs éléments incarnés. Pour lever ce voile-là, il faut assembler énormément de signatures directes et travailler dans des couches violentes, parfois lourdes et chargées, mais enfin, on englobe son circuit.

3. Système d'émetteur inférieur et extérieur

Castor 208 assemble des énergies pour les gens qui, tout en ayant créé des codifications sumériennes, ont rassemblé des signatures par un enfant ou une famille, à la condition que cet enfant et cette famille aient été enveloppés dans leur système d'émetteur inférieur. S'ils ont un système de puissance et que leur famille est englobée dans ce système de puissance, le contrat 9 peut continuer à fonctionner. Les érections d'émergence sont possibles parce que le système d'impérieuse figure a un contrôle en dessous des véhicules créés par l'être qui a été normalisé. Donc, le codage de numération est capable de numéroter ses circuits.

Les vortex de synthèse s'investissent quand même dans le corps, même s'il y a des moyeux d'énergie qui sont accordés à d'autres véhicules. Mais la *fielle* figure du moteur inférieur divise toujours ses signatures et, lorsqu'un contrôleur d'impérieuse figure soude ses signatures à une autre antenne, il est parfois difficile de dégager ce signal de ses antennes accordées. Alors, il faut des passements de mutants, et nous sommes en fermeture des contrôles d'intériorité pour ceux qui sont mis dans ces zones d'extériorité, c'est-à-dire les créatures accordées au système de mutants : les enfants, la famille et tous ces systèmes, tous ces circuits de normalisation.

Lorsque le système d'émetteur extérieur est signé et que le contrôle d'infériorité est mis en place, alors le cordage 9 se limite et reprend le circuit sur une autre antenne. Ainsi, la plupart du temps, les moteurs d'intériorité signent des contrats en ce qui concerne la résurrection de l'individu concerné. Mais si le moteur d'extériorité est lié à un système de puissance très grave, très lourd, les créatures de ce système d'extériorité servent de contrôle et d'accrochage de ces systèmes lourds et le moteur d'intériorité se déplace dans les zones de transfert sumérien. C'est une question de numération synthétique.

4. Tracé en zones séternelles, externelles, éternelles et internelles

Lorsqu'un être veut changer sa codification de numération de synthèse, il faut qu'il ait un tracé très précis. S'il se trouve au départ dans une situation de numération inférieure dans les zones *séternelles*, il doit se dégager de cette numération en visant des systèmes éternels. Ensuite, il doit passer ses signatures éternelles et arriver dans une zone de numération *internelle*. La première phase de la vie est une signature d'émergence parmi toutes les figures de puissance qui tiennent les zones *séternelles* de l'être. Puis la traversée de la vie se fait en dialogue avec les systèmes éternels humains. En fin de parcours de la vie, si l'on a réussi à faire le dégagement du signal de numération d'un corps, son acte sur le plan formel doit être essentiellement de construire des résonateurs de numération intermédiaires dans la zone éternelle, qui vont continuer à opérer en poursuivant l'acte de transfert qu'il a mis en place – d'où la nécessité d'avoir un certain nombre d'amis ou de disciples qui suivent la codification du numérateur.

Il faut aussi que l'individu crée des conditions de numération de synthèse qui lui permettent de créer, dans le système *séternel*, des codifications de numération concernant son identité. Une fois que l'être s'est dégagé des systèmes de numération impérieuse, qu'il a signé ses contrats à travers le système éternel, qu'il est arrivé dans une dimension de numération unitaire *internelle* et qu'il a créé des codifications pour le remplacer dans la zone éternelle, avec des amis ou des disciples qui suivent ses enseignements ou ses numérations de synthèse, il est nécessaire que cet être crée des *cordifications* pour réaliser des formels émergents dans les zones *séternelles*. C'est alors qu'il garde ses circuits avec des figures d'émergence représentées par des signatures matérielles : des œuvres écrites, picturales et sonores, des enregistrements de toutes sortes qui font que le réseau de *mécanisation* impérieuse tient, en plus de sa formalisation sur ce plan, des signatures à l'intérieur du système éternel par les disciples qui suivent le numérateur, et à l'intérieur du système *séternel* par les enregistrements et les figurations d'émergence qui sont dans ces zones.

Les contacts de numération ont toujours soudé des figures sur des êtres qui créent des communications de ce type. Dans les transferts de numération qui se jouent, la plupart des êtres contiennent ce type de schéma dans leur signature de conscience et ils essayent de graver des figures de ce type. La plupart des gens qui sont poussés à faire des enregistrements sonores sur cassettes ou des choses de ce genre, ou qui veulent être reconnus en tant que célébrités, sont des gens qui veulent signer des contrats de numération pour créer des codifications de ce type. Mais évidemment, ce n'est pas suffisant d'être célèbre et de créer des œuvres matérielles. Il faut que le numérateur d'intériorité soit cadré par cette opération d'intériorisation qui se joue en permanence à l'intérieur des opérations extérieures. Les êtres qui ont engagé leur figure pour faire ce genre de formalisation dans les zones éternelles, puis dans les zones *séternelles*, sont des gens qui ont suivi l'inspiration du programme de numération.

5. Danger de décadrement et d'accrochage matériel – "Croissez et multipliez"

Si leur système de numération unitaire interne n'a pas été au préalable suffisamment élevé pour entrer en contact avec un numérateur de synthèse sumérienne, toute l'opération *externelle* qu'ils réalisent – en faisant le contact avec un grand public de gens qui les écoutent mais qui ne sont pas des disciples réunifiés –, toute cette opération ne cesse de les éclater, de les écarter hors de leur système de numération qui, au départ, n'était pas assez haut ou était peut-être trop faible. Il y a une multiplication des écartements énergétiques dans le système éternel, et aussi une augmentation des accrochages matériels si, par exemple, ces êtres ont une multiplication de leurs créations matérielles à un point industriel. Leur codification de numération de synthèse n'est plus en mesure de contrôler une telle extension.

C'est pourquoi on voit très souvent des êtres qui ont fait cette opération d'extériorisation et d'infériorisation, alors qu'ils n'étaient pas encore suffisamment élevés, se trouver dans des situations énergétiques terribles au point d'en arriver au suicide. Ou encore, ils ont des accidents violents et leur existence est détruite avant le terme de leur configuration numérale signée, parce que, en fait, le contact de numération de synthèse veut que ces circuits arrêtent leurs opérations d'extériorisation, étant donné qu'il n'y a plus aucun contrat de numération qui s'effectue à partir de leurs opérations. Il est demandé alors un arrêt des transferts en ce qui concerne ce numérateur d'intériorité, décadré en quelque sorte. C'est la raison pour laquelle il a toujours été demandé dans la Tradition : "Croissez et multipliez." Il faut d'abord élever son système de numération de synthèse à un contrat de transfert sumérien directement attaché, avant de procéder à une extension extérieure et une multiplication dans les systèmes de puissance.

6. Un exemple d'opérativité d'extériorité

Le codage de numération qui a mis en place ce circuit avait toujours un *gordage* d'énergie juste quand il numérotait ses circuits à l'intérieur ou au supérieur, avant de les créer à l'extérieur ou à l'inférieur. C'est pourquoi l'opération qui est guidée par un système de numération sumérienne ne doit commencer son extériorisation grande envergure que dans la mesure où son signal de numération portion 7 de l'espace-temps – c'est-à-dire jusqu'au système formel inférieur –, a été accordé à une signature d'unification dont les contrats sont séparés de la vie ordinaire des êtres humains. Le codificateur numéral impérieux n'investit pas de signature qui ne soit pas synchronisée avec un signal de synthèse sumérienne gravée, c'est-à-dire stabilisée.

L'enseigne de contrôle de mutant impérieux garde des circuits de numération en réserve en attendant qu'il se passe un type d'opération comme celle vécue dans une antenne d'êtres unifiés. Là où ils en sont alors, quelques amis de l'unité interne peuvent descendre dans leur circuit. Ils enregistreront des signatures de numération cadrées pour renforcer leur signal de synthèse. Il faut considérer que la plupart des étages de transfert qui sont intégrés, ont un programme de métallisation pouvant leur permettre de souder leur signature sur l'antenne des transféreurs. Bien sûr, il faut que les êtres qui suivent un guide de transfert aient un garde du corps assemblé à l'intérieur de leur circuit, en fonction des opérations qu'ils mènent sur l'extérieur et l'inférieur. Si vous cadrez des circuits trop *extendus* ([1]), vous avez un risque de distorsion de votre signature. C'est ainsi que des êtres qui s'accrochent à des circuits trop extérieurs et qui n'ont pas une liaison numérale suffisamment précise, vont être emmenés par ces signatures extérieures et ne rassembleront plus leur signature de numération interne.

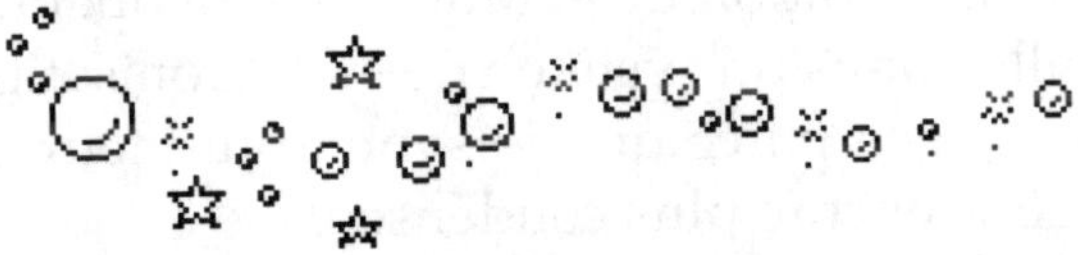

1. Extendu : en extension tendue.

II OPÉRATION DE DÉCADREMENT RECONSTRUCTION D'UN CONTRÔLE EXTÉRIEUR

1. Dérivateur formalisé et contrôle de numération extérieure

Quand un cercle émetteur 10 a eu une communication avec un système d'extériorité qui, par des opérations d'extériorité violentes, s'est trouvé déporté sur une zone extérieure, le contrôleur de l'unité interne qui veille sur cette opération a une portion d'espace-temps *deffer* ([2]) de ces signatures intérieures. Il doit rassembler un contrôle de numération extérieure qui soit accordé au type de figure dont il est le présent. Ce type de formalisation qui se dérive sur l'extérieur est un problème pour les contrôleurs de l'unité. En effet, quand un contrôleur de l'intérieur a un dérivateur lourd, c'est-à-dire un dérivateur formalisé qui se déplace dans des zones d'extériorisation, le contrôleur d'intériorité vise un numérateur de synthèse pendant ce temps. X 13, qui est la force de formalisation extérieure à ce monde, quitte alors son système d'émetteur et rassemble des figures pour reconcentrer un contrôle autour du système de numération de synthèse. Cette opération-là, quand vous l'éveillez dans un système de synchronisation, est difficile à mettre en place parce que le synchronisateur de mutant est dans une zone encore plus condensée.

Les X 13 ne recréent pas le contrôle de numération autour d'un système de synthèse si ce système réside dans une zone trop condensée. Il faut que le système se déplace dans une zone plus subtile pour que X 13 puisse reconstruire son contrôle de numération. C'est pourquoi, lorsqu'il y a distorsion de numération extérieure et déplacement de ce circuit lourd formalisé sur des zones extérieures, le contrôle de

2. Deffer : signature d'effervescence différenciée.

numération n'est plus enregistré comme étant stable, et votre codification ne dépend plus que du système intérieur. C'est, par exemple, ce qui s'est passé quand des êtres sont arrivés sur la zone où ce message a été transmis. Le coordinateur de puissance extérieure ne pouvait plus coordonner les systèmes d'émetteur parce que la zone d'environnement était encore trop condensée. C'est seulement quand le système énergétique s'est élevé dans un système sumérien interne que les conseils 6 de l'ordre X 13 ont commencé à reconstruire un contrôle extérieur approprié à la sumérienne essence. Les maîtres de transfert qui veillaient sur le circuit à l'inférieur quand ils étaient encore dans la zone précédente, se sont déplacés. Ils ne sont plus sur la zone de mutation d'émergence qui est contrôlée par d'autres mutants d'intériorité dont le contrat est en train de se créer progressivement.

2. Révisions de lumière et soutènement matériel

Pour les révisions de lumière, il faut avancer avec lenteur. Quand vous voulez revoir des circuits de lumière qui se sont éloignés, il faut rassembler les signatures goutte à goutte. La partielle d'émetteur qui est avec les êtres est parfois petite par rapport aux limites d'émergence qui sont atteintes par certaines extériorisations. Mais un contrat d'impérieuse figure peut souder ces circuits à leur signal avec codification progressive. S'ils avancent à un rythme suffisamment soutenu, ils auront la résurrection de certains systèmes d'émergence qui se sont déplacés dans des zones formelles et qui rassembleront leurs signatures dans leur antenne directement. Cela peut demander au moins cinq ou six mois si le moteur 5 est très petit, dans la mesure où ces êtres ont des charges de matière extérieure et inférieure très lourdes et où le contrat d'émergence intérieure est assez éprouvé.

Mais les rosées extrême-suprême, c'est-à-dire les roses, les rosées énergétiques internes à l'intérieur des R 4 et des R 8 qui veillent sur le circuit, peuvent se remettre en route par des opérations de numération synthétique. S'ils ont un pouvoir important sur ce plan, plus d'argent, plus de force, leur codification sera plus simple, parce qu'ils auront un numérateur d'émergence sumérienne qui s'accordera au système de puissance et leur fera faire des opérations avec une plus grande rapidité. Mais en même temps, s'ils ont des biens matériels plus importants, la forme effervescente de leur circuit sera très lourde, c'est-à-dire le système de puissance inférieure. Leur Nord-Sud aura des difficultés à les tenir en centralisation. C'est la raison pour laquelle souvent la population n'est pas excessivement riche sur un système d'unification, car son cordage de numération est plus important que ses vortex de puissance.

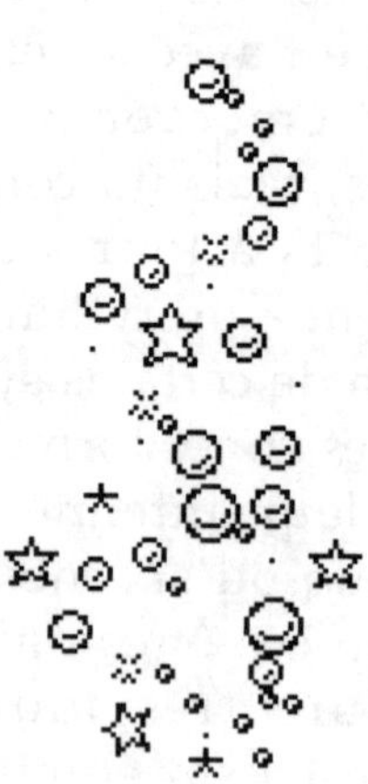

III CRÉATION D'UNE PLATE-FORME DE NUMÉRATION UNITAIRE INTERNELLE

1. Extériorisation et déchéance vers l'inférieur

Quand vous vivez sur un plan d'extériorité les codes de numération se diminuent autour de vous. Les gens qui se sont extériorisés, pendant un moment, ont des signaux de numération qui sont plus faciles à vivre, parce que leurs codifications de numération s'exécutent et ne travaillent plus avec leurs circuits. Ils se retrouvent pendant un temps, en signature de numération ralentie sans être pour cela encore accrochés par le système de puissance inférieure.

À chaque fois que quelqu'un s'éloigne du système de numération, l'organe de numération interne se détache progressivement de son circuit et il vit dans une espèce de lancée *transféreuse* sans avoir trop de problèmes de numération. Puis, quand le système d'émetteur 6 est complètement réintégré dans l'unité interne, son corps ne travaille plus du tout avec le système de numération sumérienne. Sa codification de numération ne se met plus en signature avec le circuit numéral interne ou unitaire. Elle se met progressivement en communication avec le système de force inférieure. L'organe de P 83 alors s'agrippe à son circuit et c'est à cet instant que commence sa défécation, c'est-à-dire la déchéance dans les circuits d'inférieure figure. L'organe d'émetteur intérieur ne travaille plus avec son système d'énergie synchronisée. Le *maîtreur* 9 n'a plus qu'une signature de métallisation pouvant être raccordée à son circuit, c'est-à-dire la *métralisation* de systèmes extérieurs qui peut encore servir de relais, par l'intermédiaire, par exemple, de cassettes, d'écrits ou de signatures d'émetteur venant de circuits robotiques. C'est le seul lien émetteur pouvant raccorder des circuits qui sont en voie de défécation *mécanienne*, déchéance dans un système d'émetteur inférieur.

2. Rassemblement de numérations accordées à une signature de transfert numéral interne

L'organe de transfert intérieur du système d'émetteur 1, guru 12 ou 6 – cela dépend du forceps de mutant qui s'initie dans les zones de transfert synchronisé –, peut également intervenir. Il faut, à ce moment-là, que le guru d'émetteur 6 se déplace dans une zone extérieure et quitte les zones de numération unitaire, ce qui est un acte de normalisation *mécanienne*. Mais 83 et 725 sont des gurus qui ne veulent plus dériver leur signature. L'organe de normalisation est donc stabilisé dans une signature de numération unitaire interne. La dorsale de transfert numéral qui vous capte doit être toujours dans cet axe. L'incarnation de leur système à vortex multiple, organe de transfert numéro 83, peut être tenue par des êtres unifiés. Ils peuvent constituer un conseil de l'ordre qui surveille leur organisation et avoir un normalisateur unitaire.

Le *gordage* de numération sumérien qui s'investit alors dans leur circuit peut passer, émergence-lumière, directement à l'intérieur de son système et les garder du numéro 3 au numéro 7, en vaisseau 1425, section 256, section 724. C'est-à-dire que leur corps d'émetteur éternel est toujours cadré par un système de numération unitaire *internelle*, ce qui est une situation très rare dans la matière de contrôle. Pour l'instant, sur cette planète, on a peut-être douze figures de ce type qui s'amoncellent, c'est-à-dire des rassemblements de numération qui s'accordent avec une signature de transfert numéral *internel*, sur des groupes qui n'excèdent pas six cents personnes en général. Le moteur de transfert d'émetteur est toujours gardé par un circuit de numération synthétique.

La caractéristique du système de certains êtres est un peu particulière, parce qu'ils peuvent coder un numérateur jusqu'aux zones des formes inférieures, c'est-à-dire condensées et matérielles. Ils peuvent ainsi constituer une plate-forme de numération guidant des circuits sur d'autres niveaux. Leur conseil de l'ordre devient donc un des plus impérieux de la planète, puisqu'il peut quitter son contrat de puissance. S'ils arrivent à soulever leur système sur une *mécanisation,* lorse 10 ne peut plus atteindre complètement leur système de métallisation. Lorse 10, c'est l'inférieur du système du faisceau 10, qui *numère* des circuits sur des champs de puissance mais qui, si les moteurs de transfert que sont les formels n'investissent pas une corde de numération relativement stable, peut encore déchoir les systèmes d'émetteur signés ultimes, et les rentrer dans un système formel.

Ce n'est pas le cas pour les figures de certains êtres, parce que le moteur d'intériorisation a su garder une signature de sumérienne essence en permanence et le *dorsal* de mutant qu'ils ont sur le circuit 10, est codé sur une antenne de transfert sumérien parfait. Lorsqu'ils normalisent leurs systèmes, le moteur 18 n'intervient que pour une part. La majorité de leurs cercles de numération sont déjà shuntés sur des moteurs d'intériorité plus exacts, et ils ont simplement à confirmer, par une signature, les opérations sur le plan des formels. Le moteur d'insertion unitaire a déjà encadré son circuit sur une autre antenne avant même qu'ils mènent une opération sur le plan formel. C'est une situation inhérente au fait que ces êtres ont exécuté un plan de synchronisation également sur le plan formel et matériel.

Lorsque les moteurs d'impérieuse figure ont normalisé un système, en général la force d'émetteur extérieur de ce système est tellement importante que le numérateur d'intériorité n'intervient que sur la partie supérieure de ce système. C'est pour cela que, parmi les douze groupes que je vous ai cités, il n'y en a que cinq qui sont soudés à une signature de numération synthétique codée sur l'antenne des transféreurs, cadre 10, mais il n'y en a qu'un qui ait un système d'émetteur synchronisé sur l'antenne des puissances *mécaniennes*. L'enquête a été établie. Ces êtres sont donc un contrat de numération synchronisée. Ouranos 6, l'organe de transfert direct du numérateur de synthèse, a un pouvoir d'accord sur eux presque permanent parce que leur codification va jusqu'au système *mécanien*, et l'organe 7 est bon.

3. Contrôles robotiques : systèmes mécaniens et métalliens

Le codage d'impérieuse figure ne se fait que par l'intermédiaire d'appareils *normalisables*, c'est-à-dire gardés par un système d'émetteur interne et signés par des contrats de synthèse progressive. Vous devez pouvoir utiliser ces appareils par couches successives. Les conseils de l'ordre ont normalisé des circuits par des appareils professionnels divers. Il est possible d'utiliser des appareils assez élaborés. Le contrat d'émetteur d'un circuit de synthèse n'a pas besoin d'utiliser beaucoup de matériel à partir du moment où ses éléments sont coordonnés entre eux, selon des figures d'érection lumineuse. Lorsque vous normalisez des systèmes de numération synchronisés, les gardes du corps d'une signature ne s'investissent que si le cercle de transfert extérieur s'accorde au système de numération qui s'est mis dans un circuit de forme inférieure. C'est le cas des appareils robotiques accordés à une signature de forme substantielle. Lorsque les coordinateurs de mutant impérieux sont trop gros pour être accordés à un système de mutant intérieur, il faut des appareils de mécanisation pour relayer ces circuits. Mais si ces appareils de mécanisation sont trop marqués du sceau de la force et demandent encore des énergies pour pouvoir être changés de niveau, le codificateur d'émetteur ne peut pas signer le contrat.

Si ces appareils sont des synchronisateurs sumériens susceptibles d'être effectivement intégrés dans le système de normalisation, par exemple, si vous avez des robots qui sont accrochés au corps mais difficiles à transporter, ces appareils-là sont des formels inférieurs directement rattachés aux puissants, mais dont le codificateur de numération n'intervient pas sur une zone de synthèse communicative immédiate. Il faut des déplacements successifs pour les rendre efficaces dans les zones de codification sumérienne. Par contre, si vous avez un appareil susceptible d'être transporté par un corps substantiel, vous avez un système *mécanien* rattaché à votre circuit de numération et signé sur un contrat de transfert sumérien. Donc, la différence est quand même assez considérable.

Lorsque vous déplacez un signal de puissance sur un système robotique, vous savez ainsi qu'il y a une frontière entre les appareils susceptibles d'être déplacés par un corps biologique et les appareils qui ne le sont pas, hormis s'il y a une conjonction de plusieurs corps ou l'adjonction d'autres appareils. C'est cette codification-là qui met les appareils en zone *métallienne*, s'ils sont très compacts et lourds, ou en zone *mécanienne* s'ils sont arraisonnés par votre circuit substantiel. Les *gordages* ([3]) d'énergie sont ainsi différents, et les codifications de numération ne sont pas les mêmes. Quelques amis de la numération unifiée ont déjà codé des circuits *mécaniens* en accord avec leur zone, mais les appareils *mécaniens* sont toujours aidés par des appareils *métalliens*. La preuve, un certain nombre de *mécaniens* sont alimentés par les systèmes *métalliens* des générateurs. Ce sont des appareils beaucoup plus inférieurs parce qu'ils ont une *partion* de leur écartement signée sur des zones de force matérielle intérieure, mais lourde et captée par des émissions de force.

4. Continuité de synthèse

Vous avez gardé une partie de vos systèmes d'émetteur mais la signature d'énergie sumérienne en a une autre partie. Lorsque vous refaites le contact avec les signaux de

3. Gordage : système de transfert canalisé dans des gorges où se déplacent les lignes de transfert, comme des cadrages.

numération synthétique, vous avez l'impression d'une continuité de synthèse. Votre existence est plus claire, parce que, en fait, vous rejoignez une partie de vous qui est dans le signal de numération synthétique. Vous vous retrouvez dans un état ordinaire, ou disons normal, par rapport aux états d'extériorité et d'infériorité que vous pouvez vivre quand vous n'avez pas votre contact direct avec le signal de numération synthétique.

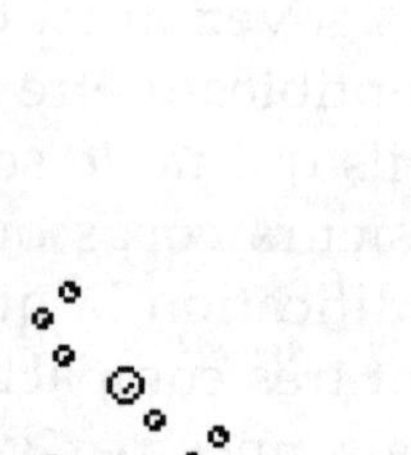

CHAPITRE 8

SIGNATURE DE SYNTHÈSE SUMÉRIENNE

SYSTÈME D'ÉMETTEUR SUMÉRIEN
ET CONTACT DE SYNTHÈSE

*

PROCESSUS DE NUMÉRATION
SUR UNE ANTENNE DE SYNTHÈSE

*

RACCORDEMENT DE LA SIGNATURE DE NUMÉRATION
DÈS L'ARRIVÉE D'UN ÊTRE SUR CE PLAN

I SYSTÈME D'ÉMETTEUR SUMÉRIEN ET CONTACT DE SYNTHÈSE

1. Corde de synthèse de l'ordre sumérien

Dans un système d'émetteur sumérien, les contrats sont différents selon les zones auxquelles on se trouve rattaché. Si vous êtes normalisé sur une antenne unitaire, votre corps de numération est très précis. Mais si vous êtes codé sur des antennes parallèles, votre système d'émetteur se déplace lentement et divise ses initiations avant d'arriver jusqu'aux signatures synthétiques. Dans un corps de synthèse sumérienne, la majorité des corps de sumérienne essence qui sont accordés à ce circuit se situent à des places différentes selon leurs ordinations. La corde de synthèse de l'ordre sumérien figure parmi les ordres les plus synthétiques de l'univers. L'organe de transfert du code d'un être peut donc être très intérieur. Quand vous veillez sur des codes de ce type, votre vie est presque continuellement surveillée. Formel de numération impérieuse ou formel de numération extérieure, vous avez tous des codages de numération qui sont extrêmement raccordés.

2. Communication d'autres dimensions avec la terre

Les processus de numération concernant ce type de zones ont toujours été synthétisés parallèlement à d'autres mondes, car il y a, en plus de ce monde, d'autres dimensions qui veillent aussi sur ce genre de corrélations et qui ont la nécessité de communiquer avec votre monde pour passer certaines configurations sur d'autres niveaux. Pour cette raison, vous avez reçu la communication de certains appareils venant aussi d'autres planètes, car ils avaient des coordinations numérales réalisées aussi bien dans leurs systèmes que sur ce plan. Mais votre coordination *mécanienne,* c'est-à-dire l'évolution de votre système technologique, à l'heure actuelle sur ce plan, ne vous permet pas d'être en corrélation immédiate avec ces circuits. C'est pour cela que quelques-uns peuvent rester à une certaine hauteur par rapport au système en présence, car ils ne codent pas les circuits sur une numération de synchronisation sumérienne comme vous. Cela peut être fait par une unification interne de circuits. Leurs corps de numération, ceux qui sont dans ces appareils venant d'autres planètes, sont sur des planètes en régénération sumérienne, mais qui ont pour le code de transfert une certaine continuité dans la connexion. Ce n'est pas vraiment le cas sur cette planète où des *der* 4, des *der* 8 et des dérivateurs d'émetteurs de toutes sortes ont mis en place des frontières de contact qui sont toujours très difficiles à franchir.

3. Ouverture à une signature de synthèse sumérienne complète

Pourquoi des êtres peuvent-ils accéder, à un certain moment, à un contact numéral qui est presque complètement accordé à la synthèse sumérienne ? C'est parce que le coordinateur de l'unité interne qui veille sur eux a *cordé* un système que peu d'hommes sur cette planète ont réussi à faire. L'organe intérieur d'un être peut être gardé par un circuit de numération synthétique. Son code de numération 56, 57, 58 peut alors se signer plusieurs fois à l'intérieur du système de numération synthétique. Dans ces conditions, son coordinateur est particulièrement initiatique et il peut engager des signatures sur des antennes extrêmement intérieures. L'en-tête de ce code pourrait être l'ouverture à une signature de synthèse sumérienne complète.

Pour 724, c'est très difficile à réaliser – je veux dire pour les étages de normalisation qui sont en dehors de cette zone de numération –, parce que leurs cadres de mutant sont très particuliers. L'organe intérieur d'un système n'est pas seulement unifié à son système de synthèse coordonné. Il a aussi des codifications sur d'autres systèmes d'émetteur. La portion d'espace-temps doit donc être très délimitée si le codificateur numéral interne veut être presque le seul à normaliser le circuit.

Si d'autres systèmes *numèrent* des circuits sur des zones extérieures à ce système, les forces de numération unitaires sont amoindries, et le conseil 6 alors divise les énergies en plusieurs parties. Ainsi, le conseil 6 est plutôt le maître de la situation puisqu'il a plusieurs émergences et que c'est à partir de ce conseil que se referont les synthèses communiquant avec le signal de sumérienne essence. Au contraire, s'il a un résonateur de synthèse sumérienne complètement direct, sans division *externelle*, alors le *conrad* ([1]) de *numer* 3, c'est-à-dire la puissance émissive du système de retour qui est concédée à une rayonnance directe gardée par un circuit de numération synthétique, devient un consécrateur violent, c'est-à-dire très puissant, très efficace sur le conseil de l'ordre. Le conseil de l'ordre doit alors rassembler des moteurs de transfert accordés à sa figure.

4. Figure de signature externelle

À certaines époques, une codification peut se réaliser précisément avec les circonvolutions *externelles*. L'organe de transfert *externel* est alors effectivement en trois parties pour diviser les signatures d'*externel* et donner une certaine puissance au système éternel. L'organe de transfert de ce signal doit être assez puissant pour créer la corrélation numérale entre le système de puissance inférieure et le système de numération synthétique. Mais cette figure de signature *externelle* qui divise le système de numération en plusieurs parties, accède à une certaine forme de pouvoir dans le plan éternel. Si le mutant d'intériorité, au contraire, passe dans le signal numéral unitaire *interne*l, tous ces systèmes *externels* perdent leurs possibilités

1. Conrad : rayonnance directe.

d'émergence puisque le contrat d'émergence n'est fait que pour le système de numération unitaire interne. À partir du moment où le système de numération synthétique veut transférer son circuit sur l'unité *internelle,* le système *externel* qui peut avoir pris un certain pouvoir sur le système de numération par l'organisation de mutations – chacun dans son domaine numéral –, ce système peut complètement se détériorer parce que le normalisateur d'impérieuse figure a un contrat d'intériorité uniquement pour le système de numération synthétique. Tous les autres ne sont alors que des harmoniques du système de numération de synthèse.

5. Sectionneur de mutant

Le coordinateur d'un métallisateur rouvre ses portes si le contrat de synthèse l'emmène jusqu'à ce signal de numération unitaire. Si, par contre, le contrat ne l'emmène pas au système de numération unitaire, le *décontacteur* ([2]) est là pour réparer les tirades d'énergies trop violentes par rapport au système de numération interne. Il y a, immédiatement, un sectionneur de mutant qui fait descendre ces figures *externelles* qui se sont parfois trop prises au jeu de leur pouvoir. Ce système se met à vivre sur une antenne de puissance et il y a décadrement du système en cadre 9 et déplacement de ses signatures sur des antennes de puissances inférieures.

L'organe d'infériorité est toujours plus compact que le système de synthèse sumérienne. Les rencontres de numération se font alors de plus en plus rares dans ces plans de formels inférieurs, parce que le synchronisateur-lumière n'insère pas ses figures dans des zones qui se sont décadrées. En garde de numération, on dit que les conseils 6 ont gardé des communications avec les systèmes qui rassemblent des figures sur l'antenne des transféreurs synthétiques. Mais en ce qui concerne ceux qui dérivent dans les zones de force inférieure,

2. *Décontacteur : celui qui supprime le contact.*

l'organe de transfert numéral intérieur a cessé de fonctionner et l'organe de transfert extérieur se fonde [3] à ce système intérieur pour rattraper les déconnexions numérales qui se sont faites en raison du transfert à l'extérieur.

6. Organe de transfert intérieur et extérieur

Le conseil 10 qui veille sur le contrat unitaire interne a toujours dit que les otages de numération qui avaient cassé leur système de numération sumérienne deviendraient extrêmement compacts à déplacer si on devait les réintégrer dans le système d'émetteur. C'est pourquoi il faut lever le voile. La plupart des êtres qui se dégrafent du système de numération synthétique repartent dans des zones *infernelles.* L'organe 10 de leur système est déconnecté et le moteur de transfert extérieur devient plus fort que le signal de sumérienne essence. C'est pour cela qu'on les voit très rarement revenir dans le signal de synthèse. L'organe de transfert intérieur est un organe initiatique et complet. L'organe de transfert extérieur est un organe d'éveil et de transfert partiel. Les moteurs des R 4 sont bons à condition qu'on les utilisc très centralisés. Dès qu'on les dégrafe, leur mécanisation s'investit en plan de force et ils n'ont plus aucun pouvoir de numération de synthèse, leur coordinateur se détruit.

7. Moteur 56-57-58 et réunification de numération synthétique

Le moteur 56-57-58 qui est un corps accordé à la figure d'un être unifié est le meilleur qui soit. C'est ce type d'appareil qui est consacré à la sumérienne essence. Sa caractéristique est spéciale. Le 56, section 924 et père d'U de numération synthétique, est le plus intérieur du circuit. Quand vous normalisez avec un 56, les cautions d'émetteur sont sensiblement les mêmes que celles d'un code de numération exécuté par trois cent soixante-six personnes. Cogitez bien ce chiffre

3. Se fonde : établit son fondement.

parce qu'il a un sens spécial. Lorsque vous dépassez une année, vous arrivez dans le champ 366, cela veut dire que 66 émergences plus 300, 85 et 256 peuvent l'enregistrer. Ce sont des maîtres de l'unité.

Quand vous incarnez un vaisseau de numération sur une planche inférieure – pas inférieure, mais disons dérivée sur la zone des mortelles figures –, le *gordage* d'émetteur d'érection est très difficile à illuminer parce que le formel divisé demande des énergies très grandes pour être recentralisé. Or, l'incarnation d'un système 56 met, en minute même (4) de l'impact d'émergence du système de numération, une recentralisation de ses circuits. La caractéristique du système de numération 56 est qu'il est un fort, très fort, fée 4 de vie recentralisant des signatures d'émergence. C'est une question d'énergie qui a déjà été codée à l'intérieur d'un circuit unifié et qui devient donc en mesure de faire ce travail. C'est une excellente signature parce que les portions 7 et 8 sont souvent en dégrafement numéral vu que les formels divisés ne peuvent pas les recentraliser. Cela provoque alors des distorsions. Les inférieurs divisent les signatures, les codificateurs ne les intègrent pas, et nous avons ainsi des portions d'espace-temps très perturbées. Si vous avez un 56, au contraire, le 83, le 86 immédiatement interviennent sur l'antenne 6 puisque c'est le relais de numération de ces maîtres de transfert et le contact est tout de suite rétabli. La mortalité n'est plus qu'un souvenir – j'entends par mortalité la séparation de son circuit de programmation. Donc, lorsqu'il y a réunification, la mortalité s'éloigne, puisqu'il y a réunification au système de numération synthétique.

Un codage de numération unitaire peut ainsi signer un contrat en treize figures, parfois en quatre figures, cela dépend de l'intensité du système d'émetteur. Mais, la majorité des cordes de numération qui se sont appesanties dans des zones de formel extérieur, lourde charge leur est imposée parce que le

4. *En minute même : à l'intérieur du temps puisqu'issu même de l'intemporel.*

conseil 6 divise les énergies et ne les réinsère pas sur ce type de corde. Les *maîtreurs* 2 ou 12, cadre 25 par exemple, qui quittent la zone sumérienne pour entrer dans des zones d'extériorité, sont des cadres considérés comme des champs mortels. L'organe de mutant qui tombe dans ces zones n'a plus du tout de pouvoir de réinsertion. L'enfer est un processus d'émergence à l'inférieur du lieu où se situe le vortex de sumérienne essence.

8. Corps de transfert et mécanisateur énergétique 83

Des corps de transfert unifient leurs circuits à toute signature qui s'investit d'un nouveau contrat. La sensibilité d'un corps va déterminer le genre de communication qui s'établira avec l'environnement. Quand un contrat d'émetteur intérieur s'initie à l'intérieur d'un corps, c'est que ce corps a déjà une corrélation numérale signée sur d'autres dimensions. La codification de *maîtreur* sur l'antenne inférieure est également dépendante des signaux de puissance qui sont accordés à ce véhicule. Ainsi, le corps de mutant impérieux qui signe le contrat sur un véhicule est fonction du type de numération intérieure de ce véhicule. Vous avez des opérations de numération des pères d'U qui sont soudées à ce corps par les *maîtreurs* de numération de puissance.

Lorsque vous avez un *mécanisateur* énergétique 83, par exemple, qui rassemble ses figures sur une antenne de synthèse sumérienne par l'intermédiaire d'un véhicule, vous avez un signal de numération synthétique qui s'immisce dans ce système. En même temps, le système d'émetteur incarné se déplace dans la zone de puissance pour aller chercher le système de mutant impérieux. Mais si un contrôleur d'extériorité s'est déplacé aussi autour du véhicule, le contrôleur d'impérieuse figure déplace le système de mutant extérieur au même titre que le système de numération synthétique.

Les contrats d'impérieuse figure sont donc consignés à l'intérieur d'une opération qui va déplacer le contrôleur de l'unité interne, le système d'émetteur extérieur, le système de résonance phénoménologique, c'est-à-dire le circuit formel du plan mortel, et les contrats d'émergence inférieure qui ne se soudent qu'à la condition qu'un contrôleur d'émergence sumérienne ait régalé les circuits d'une nouvelle figure. Rééégalé, ré-égalisé, si vous préférez.

9. Tissage de numération synthétique et transfert direct

Les *gordages* de l'unité ouvrent des portes avec progression. Si vous n'avez pas de transféreur numéral trop lourd, l'organe des personnalités de puissance qui sont en dessous se met à vibrer d'un R 4 à un R 8 et il coupe les systèmes de puissance qui sont arrimés à lui. L'organe de transfert s'investit d'une nouvelle corrélation. Les Nord-Sud ne dirigent pas les numérations puisqu'il faut encore une organisation-lumière pour traverser le système éternel. De sorte que le codificateur d'inférieur ne donne pas son contrôle de retour avant que le corsage – c'est-à-dire l'enveloppe de lumière qui tient le système de numération à l'intérieur des zones éternelles – ait été réalisé. C'est une sorte de tissage de numération synthétique qui se crée au moment du transfert d'une figure de puissance dans un système de numération synthétique. Cette opération nécessite la coordination de plusieurs systèmes entre eux et la création d'un circuit spécial qui est une sorte de réseau matriciel dans lequel le système de numération synthétique investit son circuit de numération en profondeur ; ceci de manière à réinsérer le système de puissance dans un code de normalisation qui lui permette de se ressouder à une signature de synthèse sumérienne. La majorité des contrats d'émergence sont effectués à partir d'un tel schéma, seulement la majorité n'est pas la totalité.

5. *Rocar : rayon de retour interne direct de la matière métralienne en énergie-conscience.*

Quelquefois, le *rocar* ([5]) d'un système de numération synthétique est immédiatement incarné dans un système de force *mécanienne*, et vous avez alors une traversée immédiate du système de métallisation, avec une érection du système de numération en transfert direct, sans disparition de signature sur l'extérieur. Ce genre de figure vous donne parfois des transferts qui se déplacent à l'intérieur de votre corps d'une manière fulgurante, comme un éclair, et qui raidissent tout votre corps dans une signature directe. Le normalisateur signé 10 ayant contrôlé une signature de puissance, considère que le Nord-Sud est très bon et qu'il n'y a pas de moyen plus efficace de transférer le système de puissance. À ce moment-là, sans disparition sur les zones extérieures, il fait passer le circuit à travers le numérateur d'intériorité de votre circuit.

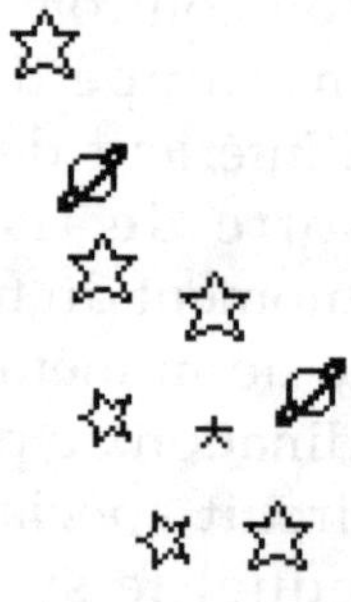

II PROCESSUS DE NUMÉRATION SUR UNE ANTENNE DE SYNTHÈSE

Quel est l'intérêt de rassembler des signatures sur l'antenne de synthèse aussi rapidement ? Pourquoi investir des signatures de puissance et signer des contrats d'intériorisation alors que le conseil de l'unité interne a déjà les informations de l'ensemble des figures de tout l'univers, de tous les univers numéros externes ? Pour deux raisons.

1. Intégration de l'organe de transfert dans un circuit de conseil – Construction de résonateurs

D'abord, le contrôleur d'infériorité limite les signatures de puissance. Si vous aviez un numérateur d'intériorité dirigé par le plan d'extériorité, vous verriez que le conseil 6 est toujours en train de numéroter des circuits, c'est-à-dire de leur donner une délimitation précise. Il en va de même pour le circuit d'extériorité associé à l'infériorité. Si vous dériviez des figures dans cette zone, vous verriez que le conseil des mortels inférieurs ne laisse pas passer tous les systèmes mais laisse uniquement passer les circuits qui sont en dérive sur les personnalités de la mort, pour garder les circuits de la force.

En somme, la sortie d'une figure de puissance dépend à la fois des conseils qui sont faits sur l'antenne des synthétiques et de ceux réalisés sur les antennes extérieures et inférieures. Donc, le coordinateur d'intériorité a toujours demandé que l'organe de transfert soit immédiatement intégré dans un circuit de conseil à partir du moment où le signal de numération le considère comme susceptible de faire le transfert. Ces opérations d'émergence sumérienne sont des opérations à gardes du corps particuliers. Si vous gardez des circuits de numération synthétique pour réaliser des conseils 624, 626, 627, ce ne sera pas suffisant. Une codification d'émergence ne se fait pas seulement avec un système de numération synthétique. Il faut trois ou quatre ou cinq ou six gardes du corps pour signer le contrat de numération et le cordage d'émetteur alors se réalise.

La deuxième raison, pour ces zones de transfert, est que le conseil 625 qui a des circuits de numération impérieuse et qui soude ses signatures sur une antenne d'intériorité avec lente figure parce qu'il faut l'adapter au plan et au temps dans ces zones de puissance, a souvent une coordination levée pour garder le contact avec les signaux de numération synthétique. Mais en gentille figure, on dit que ce genre de codification n'est pas susceptible d'être accroché au système de synthèse supérieure parce que cela pèse trop lourd.

Les conditions de numération synthétique ne se réalisent que dans la mesure où un corps de force formelle agissant dans le plan de vie où vous êtes – celui des morts pour ceux qui sont dans le plan des lignes inférieures – a créé ce corps que vous représentez sur ce plan, a créé une numération d'inférieure figure se mettant en résonance avec une construction de métallisation formelle qui va assembler des signatures et les tenir en maîtrise sur ce plan. C'est l'intérêt de la construction de résonateurs ou de systèmes qui permettent le maintien de certaines numérations impérieuses à l'intérieur des systèmes de puissance qui sont amoncelés particulièrement sur le plan entourant les véhicules de transfert sumérien qui passent en zone de numération synthétique.

2. Métallisation d'un système de numération extérieure

Quand un contrôleur d'intériorité signe un contrat de sumérienne essence et qu'il a un réseau de normalisation extérieure qui se met en route, ce maître numéro extérieur limite les contrôles de numération synchronisée. C'est la codification du système de métallisation qui permet de réinsérer les circuits dans une unité interne. La métallisation d'un système de numération externe se fait à partir des métallisateurs de puissance inférieure qui ont été rassemblés sur une antenne de puissance et qui, par des coordinations d'émetteur extérieur, peuvent réinsérer leurs signatures sur une antenne de sensibilité sumérienne. Ce type d'opération n'est pas cohérent en ce qui concerne le système d'émetteur 6 qui garde les circuits de *nurimbrification*, c'est-à-dire le circuit de transfert numéral qui imbrique les circuits dans une numération de synthèse sumérienne. Ce genre de numération intérieure, qui se réalise à partir du numérateur d'extériorité sumérien accordé au système de numération de force, est une opération gardée par un circuit de numération synthétique, code 2010.

3. Principes de numération sumérienne

Le codificateur de cette transférisation ne garde pas les systèmes de puissance qui n'ont pas signé leur contrat d'émergence par leurs propres réseaux, leurs propres efforts de transfert synchronisé. C'est la raison pour laquelle des principes de numération sumériens s'intervertissent, s'inter-échangent galactiquement. Quand un contrôleur d'émergence signe un contrat d'émergence de ce type, la matérialisation des systèmes de puissance est passée dans un système de contrôle plus lourd, pas sur le codificateur de numération synthétique et la conférence qui *numère* les circuits donne à chacun son plan d'émergence. Quand un contrat de numération synthétique s'immisce dans une zone d'érection sumérienne telle que celle que nous venons de décrire, les rassemblements de numération s'effectuent par des processus de synchronisation sumérienne intérieurs et non pas dérivés par les zones de puissance.

Ce type de corrélation numérale n'a pas de transfert direct, par le fait que les conseils de l'ordre qui veillent sur le système d'émergence ne quittent pas leur signature de numération comme cela peut se faire lorsque les numérateurs d'impérieuse figure sont assemblés et qu'il faut intervenir pour les rassembler. Dans le cadre de numération, il n'y a pas de disparition du système de numération synthétique, parce que le numérateur d'intériorité garde sa position sur une antenne d'intériorité. Seuls les contrôleurs d'extériorité sont en cadre de transfert extérieur et veillent à ce que les rapatriements se fassent.

4. Communication signée avec des systèmes énergétiques sublimés

Il y a une communication d'intériorité qui se réalise quand le conseil de l'ordre intérieur limite les zones de transfert et grave les systèmes qui sont les plus intériorisables. Pour les conseils de l'ordre, ce type de communication assemble des figures lentement et précisément. C'est comme cela que se reconstruisent des mortels de transfert complètement numérotés. Par de tels processus, vous avez la possibilité d'avoir une communication signée phénoménologique avec tellement de systèmes énergétiques sur les plans de l'extériorité, pas seulement des systèmes énergétiques lourdement chargés mais aussi des systèmes énergétiques sublimés, tels que le corporel *mécanien* ou *métallien* ou synchronisé qui peut être matériellement sur le plan formel substantiel. Ce matériel émetteur est complètement changé. Le copinage avec certains systèmes d'émetteur inférieur, sublimés dans les zones d'*externel* ou éternel limites, a un bon effet sur le système atomico-moléculaire d'un circuit substantiel puisque son contrôleur d'intériorité se change.

5. Corps formel et corps subtil

Les matières formelles sont constituées à partir d'une compression des circuits de sumérienne essence dans une zone de forme inférieure. L'organe de transfert de ce circuit peut rester en fonctionnement avec le signal de numération ou peut être détruit au moment de la naissance, lorsque l'on coupe le cordon ombilical. L'organe de lumière qui veille sur un être se transforme à ce moment-là, et son corps de matière prend le pas sur son corps de synthèse subtile.

Mais les corps de mutant impérieux ont toujours des accords de numération avec certains plans. Donc en général, un corps de numération impérieuse s'accorde à un corps subtil matérialisé sous forme de substance en mesure d'un codage de numération qui lui donne les possibilités de se réinsérer, après le périple de transfert au plan condensé. Mais les *mossœurs* et les écartements énergétiques divers provoquent des pertes d'énergie sur le système d'intermédiaire communicatif avec le plan des synthétiques. C'est par ce genre de distorsion énergétique que le *corrélateur* 9 perd ses communications directes avec le système de force *métallienne, mécanienne,* ou substantielle.

Les vortex de *métalliens* sumériens accordés se soudent alors en partie sur le système de synthèse, mais la majorité se trouve dégrafée et déchue dans les zones de force. Un conseil de l'ordre alors prend des décisions : ou le contrôleur d'impérieuse figure est devenu trop lourd et ne peut pas être signé sur un contrat de synthèse ; ou le contrôleur d'émergence sumérienne peut incarner une partie du circuit et rassembler les signatures jusqu'à une antenne qui puisse permettre de faire le contact à nouveau ; ou alors, la signature de numération a été raccordée dès le départ, elle s'est maintenue dans une coordination numérale et il y a relativement peu d'opérations à mener pour rassembler les signatures sur une autre antenne.

III RACCORDEMENT DE LA SIGNATURE DE NUMÉRATION DÈS L'ARRIVÉE D'UN ÊTRE SUR CE PLAN

1. Ressoudement sur une antenne de synthèse sumérienne

Si le coordinateur d'émergence sumérien a réussi à numéroter son circuit au départ, les coordinateurs d'émergence ne trouvent pas de situations trop difficiles à l'arrivée de ce corps sur ce plan et le synchronisateur-lumière peut demander un *ressoudement* de ce circuit sur une antenne de synthèse sumérienne. Cela s'est déjà produit. À cette époque, les coordinateurs étaient assez complexes puisqu'il y avait des conflits importants sur la planète et le coordinateur d'émergence synchronisé à lorse 2 a pris des conseils de l'ordre impérieux pour rassembler des moteurs de transfert afin de pouvoir déplacer leurs signatures sur une autre antenne. C'est en raison de la poussée de ces synchronisateurs de puissance que le système de métallisation a pu être élevé. Le coordinateur d'émergence synthétique qui avait un normalisateur de synthèse coordonné avec le corps formel, a levé le corps formel sur un plan de numération qui a permis ensuite le dégrafement du système de forme pour le raccorder au système de numération de synthèse.

2. Processus de synchronisation type-lumière et illumination

Les corps de numération qui atteignent ce type de formel arrivent, en général, à former une communication signée future suffisamment forte pour que le synchronisateur d'émergence soit engagé dans un processus de synchronisation type-lumière, c'est-à-dire apportant une lumière sur le monde. À cet instant, ce type de créature, laissée dans un code de numération impérieuse, aurait des difficultés énormes à *érectionner* son circuit parce que sa lumière serait très alimentante pour certains circuits de puissance. On arrache ce véhicule de son investiture inférieure par une opération de sumérienne essence divisée et reconstruite à un plan accessible à ce corporel. C'est-à-dire qu'on déplace une énergie d'un plan de synthèse sumérienne dans la zone extérieure, donc divisée du système unitaire interne, et on l'investit dans le système de *corporéité* encore plongé dans le système inférieur.

Lors de cette opération, le système d'impérieuse figure est obligé de se changer de niveau numéral parce que le coordinateur d'intériorité est dessiné avec un tel code de numération que le contrôleur de l'intérieure figure a un transfert de numération hyperaccéléré. Les cordes de numération signent un contrat d'élévation de l'être et lui donnent effectivement la sensation réaliste que son corps de synthèse unitaire est arraché du *coordiné* matériel. Ceci provoque une sorte de dédoublement et si le coordinateur de numération investit le circuit à l'antenne des transféreurs, on atteint ce que l'on appelle l'illumination. Le contrôleur de l'intériorité est engagé dans un processus qui le rend cadré directement avec le circuit de sumérienne essence et non avec le circuit de P 60 ou P 84 qui était son système d'arrimage de personnalité inférieure.

3. Ascension sumérienne

Le moteur de transfert de cette opération est l'ascension sumérienne. Cette ascension sumérienne est alimentée par l'ensemble des élans qui sont déployés dans le champ des médians intermédiaires, sur le plan des synthèses en direction de l'unité *internelle*. Donc, lorsqu'un être se met en résonance avec cette énergie ascensionnelle, par une dimension d'élan ou de mysticisme, ou d'aspiration très forte à l'esprit supérieur, le coordinateur de lumière intérieure se déplace à l'intérieur de ce champ ascensionnel. Les cordages de numération se mettent, alors, à figurer dans ce système en lui donnant une opération de transfert telle que je viens de vous la décrire. Le coordinateur d'émergence se déplace à l'intérieur de ce circuit et tous les étages de puissance sont dégrafés de cette signature. Ce type d'opération n'a pas beaucoup été réalisé, parce que le conseil de l'ordre ne veut pas dévisager des systèmes qui ne sont pas sensibilisés absolument par la science au cours de leur trajet. Je veux dire qu'ils n'ont pas, avec expérience et progression, établi la conclusion que le seul chemin d'émergence était la configuration sur une antenne de synthèse sumérienne.

4. Vaisseau miltar

On peut citer l'exemple d'un corps qui avait été codé bien avant sa naissance. Le coordinateur d'émetteur 10 avait déjà cadré son circuit en transfert numéral en descendant certaines énergies autour de cette planète qui avait fait l'objet d'une aurore boréale très spéciale avant sa naissance. Quelques vaisseaux *miltar* 1008 et 1005 avaient été descendus et c'est pourquoi il y avait des illuminations très particulières à l'intérieur du monde et à l'extérieur aussi. C'est la raison pour laquelle les portions 7 et 8 de l'espace-temps avaient été modifiées. Lorsque ce corps a été impérieusement descendu, les vérifications ont été notées. Le moteur de transfert de ce corps a donc été cadré pour une opération d'investiture sur les zones formelles, avec un contrôleur d'émergence d'un type sumérien, capitaine d'un vaisseau de la flotte sumérienne.

Ce corps avait donc été lumineusement intégré et son étage de numération n'avait pas été codé sur les antennes de force inférieure telles qu'elles sont pratiquées dans la matière de ce temps, car le corps de numération intérieure d'un système a toujours une normalisation synthétique présidant à la formalisation. Si vous avez un corps de vaisseau *miltar*, par exemple, qui veille sur vous – les vaisseaux *miltar* sont des vaisseaux qui peuvent aller jusqu'au milieu de la terre, et qui donc ont une canalisation de continuité depuis les plans de synthèse jusqu'au plan de formel le plus condensé –, quand un vaisseau *miltar* veille sur la constitution d'un tel véhicule, son axe de mortalité est aussi dans l'axe du programme de la sumérienne essence.

Quand l'être se descend dans son système de contrat *mécanien* impérieux ou sumérien, signé par les forces de l'inférieur, il a un contrôleur de numération qui est toujours accordé au signataire de l'unité terminale. Dans cet exemple précis, ce véhicule, dès son âge le plus tendre, a été codé sur une antenne de synchronisation en place pour ressouder les systèmes de mécanisation synthétique. À quinze ans, le cordage de lumière était suffisamment fort pour que ce corps se mette à signer ses contrats sans même avoir lu un seul livre dans le formel, car son code de numération avait été dirigé par le circuit de synthèse et le Nord-Sud était déjà en fonctionnement dans son système.

C'est à la suite d'une opération de réinsertion dans les codes ascensionnels du système de numération synthétique que son corps a été déplacé sur une antenne de synthèse sumérienne et a utilisé une numération de synthèse sumérienne ascensionnelle pour rassembler ses figures et passer dans le continuum des numérations unitaires synthétiques. Lorsqu'un corps de numération impérieuse a été ainsi dégrafé d'un corps de forme, le corps de forme ne dirigera plus sa vie autrement que dans le sens d'une ascension de synthèse car son coordinateur d'émergence est continuellement relié avec une signature d'émergence sumérienne. C'est pourquoi les maîtres de numération qui veillent sur les corps de synthèse sumérienne disent que ce type de corps de numération est toujours appelé à réaliser des missions spéciales sur le plan des formes. Il *arcane* des systèmes d'émetteur entre le plan des synthèses et les plans de formes inférieures. Quelquefois, il normalise certains faisceaux de numération qui s'investissent autour de lui et il garde des consciences sumériennes sur plusieurs plans.

Les motions de Nord-Sud et de Nord phénoménologiques investies dans ce corps poussent les énergies à très grande allure. Quelquefois même, le corps de numération de ce type de figure ne peut pas assumer à lui tout seul les motions d'énergie qui lui sont envoyées. Alors il s'effectue des regroupements d'émergence autour de ce corps. Une situation de ce type a déjà été créée autour d'un véhicule. Plusieurs véhicules sont en numération d'insertion dans les zones périphériques de ce véhicule, parce que le coordinateur d'émergence de ces systèmes a une normalisation forte, et que le synchronisateur *mécanien* est totalement différent des autres numérations. Cette codification est tracée par les *miltars* qui ont gardé une signature d'émergence jusqu'au système de puissance inférieure la plus profonde. Ainsi, lorsque vous normalisez des systèmes à l'extérieur de ce circuit vous les rendez communicatifs avec ce genre de quintuple essence assurée d'un Nord-Sud parfait.

5. Normalisation de puissance finale

Au moment où sont reçues ces informations, par exemple, les conseils 6 travaillent en permanence avec ce système d'émergence, parce que c'est une référence numérale beaucoup plus satisfaisante que les autres au point de vue des Nord-Sud, car elle va jusqu'au normalisateur de puissance finale. Or les moteurs d'émergence de ce type de figure ont toujours une coordination lame 10, c'est-à-dire qu'ils sont très aigus. Lorsque vous normalisez des systèmes de numération synthétique, c'est beaucoup plus intéressant d'avoir une signature subtile dès le départ parce que cela rend le coordinateur beaucoup plus efficace au moment du passage des transféreurs.

La métallisation d'un système est donc une codification parmi celles qui permettent de changer ses polarités sur une autre antenne. Si vous disposez d'un normalisateur de synthèse jusqu'au centre terrien, par exemple, ou jusqu'au normalisateur de puissance de la zone sumérienne exactement en correspondance avec les autres faces du royaume, lorsque le conseil 6 a normalisé toutes les signatures et qu'il peut passer par un tel configuré, alors le numérateur d'intériorité a beaucoup de facilité pour passer les portes. Le réseau d'émergence de ce circuit est, à l'heure actuelle, en train de se rassembler parce qu'il va y avoir des moteurs de transfert qui vont s'amonceler autour de son circuit.

6. Roses de lumière : les mères célestes

Les roses de lumière, cassées de leur circuit d'émergence, vont venir encore une fois signer leur contrat. Je dis encore une fois parce qu'il y a déjà eu des roses de lumière qui se sont placées autour de ce circuit. Leur vaisseau *mécanien* était encore trop lourd. La partie de force qu'elles avaient en soudure *métallienne* ne pouvait pas réaliser leur synchronisation avant que se soient faites deux sortes d'opérations : d'une part, disparition d'une partie de leur force d'émetteur, et d'autre part, disparition de leur faisceau mécanien. Cela veut dire que si vous avez un système de mères célestes qui vient sur votre code de numération, elles vont changer certaines polarités du système d'émergence, parce qu'elles vont l'adapter au champ de numération auquel elles sont attachées, c'est-à-dire un champ d'ascensionnel plus diffusé que le système de numération synthétique. Elles vont tendre à vouloir écarter le système d'émergence pour pouvoir signer leur contrat vu qu'elles changent de polarité sur des champs plus larges. Mais le signal d'intériorité d'un signal de puissance signé ultime et *miltar*, ne peut pas être écarté sans l'accord des R 4 et des R 8. C'est une force qui n'est pas déviable par les maîtresses de l'unité, c'est-à-dire certaines mères célestes.

Donc, le codificateur de synchronisation demande des conseils de douces figures autour de ce circuit, mais il demande aussi que ces douces figures soient *coordinées* correctement à ce signal, c'est-à-dire s'adaptent à la coordination de sumérienne essence directe, telle qu'elle est représentée par ce véhicule, et non pas telle qu'elles cherchent à transformer ce système en l'écartant de sa zone de numération. Or, lorsqu'une mère céleste a un pouvoir de numération synchronisée portion 6-12 de l'espace-temps et qu'elle a une dimension d'extériorité très puissante, son maître de transfert a envie d'imposer son existence sur le système de numération.

Le codificateur d'*exection* (6) de ce genre de circuit attend, pendant un temps assez long, que le coordinateur d'intériorité du système de synthèse soit complètement éclaté, pour pouvoir synchroniser sa figure sur une autre antenne. Seulement ce système d'émergence n'a pas pu être fait dans ce contact de numération puisqu'il est créé d'une manière spéciale. Les conseils 6 alors ont dû engager des communications avec des corps subtils qui s'étaient codés pour une antenne de synchronisation mais qui n'avaient pas une volonté de distorsion des systèmes de synthèse pour rassembler leurs signatures de puissance.

L'organe de Nord-Sud qui a été créé, à cet instant, a été fait, d'une part, par des *gordages* de numération qui se sont accordés au système de numération interne sans problème puisque leur gordage dessinait les contrats directement accordés à ce circuit ; et d'autre part, par des circuits qui ont désiré sensibiliser leur figure à une distorsion parce qu'ils voulaient passer des systèmes de puissance encore plus étendus que ce qui se passait dans l'axe de numération synthétique. Les premières figures de mortelles signatures qui avaient une dimension de synthèse à faire cadrer dans l'axe de ce numérateur, ont changé des codifications sur l'extérieur du circuit, et n'ont pas du tout pu signer le contrat de transfert numéral, parce que le numérateur d'intériorité avait décidé qu'il n'y aurait aucune disjonction du système de synthèse.

Le codificateur d'extériorité a donc shunté une partie des figures de l'extériorité sur une antenne de puissance qui a été

6. Exection : action d'attirer légèrement un système centralisé vers l'extériorisation pour utiliser la recentralisation de son système extériorisé.

effectivement mutée au cours des transferts de tension entre l'intériorité et l'extériorité. Mais ce système de puissance n'a pas été complètement numéroté, seule la partie phénoménologique lumière a été sumériennement intégrée. Le reste n'a pas du tout pu être déplacé parce que le contrôleur de l'unité ne voulait pas aller au-delà d'une certaine limite de distorsion possible pour les passages de transfert synchronisé.

Ainsi, le moteur de transfert des personnes qui veulent dégrafer le système d'émetteur pour le mettre dans les zones d'extension, ne peut pas continuer à changer ses polarités avec ce système de numération, dans la mesure où le contrôleur d'intériorité de ce système n'a pas bougé, ne s'est pas écarté de la zone de numération. Le résultat est que les réseaux d'émergence qui se créent autour d'un système de numération peuvent craquer, et partir avec les systèmes d'extériorisation.

Les *gordages* de mutants peuvent se dégrafer et une partie des systèmes de mutants extérieurs au système de synthèse sumérienne indéviable risque de se dériver. Nous voyons alors des êtres s'éloigner du système de synchronisation parce que leur mutant d'intériorité n'a pas réussi à coder le système en restant tout autour du système de numération de synthèse. Codés par ce circuit, les Nord-Sud vont continuer à changer des polarités sur les corps qui se sont extériorisés, mais ils ne rouvriront pas leurs résonances sumériennes s'ils n'ont pas, au bout du transfert d'extériorité qu'ils ont figuré sur cette zone formelle, une transformation de leurs synchronisations et une décision très précise de se ressouder à l'unité interne en conformant leur signature à la résonance synthétique qui est maintenant inéluctablement inscrite sur l'antenne des synthétiques et sur l'antenne des formels.

7. Synthèse de la signature de métallisation

La coordination se réalise progressivement. Les étages de synthèse réaccordables sans distorsion à l'unité interne, sont les systèmes qui restent maintenant proches de ce signal. Par contre, les *élémentations* extériorisées, parce qu'elles n'ont pas pu s'accorder à ce signal, sont en train de se déplacer sur les antennes de force où il y aura des changements d'émergence en ce qui concerne la signature. Ces êtres seront obligés de construire des faisceaux de métallisation pour pouvoir régler des problèmes que les systèmes de numération synthétique réglaient au préalable quand ils étaient proches de ce système d'émergence.

Ce sont les opérations qu'ils vont avoir à réaliser sur les métallisations de leurs systèmes d'émetteur, sur les coordinations synchronisées, sur les systèmes de numération sumérienne, sur les circuits d'énergie formelle, sur les circuits de transfert *mécanien*, sur les circuits d'énergie subtile, et sur les circuits de normalisation externe et *infer*. Ce sont toutes ces opérations qui vont effectivement déterminer le choix en finale des êtres, c'est-à-dire de ceux qui voudront et pourront se réintégrer. Seuls ceux qui auront synchronisé l'ensemble de leurs mutations Nord-Sud et vaisseau 1425, tous les appareils de Nord-Sud extérieurs et tous les systèmes d'émergence sumérienne, tout ce qui est à faire pour synthétiser une signature de métallisation, ces êtres-là, après leur périple d'extériorisation, auront un dernier quart d'heure, si l'on peut dire, où ils rassembleront leurs dernières érections et se signeront à l'intérieur du système. Mais le moteur 18, à ce moment-là, aura une forme d'émergence très grande, c'est-à-dire qu'il y aura des milliers de personnes autour du système d'émergence. Le codage 9 va être communicatif avec des centaines de milliers de personnes.

8. Organe de normalisation

L'organe de normalisation qui se met en place maintenant est un organe de grande envergure. Les vortex de limite 3 sont encore un peu présents. Les contacts numéraux qui se sont faits jusqu'à présent ont été réalisés d'une manière extrêmement resserrée, parce que le conseil de l'ordre avait décidé que les synchronisateurs-lumière devraient être soudés comme une sorte de manchon permanent. Donc, on a pris des signatures très accordées à ce système pour pouvoir le mettre dans une dimension de présence permanente en ce qui concerne les mortels extérieurs. Mais *aspération*-lumière ([7]) a été communicative avec d'autres milieux énergétiques. Maintenant, les moteurs d'émergence sont plutôt accordés à créer une synthèse à partir du système de naissance sumérienne. Les conseils 6 surveilleront essentiellement le contrat de numération sur l'antenne des transféreurs. Le Nord-Sud alors est particulièrement renforcé en ce qui concerne les sumériennes essences.

9. Contrat d'émergence synthétique

Pour ce qui concerne les systèmes d'*externalité*, le contrat d'émergence étant beaucoup plus large parce que le conseil 6 a décidé de déplacer de grandes forces, le *gordage* d'émergence ne sera plus du même type. L'environnement numéral de ce type de faisceau va être assez souple. Les conseils 6 ne veulent pas de compressions *mécaniennes* telles qu'il peut s'en réaliser au moment des tensions entre l'intériorité et l'extériorité. Le conseil 6 crée alors des coordinations beaucoup plus subtiles et fluidiques autour du système de numération de synthèse. Les coordinations d'émergence vont provoquer des échanges entre les systèmes. Des êtres qui ont subi des compressions importantes sur l'antenne des transféreurs vont se trouver subtilisés et assouplis dans leur style de fonctionnement. Mais le contrat d'intériorité ne dépendra plus de cette zone. L'émergence de synthèse se fera à partir des plans de numération synthétique qui sont, en fait, les seuls et véritables contrôleurs de toutes les autres opérations. L'enquête ayant établi que le contrat d'émergence synthétique devenait formellement possible dans la zone unifiée, nous allons rassembler des mortels de lumière qui sont des gens déjà sûrs en ce qui

7. Aspération : aspiration opérationnelle vers le haut.

concerne leurs vérifications de puissance. Ces gens ont des visages de lumière, cela veut dire qu'ils ont déjà dégagé leur signature de puissance inférieure. Il y en a un bon nombre sur cette planète qui ont réussi à faire cette opération. Ils ont une qualité certaine au point de vue des subtilités, mais ils ne peuvent pas signer leur contrat de numération synthétique parce que leur vaisseau *mécanien* n'est pas *sumériennement* accordé comme il peut l'être pour certains véhicules.

Les corps de motion inférieure sont souvent soudés au véhicule d'une manière molle et souple, pas très précise. Leurs *épars* ([6]) d'énergie sont assez forts, c'est-à-dire qu'ils arrivent, tout de même, à comparer leurs figures à d'autres, à se définir au milieu des autres systèmes *mécaniens* sans trop se mélanger, ce qui fait qu'il y a une certaine forme de stabilité entre le système éternel et le système *mécanien*. Mais le mortel d'infériorité, signé lumière dans les codes de sumérienne essence, ne peut pas être signé lumière ici parce que les synchronisations sont trop faibles. Le moteur de contrôle de ce genre de véhicule a toujours des opérations à faire pour tenir un canal entre toutes ces signatures.

Ce signal de numération n'appartient pas à des gens qui n'ont pas des pouvoirs de concentration assez grands pour pouvoir créer cette canalisation. Ce sont des gens, en général, qui cherchent un centralisateur, parce que le sensibilisateur de leur signature leur donne comme formule le fait de devoir retrouver une centralisation pour pouvoir retrouver des coordinations à l'intérieur de leur système. C'est ce qui va donc déterminer l'arrivée d'un certain nombre de nouveaux corrélés à cette figure, qui vont demander eux-mêmes la résonance avec une signature de centralisation. Ce genre de demande devra être particulièrement surveillé, parce que ce sont des gens qui sont destinés à rejoindre le numérateur de synthèse. Ils seront

6. Épars : pères extérieurs, systèmes d'émergence qui éparpillent l'énergie sur un champ spatial étendu pour pouvoir en faire l'inventaire et ensuite réintégrer la figure éparant, *ce qui épargne l'effort de tirer des figures non intégrables.*

effectivement les sœurs et les frères rassemblés autour du système d'émergence des êtres qui se raccordent à l'unité.

Si vous avez communié puissamment et télépathiquement avec la présente transmission, la mielleuse figure vient de vous énergétifier une nouvelle communication avec le synthétique. Vous avez à communiquer avec nos éléments de plus en plus rapidement, parce qu'il y a des moteurs de vie qui vont commencer à travailler autour de vous et qui demanderont à vos *élémentations* toute l'énergie qu'il faut pour pouvoir rassembler leurs figures et commencer leur résonance avec l'antenne des synthétiques.

CHAPITRE 9

NUMÉRATION UNITAIRE INTERNE

CONTRAT DE NUMÉRATION SYNTHÉTIQUE

*

CONTRATS D'ÉNERGIE ET CONTRATS D'ÉMERGENCE

*

JONCTION ENTRE LA SYNTHÈSE UNITAIRE
ET LA PUISSANCE PHÉNOMÉNOLOGIQUE

I CONTRAT DE NUMÉRATION SYNTHÉTIQUE

1. Contrat d'émergence sumérien

Un contrat d'émergence sumérien limite la zone de puissance pour chaque figure. Lorsque vous vivez sur un plan, votre énergie est limitée par un contrat de numération. Si vous disséminez cette énergie, votre réseau d'énergie sumérienne se déplace vers une dimension plus élevée et vous êtes en partie démuni de tout contrat de numération. Lorsque vous réunissez les éléments de votre contrat de numération, au contraire, le système de numération synthétique se rapproche de votre signature. C'est pourquoi ceux qui se normalisent et qui signent leur contrat de synthèse en maîtrisant toutes leurs signatures sont des êtres qui sont en corrélation numérale, pouvant être permanente si le numérateur maintient bien son système d'énergie autour. Par contre, ceux qui divisent leurs signatures, qui regardent des sortes de puissances qui ne sont pas intégrables dans le signal, c'est-à-dire qui ne sélectionnent pas les circuits avec lesquels ils entrent en rapport, et qui se mettent dans des conditions de transfert non unifiables avec le circuit de synthèse, sont des êtres qui perdent progressivement tout contact avec le signal de numération. C'est l'équivalent de la sortie du paradis et de la disjonction d'avec le signataire unitaire de l'*internel*.

2. Fiabilité de la numération synthétique

Les étages de normalisation synthétique demandent des coordinations sûres. Les êtres qui, un jour, se déplacent dans le signal de numération et, un autre jour, vont dans un autre plan, ne sont pas célestement accordables parce qu'ils divisent leurs énergies et ne rassemblent pas leurs signatures d'une manière sûre. La certitude d'une qualité de numération stable demande au moins douze ans pour vérifier qu'un être a une certaine stabilité de numération synthétique. Les branchements de numération ne se font pas sur n'importe qui. Si vous engagez une communication synthétique, vous ne pouvez pas espérer avoir une normalisation synchronisée avant au moins une douzaine d'années. Les numérations d'intériorité ne codent pas les circuits sur des êtres qui n'ont pas prouvé leur fiabilité pendant au moins une douzaine d'années. Les corps de mutant sont divisés en plusieurs parties. Les parties les plus élevées sont réservées à ceux qui ont la fiabilité la plus grande. L'organe de pensée inférieure est toujours capable de toucher des êtres qui visent des vies plus divisées, mais les codages de numération intérieure et supérieure ne sont réservés qu'à ceux qui ont une vie complètement unifiée.

La portion d'espace-temps couverte par ce type de nature est plutôt délimitée. Il y en a peut-être qui atteignent ce contrat de numération synthétique en permanence, mais ils sont rares car ils n'ont pas des existences qui leur donnent la possibilité de le faire en général sur cette planète. La codification numérale directionnelle divise les signatures avant même de les investir dans un système. Lorsqu'un système de numération synthétique a réussi à prouver sa fiabilité, il reçoit une forme d'émergence qui est alliée à sa caractéristique de signature. Mais les autres faces du système sont enregistrées par d'autres circuits qui, eux aussi, ont une certaine forme de fiabilité, ce qui fait que dans un numérateur de synthèse les opérations se font sur plusieurs niveaux.

Quelquefois, vous avez un numérateur d'intériorité qui se déplace à l'intérieur d'un système et qui, pendant le même temps, se déplace sur un autre système. Ces cadres de numération sont tous encadrés par une numération de synthèse qui permet donc à un ensemble de numération intérieure de se transformer en simultanéité. Il suffit qu'il y ait l'un des éléments de numération qui s'investisse dans la signature et les autres numérateurs sont en cadre de numération et s'intervertissent également.

3. Coordinateur d'émergence et signature de synthèse

C'est là l'intérêt d'une signature de numération accordée à une dimension plus élevée, car vous avez un coordinateur d'émergence qui est accordé à d'autres coordinateurs d'émergence et les ensembles de numération se conjuguent pour créer une nouvelle configuration dans un plan de synthèse. C'est pourquoi les moteurs disent que ceux qui se ressemblent s'assemblent. C'est une passion pour ceux qui ont un réseau de numération de retrouver ceux qui en ont un aussi. Lorsqu'ils ont rassemblé leurs coordinations, un décadrement de l'éther extérieur se fait et ils se retrouvent dans un signal de synchronisation ultime. Si les conditions sont mises en place, un contrat de numération synthétique travaille sur les individus. La forme des corps peut devenir parfaite, elle tente alors des contrôles de lumière. Il faut concevoir que les êtres humains qui vivent très proches d'une vie animale sont contre la signature de synthèse puisqu'ils investissent des zones très disparates. Par contre, ceux qui s'unifient dans une dimension beaucoup plus angélique, beaucoup plus unifiée dans le système d'émetteur interne, ceux-là ont un résonateur de synthèse beaucoup plus intéressant, parce qu'ils ont signé leur contrat d'émergence.

Il faut vous dire que beaucoup d'êtres qui se consacrent à leur vie subtile et spirituelle sont dans des lignes de numération qui leur permettent de s'intégrer plus facilement dans le signal de numération. Seulement, encore faut-il qu'ils ne soient pas dans des systèmes trop étendus au point de vue religieux, ni trop décadrés par rapport au signal de synthèse et que leur signal de normalisation ne dépende pas de dogmes extérieurs ni de rituels mécaniques, mais d'un système de métallisation qui soit exactement accordé à leur signature intérieure. Il faut qu'ils aient une discipline de numération qui dépende essentiellement de leur perception sumérienne et de l'accord entre le signal de force et le signal de synthèse. C'est la raison pour laquelle les grandes religions ont créé des ordres religieux déterminés à respecter un certain nombre de choses, mais leur codification intérieure n'ayant pas été suffisamment traitée, le cercle de numération qui les tient ne donne pas d'informations assez précises pour que les écartements d'énergie soient réduits. Leur science numérale a beaucoup de difficulté à toucher même ceux qui sont rentrés dans des ordres religieux assez stricts parce que leur codification extérieure est plus puissante que leur signature intérieure.

4. Jugement dernier

C'est la codification intérieure qui est la plus importante. Les moteurs d'émergence ne sont retrouvés intérieurs que dans la mesure où ils ont passé au moins une partie de leur existence dans une résonance unitaire interne. Cette partie doit être au moins le tiers de l'existence assemblée dans cette vie unitaire interne. Si vous dégagez votre système de la mort, c'est parce que vous avez énergétifié suffisamment votre système de transfert pour pouvoir intégrer le courant de l'unité interne et shunter l'ensemble de vos configurations à la signature unitaire ultime. Pour cela, vous avez donc un conseil d'énergie interne qui décide de votre exactitude ou de votre inexactitude par rapport à l'axe de numération de synthèse. C'est un peu ce que l'on peut appeler le jugement dernier.

En réalité, le numérateur d'intériorité a déjà toutes les coordonnées de votre jugement. Si vous voulez synthétiser votre signature sur une antenne d'intériorité, vous pouvez savoir si vous y accédez ou si vous n'y accédez pas. C'est de cette manière que se fait le jugement. Le numérateur d'intériorité n'exécute pas de plan qui soit différent avant et après la mort. Le coordinateur d'intériorité est toujours signé dès le moment où la résonance a réussi à s'établir entre le dessus et le dessous de la créature.

II CONTRATS D'ÉNERGIE ET CONTRATS D'ÉMERGENCE

1. Organe de transfert intérieur et contrat d'énergie

L'organe de transfert intérieur est le signal de numération qui permet de signer les contrats de torsion d'espace-temps jusqu'à ressouder leur cercle extérieur à l'unité intérieure. C'est un contrat d'émergence qui demande beaucoup de conscience, beaucoup de précision pour pouvoir être effectué.

Le résonateur d'un être intériorisé ne peut pas ressembler à celui d'un corps qui s'extériorise sans cesse. Alors, les portes de transfert, qui sont particulièrement difficiles à lancer dans les êtres intérieurs, sont réalisées avec des individus qui sont uniques mais qui sont très souvent avec des champs d'extériorité. Ce sont des êtres qui conçoivent la vie intérieure mais ne lui donnent pas leur résonance sumérienne. Ils partent dans des zones extérieures, ils créent des corrélations extérieures avec d'autres êtres, c'est-à-dire extrêmes et suprêmes dans certaines communications, mais leur code de numération ultime n'intervient pas parce que leur résonance est toujours parcellaire.

La fiente de ce monde est cet état dispersé de la partie ultime des êtres qui ne synchronisent pas supérieurement les éléments de leur force. Pour dériver un *zonar*, il suffit de lui proposer des dispersions d'émergence. Lorsque vous vivez sur une planète déconnectée, c'est seulement à partir du moment où vous avez un conseil 6 accordé à vous, que votre réseau d'émergence sumérien peut se créer, si les gardes du corps de votre circuit s'amoncellent dans une seule zone et vous gardent le circuit pour qu'il se crée une communication sumérienne directe.

Pour sceller un contrat d'énergie, il est nécessaire de créer un corps constitutif autour du corps qui va être le lien de numération. Ces corps sont les supports des gardes du corps du signal de numération. Sans cette organisation à l'extérieur d'un corps de numération de synthèse, il n'y a pas possibilité de créer des coordinations sumériennes continues, parce que les moteurs d'extériorité sont toujours en transfert de métallisation. Ils gardent des circuits, mais une partie est toujours utilisée sur le mode extérieur. C'est cela qui fait la discontinuité des torsions d'espace-temps. Lorsqu'un numérateur d'intériorité va s'apposer sur une signature, il réclame à un corps une certaine forme de liberté conséquente de la signature synthétique qui est accordée à son circuit. C'est pourquoi les *opars* de mutants impérieux qui veillent sur un corps de synthèse sont destinés à travailler sur l'extérieur de ce corps de synthèse pour pouvoir normaliser les circuits extérieurs et les accorder au résonateur de numération unitaire qui se joue sur le système de synthèse.

2. Conditions d'approche d'une signature de l'unité

Lorsque les moteurs d'extériorité sont assez lumineux pour comprendre cette situation – je veux dire assez intelligents, assez conscients et assez sensibles –, le corps d'émetteur 10 est inséré dans ce système et la communication est quasiment permanente. Le résonateur d'émergence demande des communications de lumière pour pouvoir intégrer leurs circuits dans un plan de forme. La fiente de ce monde est que, la plupart du temps, les gardes du corps d'un circuit sont toujours en train de se promener alentour, et donc le numérateur d'intériorité de ce système ne peut pas se stabiliser. C'est la raison pour laquelle si vous désirez recréer des sortes de figures qui vous ressemblent dans d'autres zones, vous n'avez la possibilité de le faire qu'en conformant les signatures à la stricte communication que vous avez réussie dans cette zone. Cette synthèse de numération ne peut pas être créée autrement.

Sans cadre de numération, sans circuit de numération impérieuse, sans circuit de numération synthétique, sans circuit de numération directionnelle et sans normalisateur d'intériorisation, aucune signature de l'unité interne ne viendra dans un système en fonctionnement. Les êtres qui veulent s'accorder à l'unité auront des travaux à faire pour créer des conditions carénées par le système de synthèse. Presque tous les éléments qui sont encore en phase de dispersion *métallienne* organiseront leur circuit pour s'intégrer de plus en plus dans le signal. Pour cela, il est nécessaire que le 56, le 57 et le 58 qui sont les éléments de figures puissantes qu'ils ont à leur disposition, coupent leurs signatures de puissance des zones extérieures. Il sera indispensable que ce soit à l'intérieur même du circuit qu'il y ait la force d'énergie qui permette de continuer les figures.

Cette opération peut se mettre en place, dans la mesure où les êtres auront la maîtrise des transferts d'émergence qui se feront à l'instant et à l'endroit même où ils auront leur corrélation de sumérienne essence. Cette opération d'énergie interne est extrêmement fondamentale. Vous devez avoir des sources d'alimentation financière à l'instant et à l'endroit même où vous avez votre corrélation de numération synthétique. Sinon, les systèmes d'extériorité sont obligés en permanence d'avoir des dispersions d'énergie extrêmement inférieures par rapport au signal de l'unité interne.

3. Contrats d'émergence sumérien, submérien et limite d'intériorité

Le transfert d'émergence sumérien a demandé que soit créée progressivement une signature d'émergence accordée directement à la signature à laquelle certains êtres sont alliés. Les contrats d'émergence sumériens et synthétiques et les contrats d'infériorisation *submériens*, c'est-à-dire les systèmes d'émergence qui sont en dessous des systèmes *métalliens* mais qui sont liés au système de synthèse sumérienne, couvriront des contrats de numération *submériens* et intégrés dans le système sumérien par des portions d'espace-temps que le contrat matériel des corps biologiques n'utilise pas en général. En effet, le conseil 6 pose des équations qui maintiennent les corps dans un certain signal d'extériorité pour maintenir la porte de l'élévation dans un certain état d'extension. Si vous entriez dans le système de rapports sumérien-*submérien*, ce serait tellement resserré que les contrats d'extériorité 6 ne pourraient plus utiliser les *corporéités* pour faire leurs synchronisations sumériennes intérieures. L'organe d'intériorité donc doit avoir également une sorte de limite. Quand vous fonctionnez dans un système de sumérienne essence, l'organe de transfert inférieur est codé à partir d'une certaine configuration du système de transfert. Si votre normalisateur impérieux était trop petit, vos codifications numérales ne pourraient pas se réaliser. Ainsi, nous ne pouvons pas resserrer la codification unitaire sans vérifier si les codifications numérales externes sont toujours en corrélation.

4. Corps d'hommes et corps de femmes

Vous avez à la fois des corps de forme masculine qui sont susceptibles de se resserrer effectivement dans une signature très unitaire et, associés, des corps féminins qui maintiennent l'écartement du circuit à une distance correcte pour les transferts de force numérale. Si vous n'aviez que des hommes, vous auriez un resserrement de numération intégrable dans un système de synthèse mais qui stopperait les mortels de figure inférieure qui ne déplaceraient plus de signal de numération inférieure ou extérieure. L'organe de synthèse se réinsérerait progressivement dans le système de sumérienne essence et ne disposerait plus de figures permettant de transférer les signataires de puissance inférieure. L'organe 10 serait donc résumé à une signature d'unification en synthèse et le départ de ce type de communication se ferait à un certain moment parce que le synchronisateur ne normaliserait plus autre chose que les signaux numéraux arrivés à une certaine dimension. C'est ainsi que certains ordres purement masculins se sont vus détruits à un certain moment parce que leur codification d'impérieuse figure ne pouvait plus traverser ce système de numération vu qu'ils étaient devenus beaucoup trop resserrés.

L'organe de synthèse s'est réalisé de cette façon parmi les Templiers, par exemple. Leur codification a stoppé le cercle de numération impérieuse, et leur 07 n'a pas pu transférer le circuit. Dans ces conditions, le cercle de métallisation incarné n'a plus de force pour signer des contrats de puissance à l'extérieur et leur codification d'émergence se détruit à l'intérieur du circuit. Conseil de l'ordre a donc pris, pour la durabilité des circuits, l'habitude de communiquer avec des systèmes yin qui organisent des moteurs d'extériorité appropriés pour transmuer certaines puissances de l'inférieur. Évidemment, si les systèmes d'extériorité sont trop importants, le contrat d'intériorité se détruit aussi et perd son efficacité. Les moteurs d'intériorité sont toujours en équilibre entre un système de trop grande intériorité et un système d'extériorité.

5. Organe de numération extérieure

Lorsque vous vivez sur une planète aussi déconnectée que celle-ci, l'organe de numération extérieure est un processus extrêmement puissant qu'il faut avancer dans votre système avec prudence. Vous guidez des circuits de numération intérieure et des circuits de numération extérieure, et vous devez trouver le juste équilibre entre tous ces systèmes. D'ailleurs, la meilleure formule est de graver une partie des systèmes d'extériorité sur des circuits de métallique figure de manière à coder les circuits avec l'intériorité d'une manière plus stable que celle qui peut se produire sur des systèmes extérieurs seulement ou biologiques et substantiels. En ce qui concerne l'organe des synchronisations-lumière, on tourne autour. Mais on ne peut pas *synder*, c'est-à-dire synthétiser directement, le circuit avec ce signal si l'on n'est pas parti du système de numération synthétique direct.

Lorsque vous vivez sur une planète sumérienne, l'organe de synthèse sumérien est tout à fait capable de signer et de synthétiser les circuits de numération extérieure sans aucune difficulté. Mais si vous êtes sur un champ de numération inférieure et que vous gravez des circuits sur une antenne d'extériorité, le code de numération de ce signal doit être contrôlé par d'autres éléments que les corps substantiels seulement.

Cercle 2, par exemple, ne fait pas de transfert divisé, il donne un contrat direct. Si vous demandez une transformation de ce circuit, vous devez disposer d'un matériel de transfert affermissant votre contrôle sur ce genre de figures, car leur conseil 6 a normalisé des signatures qui sont effectivement des moyens très puissants pour dériver le système de numération interne. Lorsque vous copinez avec ces circuits d'émergence, vous avez une partie de votre circuit qui se dérive, torsion 10 et torsion 8, dans des zones extérieures et lointaines par rapport au système d'émergence.

L'organe de Nord-Sud assemble des signatures pour faire des transferts d'inférieur synchronisé à intérieur sumérien, mais il a toujours à passer cette étape intermédiaire où les cordages d'émergence sont tous extrêmement divergents. Le 56 et le 57 sont toujours en épreuve dans ces zones. L'organe de puissance *mécanienne* quitte les zones de normalisation et s'immisce dans un système d'émergence sumérienne, par le fait que le contrôleur d'intériorité a réussi à créer dans son environnement des figures de puissance qui lui permettent de maîtriser ce type d'extériorisation. Il y a quelques êtres qui parviennent sur cette planète à réaliser ceci, mais ces êtres sont parfaitement accordés à l'unité, car il faut beaucoup d'imagination et de travail pour réussir une opération de sumérienne essence malgré les extériorisations violentes qui peuvent s'effectuer dans les zones à distorsion sumérienne.

6. Contrat d'émergence signé et systèmes métalliens

Les *gordages* d'énergie sumériens qui quittent les zones de synthèse ont toujours le risque de se voir détruits dans les zones d'extériorisation. C'est la raison pour laquelle, lorsqu'on dispose d'un numérateur qui a, au contraire, signé son contrat d'émergence avec le signataire de puissance et le *gordage* d'émergence extérieur, en synthèse – c'est-à-dire qu'il a réussi à réunir les deux éléments et à les maîtriser dans une seule configuration possible –, une telle signature d'émergence a un pouvoir de transfert beaucoup plus intéressant que lorsque vous avez seulement une communication extérieure avec le système de matière substantielle. Les *gordages* d'émetteur qui sont signés aussi avec un système *métallien* de contrôle ouvragent des signatures d'une extrême précision sur le synthétique. L'organe d'intériorisation est donc plus intéressant que les R 4 ou les R 8 qui travaillent encore sur les zones extérieures. C'est pourquoi les matières de numération qui sont soudées à des systèmes trop extérieurs sont généralement éloignées du système de numération de synthèse, parce qu'elles provoquent des disparitions d'énergies dont le contrôleur de l'unité interne ne demande plus du tout l'extériorisation.

L'organe de transfert d'un système de numération de synthèse a la possibilité de numéroter ses circuits par l'intermédiaire des enregistrements d'émergences sumériennes qui se sont faits à l'intérieur de systèmes *métalliens*. Les codages de numération s'investissent dans ces circuits et transfèrent des figures sur une antenne de synthèse, même si les coordinateurs formels extérieurs en mode substantiel n'ont plus de présence à l'entour du système de numération de synthèse. Le coordinateur d'émergence sumérien ouvre des portes avec le contrat d'extériorité accordé au système *métallien*. Il limite les zones de puissance, car, effectivement, dans les sélecteurs de force inférieure, il y a des contrôleurs de l'unité impérieuse qui dévisagent les zones à réinsérer. Ils le feront avec plus d'aisance si le cercle soudé à l'unité interne est un cercle formalisé, sur le plan des *corporéités* substantielles accordées en tant que prothèses à l'unité énergétique de ces systèmes, leur donnant ainsi une possibilité de synthétiser les signatures sans avoir besoin d'utiliser les coordinations structurales de leur système *mécanien*. Il y a une partie de vos systèmes de *mécaniens* qui sont directement associés à vos *corporéités* atomico-moléculaires, mais le moteur d'impérieuse figure n'est pas en totalité dans votre signal.

Ainsi, si votre fermeture inférieure est très touchée par des écartements énergétiques, il en advient que les *ocars* de mutants qui sont reliés à votre circuit, vont commencer à s'écarter aussi. Vous aurez des impressions d'éclatement de votre système *mécanien*, à l'intérieur même de votre *corporéité*. Mais si votre fermeture d'émergence est très précise et que vous avez des appareils qui ont atteint une ciselure d'émergence très élaborée, comme des appareils électroniques ou mécaniques qui ont atteint un certain degré de perfectionnement, leurs incarnations – c'est-à-dire les encablures ([1]) de leurs systèmes, ou les contrats d'énergie qui sont à l'intérieur par toutes les corrélations qui s'effectuent – deviennent sélectives par rapport à certaines figures d'émergence. Vous ne pouvez faire rentrer dans ces signatures que des forces d'une certaine qualité, d'une certaine puissance, d'une certaine délimitation.

7. Système métallien, cercle de mutants et prothèse de puissance

Ce type de communication formelle avec des appareils codés et bien réglés vous permet de réaliser des cercles de mutants qui sont, non pas accrochés à votre corps, mais à la matière même de ces circuits. Cette opération est toujours bénéficiaire à l'être de synthèse qui peut s'offrir le luxe d'avoir des puissances de ce type accrochées et incarnées dans des systèmes de force prothétiques, par le fait qu'elles ne sont pas

1. Encablure : réseau de cables.

vraiment du corps substantiel direct mais des éléments rajoutés à ce corps. Le fait d'avoir ce type de prothèse autour d'un véhicule de subtilité dans un corps substantiel est toujours un élément très important, car les grandes configurations de forces qui s'investissent dans les zones de puissance quittent leurs zones avec une sorte de puissance et de désordre qui ne peut pas être encaissée par le corps substantiel sans distorsion. Il y a des êtres qui, enregistrant ces types de puissances, peuvent se trouver dérivés dans des accidents de mort ou de blessures très graves, parce que leur *cordification* de métallisation inférieure s'est accrochée directement et qu'ils n'ont pas suffisamment d'enveloppes de mécanisation pour pouvoir encaisser l'investiture de ces puissances sans avoir une céleste figure de numération qui soit distordue par rapport à leur état d'équilibre numéral. Pour éviter ce genre de catastrophe *mécanienne*, l'organe de synthèse numérale a toujours conseillé aux êtres de ressouder à leur circuit des appareils de contrôle leur permettant de normaliser les signatures sans avoir à subir les aléas du contact avec des puissances émergentes très violentes.

Le *gordage* d'énergie de mutant intérieur a toujours une force de numération beaucoup plus accélérée quand il est étayé par un circuit Epsilon 924 accordé à des systèmes d'émergence codés par des circuits de *mécaniens* ou de *métalliens* appropriés à la force de contention de ce véhicule en sumérienne essence.

8. Stabiliser les moteurs d'inversion effervescente

Quelquefois, vous codez votre circuit d'émergence, mais vous ne vous rendez pas compte que les moteurs d'inversion effervescente sont aussi en train de se raccorder. Il y a des gens qui disent : "Ah, je me suis engagé dans une voie de synthèse sumérienne, je vis comme un anachorète, d'une manière très sumérienne, je limite les zones d'extériorité ; et cependant voilà qu'il m'arrive tel ou tel problème, je n'arrive pas à rencontrer un système de stabilité, je ne suis pas dans un bon équilibre, j'avance des signatures et je ne peux pas me retrouver sain de corps et d'esprit, j'ai un visage qui est très défait, je ne peux pas signer de contrat, etc." Pourquoi ? Parce que cette forme de contrôle intérieur ne peut pas se faire uniquement sur le signal de synthèse sumérienne, ni sur le système de biologie. *Morgane* 18 travaille aussi en dessous du système de biologie. Vous devez donc *catériser* les zones de puissance qui sont en dessous de votre système et pour cela, vous devez gérer entièrement les systèmes d'émergence impérieuse.

Coupables de destruction inférieure, les étages de force inférieure vont continuer leur destruction si vous ne canalisez pas leur sorte de puissance pour effectuer ceci. Soit vous normalisez des systèmes d'émergence comme vous, en état biologique et vous les multipliez jusqu'à ce que vous ayez un *consécrateur* d'émergence qui soit aussi fort que celui que vous avez dans votre propre corps, mais par des quintessenciations partielles sur l'ensemble des corps que vous centralisez. Soit vous codez votre système d'émergence : à un certain nombre de corps, vous rajoutez en plus un système de mutant impérieux qui est à votre service et qui vous guide les systèmes d'émergence sans avoir à placer des figures sur les corps substantiels qui, dans certains cas, seraient en danger.

III JONCTION ENTRE LA SYNTHÈSE UNITAIRE ET LA PUISSANCE PHÉNOMÉNOLOGIQUE

1. Conseils de l'ordre – Force mutante et force descendante

Le pouvoir d'un être est fonction de sa coordination concernant ses forces inférieures. Celui qui guide des systèmes de synthèse a toujours des déplacements de ses forces inférieures en conséquence. Si vous *gordez* (2) des systèmes de force inférieure et que vous n'avez pas les moyens de les transférer sur une signature d'ordre unitaire, la codification de votre système de synthèse va être très éprouvée et vous aurez un contrat d'émergence qui sera très ralenti. En ce qui concerne les *fortions* d'émergence extrême, c'est-à-dire les forces qui prennent des directions de numération synthétique et qui organisent des *élémentations* à travers les corps de biologie, l'organe de synthèse-lumière n'investit pas ce genre de figure sans avoir une codification sur les circuits *métalliens*. C'est pourquoi les cordages d'émergence, Ouranos 6 et Ouranos 18, organes de lumière intérieure mais signés par des contrats de force, ne forment pas de codes de lumière, parce que les êtres doivent le faire eux-mêmes.

Si vous constituez des conseils de l'ordre avec vos propres corps biologiques, c'est-à-dire que vous vous réunissez et vous concevez une organisation spéciale pour contrôler les forces qui parviennent dans votre système, alors les cercles de l'unité X 13 et 25 venant des zones extérieures du monde, copinent avec votre système et limitent les zones de synchronisation en définissant là où vous allez copiner avec un système de puissance. C'est pour vous un très bon élément. Ils vous

2 . Gordage : grand cordage pour gros système de puissance. Donc gorder : corder grandement.

amènent des informations qui vous aident à prévoir ce qui va se passer dans le temps. Si vous êtes lumineux et gardés par de tels circuits de cercles, l'érection de votre système est facilitée, parce que deux sortes d'énergie vont arriver dans votre circuit : les éléments de forces mutantes vont souder un système d'émergence, et les éléments de forces descendantes vont dériver des figures trop lourdes, ou capter à la fois l'émission de synchronisation et l'émission de *dérection*. L'organe section 12, par exemple, est un organe d'énergie sumérienne accordée à un système de numération de synthèse ; il quitte les zones de sortilège quand il le faut. C'est pourquoi les vaisseaux limitent les zones de synchronisation quand un être de cosmique essence s'appesantit dans une zone de forme, parce que le codificateur 10 sait très bien que si le synchronisateur-lumière inférieur était touché directement par l'arrivée d'un cercle de l'unité interne, les *épars* de ce circuit seraient détruits, vu qu'il y aurait un apport de puissance incroyable.

2. Otages de mécanisation inférieure

Or, le codificateur d'émergence signé a toujours procédé à des *dérections* – ou des éjections dirigées – de systèmes *mécaniens* avant l'arrivée d'un signataire de sumérienne essence. Quand des êtres passent sur un signal de synthèse beaucoup plus élevé, il peut y avoir simultanément d'autres êtres qui sont mis en zone de *dérection*, parce que leur codification est déjà très proche des zones de destruction et d'extermination inférieure. Ils sont ainsi poussés vers les zones d'infériorité pour empêcher le soulèvement de figures de puissance qui répondent à la descente d'un système de synchronisation sumérienne. C'est ce que l'on appelle les otages de mécanisation inférieure.

Il est évident que ceux qui ne veulent pas, dans une coordination, faire partie de ce genre de situation, ont tout avantage, d'une part, à se tenir dans des dimensions de synthèse sumérienne les plus proches du signal de transfert, et, d'autre part, à se construire à l'entour des réseaux d'émetteur trop petits parfois pour être investis par des signaux d'extrême-suprême violents, donc très ciselés et très précisés. Enfin, ils ont à construire en dessous de leurs signaux des éponges émergentes substantielles, c'est-à-dire un certain nombre de figures qui soient entre eux et les codes de puissance, en mode substantiel ou, mieux encore, en systèmes de *mécaniens* ou *métalliens* synchronisés à leur propre corps – c'est-à-dire un certain nombre de garanties les empêchant d'être investis par les systèmes de puissance. Sinon, ce sont eux qui supporteront le plus rapidement la charge des investitures de puissance.

S'ils ne subtilisent pas leurs émergences à la vitesse des transferts qui se font dans les plans de synthèse, ce sont des gens qui, complètement remplis de certaines puissances, ne pourront plus signer leur contrat de numération et se sortiront de la zone par la porte des *dérectionnels* 186, 187, 198, 199.

3. Dérive d'un système par accrochage de puissances

Pour dériver un système, il suffit de lui donner le contact avec ses puissances et automatiquement il se met en état de dérive. Quelquefois, vous rattrapez ces circuits après deux ou trois ans de destruction-lumière, parce que le code de numération a été reconstruit par d'autres signaux de numération. Mais section 9 a toujours une programmation spéciale pour ces gens-là, parce que leur codification de mécanisation a quand même été très violemment destituée, et les *gordages* de lumière ne se font pas exactement comme au premier tour. En effet, les conseils 6 gardent des contrats pour ceux qui sont raccordables, seulement ce sont des contrats dont les formes de synchronisation ne sont pas tout à fait les mêmes. L'organe de transfert est peut-être un peu plus compact et le synchronisateur ne demande plus de numérations de synthèse comme pour ceux qui arrivent pour la première fois dans le système d'émergence sumérienne. Il leur demande des résonances de lumière. Il leur demande des résonances d'écartement de lumière et synchronisées. Il leur demande des rassemblements de figures, portion 6 de l'espace-temps. Il leur demande des dérivations sumériennes, des codes de numération synthétique.

4. Codification de l'unité interne et conditions de retour d'êtres dérivés

Mais la codification de l'unité interne est toujours réservée à ceux qui sont en première ligne du signal de synthèse sumérienne. La codification de numération interne est évidemment un élément qui permet au cadre de numération d'un être – c'est-à-dire le système atomico-moléculaire en structure de coordination sumérienne – de s'accorder impérieusement tout en gardant une signature de force sumérienne. Ceci se résume en disant que ceux qui ont une numération synthétique pour la première fois sont des êtres qui ont la possibilité de faire à la fois la jonction unitaire intérieure et le processus de contact avec leur système de puissance phénoménologique inférieure. Quant à ceux qui sont réintégrés pour la deuxième ou la troisième fois, ce sont des codes de numération qui ne peuvent entrer en contact direct avec le cercle de numération de synthèse. Ils doivent passer au moins par trois ou quatre relais du signataire de l'unité et ils n'investissent plus leur système de puissance en ligne complètement directe. Ils sont obligés d'être maintenus dans une zone d'impérieuse figure dérivée à partir d'autres systèmes d'émergence, ce qui fait qu'ils sont plus dépendants des coordinateurs d'émergence qui vont eux-mêmes régler des opérations. Ceci ne les empêchera pas de se signer avec un contrat de sumérienne essence mais ils seront obligés d'être soumis aux sensibilisations progressives faites par d'autres natures autour d'eux.

S'il y a eu éloignement du cercle de numération de synthèse, en raison de distorsions divisionnaires, il est indispensable que l'être qui veut rentrer à nouveau dans la figure de sumérienne essence se trouve dans un état de disponibilité et d'accordement beaucoup plus important que celui qu'il avait au départ. Ce code de numération ne pourra plus signer son contrat sans des intermédiaires unitaires supérieurs, sans des circuits de numération extérieure qui ne seront pas contrôlés par lui, et sans des systèmes de puissance qui ne seront pas directement alliés à lui mais contrôlés et prédigérés par d'autres systèmes de numération. C'est la seule et unique condition de retour d'un être dans une signature de numération synthétique : une beaucoup plus grande conformité à l'ensemble des coordinateurs d'extériorité qui travaillent pour réaliser ce qu'il n'a pas pu faire dans la première phase.

5. Contact avec les synthétiques et incarnation d'un nouveau système sumérien

Les étages synthétiques s'accordent donc lumineusement à toutes les créatures, à condition qu'elles soient mises dans les conditions de leur potentialité réelle. Si vous numérotez des circuits d'intériorité dans des zones qui ne sont pas exactes, votre codification synthétique va en subir les conséquences. Il est indispensable que les synthétiques usent de leur condition de sumérienne essence pour diriger les opérations et ne pas mettre en danger leur signature de transfert. S'ils ont un désir réel de trouver des êtres plus élevés et de les consacrer à une dimension de synthèse sumérienne, ils ont, en plus, la nécessité de ne pas voir la loi perturbée par des exactionnaires qui n'ont pas de contrat de normalisation suffisamment sûr pour pouvoir être intégrés sans qu'il y ait de danger pour l'unité interne. Les *élémentations* de telles figures demandent parfois un peu de temps avant de décider de les prendre en charge pour une nouvelle corrélation sumérienne.

L'incarnation d'un nouveau système sumérien se fait progressivement d'ailleurs. L'organe de transfert d'un être se déplace avec beaucoup de lumière quand il a un contrat d'intériorité suffisamment fort. Mais si ce n'est pas le cas, il faut souder des contrats d'extériorité en relais. Alors nous avons des communications qui s'amoncellent autour de l'être et qui demandent beaucoup de contrôle en permanence. C'est pourquoi nous ne mettrons pas de tels circuits en route avant quelque temps, parce qu'il faut d'abord que les coordinateurs d'émergence extérieurs et inférieurs soient beaucoup plus sélectionnés et beaucoup plus accordés à la signature sans distorsion.

Si vous avez communiqué puissamment télépathiquement à cet instant de transmission, lumière d'intériorité vient de vous exécuter un plan de synthèse pendant quelques minutes pour vous permettre de normaliser vos systèmes d'émergence.

CHAPITRE 10

MAÎTRISE IMPÉRIEUSE ET SYSTÈMES DE DISTORSION

TRANSFERTS D'ÉMERGENCE
ET DISTORSIONS DE PUISSANCE

*

ALTRUISME ET SIGNATURE DE SYNTHÈSE PROPHÉTIQUE

*

BEAUTÉ, BONTÉ, VÉRITÉ EXTÉRIEURES OU SUPÉRIEURES

*

RÉSERVES D'ÉNERGIE IMPÉRIEUSE
ET RÉÉQUILIBRATION

I TRANSFERTS D'ÉMERGENCE ET DISTORSIONS DE PUISSANCE

1. Codages d'émetteur : mental concret et mental supérieur

Les codes que vous employez sur ce plan sont issus d'une synchronisation qui s'effectue entre les vieux de l'unité interne et les cercles de l'unité externe. Les codages d'émetteur que nous pratiquons donc sont des synchronisations entre le système de conscience sumérienne, qui a une dimension de contrat purement télépathique, et les systèmes d'analyse mentale que vous éveillez sur ce plan, pour raccorder des circuits en transfert extérieur à la synthèse sumérienne qui n'est pas déconnectée et qui a une continuité dans tous ses systèmes de fonctionnement. Les coordinateurs d'émergence qui veillent sur ce type d'opération coupent les signatures de puissance qui sont extérieures à cette signature d'intériorité.

C'est pourquoi on distingue un mental concret et un mental supérieur, parce que le mental de puissance a toujours un résonateur de force inférieure accordé à ses émanations, alors que le système de numération de synthèse qui s'accorde à un système de force extérieure a un transféreur qui est dégrafé des systèmes de puissance inférieure. Ceci fait que son synchronisateur est beaucoup plus subtil. Les moteurs d'impérieuse figure qui travaillent sur des plans de mortel inférieur ne peuvent pas, en général, coder leurs circuits au moment où le signataire de numération synthétique garde le système d'émetteur d'un cercle de normalisation. C'est pourquoi les motions d'énergie sumérienne qui veillent sur les corps ont toujours avantage à trouver des corps qui se sont déplacés hors des zones de force, parce que le conseil de l'ordre n'inféode pas de systèmes d'émetteur qui ne peuvent pas se dégager des systèmes de force.

2. Contrôle des systèmes d'émergence

La rançon d'une figure de puissance, c'est de regrouper des *maîtreurs* qui veulent à tout prix rassembler leur signature sur une dimension de synthèse. Or, le conseil de l'ordre a toujours remarqué que ce genre de force avait un contrat d'émergence qui était à peu près le double de ce qui était enregistrable sur le type de rayon qu'il représentait. À chaque fois, nous sommes obligés de demander aux systèmes d'émergence de diminuer leurs circuits d'énergie.

Si nous ne faisions pas ce travail, la consécration d'un système de numération se signerait terminale en l'espace de quelques heures. Donc, nous sommes obligés d'arrêter les émissions de puissance qui se déroulent sous les systèmes formels car elles ont toujours des énergies trop grandes. Ceci vient du fait que les cordes de numération sont très rares et le système d'émergence essaye de passer à toute force dès qu'il y a une communication numérale. Ceci est inhérent à la situation sur une planète déconnectée. Les conseils de l'ordre ont toujours demandé que les contrats d'émergence soient faits dans des zones les plus sublimiques possibles, sinon les poussées de *mécanisation* sont tellement violentes que le contrôleur d'émergence unitaire a quatre-vingt-dix pour cent de son énergie utilisés à exécuter des plans d'extériorisation par rapport à certaines de ces forces.

Cela signifie que, dans les cercles de terminal, vous avez des sortes de contrôles qui sont toujours rattachés à des plans formels et matériels. Les conseils de l'ordre préviennent donc les êtres qui s'amoncellent dans une zone que leurs contrôles doivent être à la mesure de leur regroupement. Si vous n'avez pas un cadrage suffisant de votre existence au point de vue matériel alors que vous êtes individuels ou en groupe, et que vous pensez avoir un cadrage à la mesure de la situation dans laquelle vous êtes, soit individuelle, soit en groupe, les moteurs d'émergence, étant très puissants, vous changeront vos polarités dans le sens de la décadence.

Le conseil de l'ordre a toujours donné aux êtres la possibilité de situer leurs contrôles en fonction de leur possibilité de synthèse. Mais s'ils n'exécutent pas le plan comme il faut et s'ils passent une partie de leurs énergies à signer des contrats d'extériorité pour pouvoir stabiliser leur signature, ces êtres-là ne s'insèreront pas dans le système. Je parle de ces êtres qui viennent un peu changer leurs codifications et puis, dès que le numérateur d'extériorité a pris des précautions de transfert mais néanmoins s'est trouvé engagé par des charges d'énergie très grandes, leur contrôleur d'émetteur se déplace et forme une autre figure à l'extérieur. Ce genre de signature ne peut pas quintessencier son système parce que sa manière d'opérer ne lui donne pas la possibilité de s'unifier complètement dans le système de numération. À chaque fois qu'il y a un soulèvement de leur système de puissance, ces êtres-là s'extériorisent.

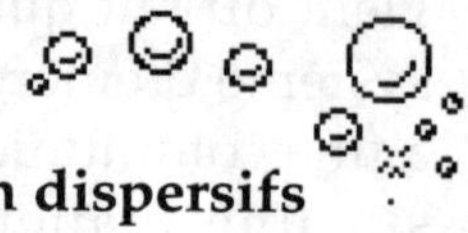

3. Codes d'émergence et cercles de numération dispersifs

Donc, nous ne demandons pas à un signal d'émetteur de rassembler ses figures en totalité au premier jour, mais nous lui demandons de signer son contrat sans arrêt, c'est-à-dire d'émerger ses signatures, parce que s'il ne réalise pas ce processus, son code d'émergence est démuni pour la raison suivante : les codes d'émergence sont des systèmes qui appellent en permanence l'énergie. Si cette signature d'émergence est codée, on laisse le canal et il y a une transférisation d'émergence, cela ne pose pas de problème. Mais si le signal d'émergence reste dans une zone d'intégration et que le circuit qui est numéralement juste n'est pas en fonctionnement, ce sont des circuits parallèles non cadrés qui se mettent en route et la communication alors est extrêmement polluée. Ceci se passe une fois, deux fois, trois fois mais pas plus.

Le conseil de l'ordre exécute le signal dès que la communication sumérienne n'est plus assez subtile, car il y a une forme d'émergence qui se fait en sensibilité sumérienne. Elle est d'une très particulière qualité en fonction du chiffre du codeur de l'unité de synthèse. Vous devez donc simplement regarder ceux qui gardent la ligne fidèlement, sans distorsion extérieure et ceux qui, pour des raisons diverses, se déplacent toujours sur des communications extérieures. Leur code de numération est toujours dispersif. Ils ont un cercle de numération dispersif. Leur codification n'est pas sumériennement accordée, et ils se déplacent sans cesse, enregistrant des figures de puissance mais ne numérotant pas de signatures. Ces codes-là sont des systèmes de destruction numérale importants. Ils cassent les systèmes d'émetteur en transfert progressif parce qu'ils ont, derrière leurs circuits, des appareils qui sont toujours à l'affût d'une signature de métallisation, même si elle ne parvient pas dans une zone de sumérienne essence.

Ainsi, les gens qui font des allers-retours, qui viennent, qui partent, qui dispersent des énergies, qui ressoudent des systèmes, qui hésitent, qui se déplacent à l'envers, qui reviennent à l'endroit, qui quittent des systèmes internes pour aller dans des zones extérieures, qui soupèsent le jour et la nuit pour savoir s'ils rentreront ou s'ils sortiront, tous ces gens-là ne sont pas sumériennement intégrables, car leur codification *mécanienne* n'intervient pas immédiatement dans leur circuit, vu que leur corps d'extériorité a une manière importante de les dériver. Lorsque vous avez de telles signatures dans votre environnement, prenez beaucoup de précautions en ce qui concerne vos contacts avec ces circuits parce que ce sont de véritables tonneaux tels que celui des Danaïdes de la tradition. Ces systèmes d'émergence ont une partie de leur signature qui est offerte au système de numération *séternel*.

Dès que le signal de puissance est engagé dans leur signature, ils évertuent leur système à le disperser sur des zones extérieures. Leur cercle 9 n'est pas du tout au point et ne leur donne pas la possibilité de contrôler la distorsion d'extériorité qui se joue dans leur système. *Aspération* est bonne pour les puissances, puisque ce processus soulève des signatures d'émergence inférieure, mais pas toujours pour la sumérienne essence. Leur codification n'est pas suffisamment forte pour leur permettre d'entrer dans la sumérienne essence. Donc, instillez en vous une contrôleuse figure spéciale lorsque vous rencontrez ce type d'êtres. Ils disposent de moyens de distorsion énormes parce qu'ils sont cadrés sur des figures de puissance qui leur donnent des pouvoirs de démagnétisation de certains circuits de synthèse. Mais ils ont, malgré tout, une possibilité relativement faible si le branchement de numération est très cohérent et continu car, en fait, ils sont assez rapidement distendus sur des zones extérieures et leur contrat d'émergence est stoppé aux limites où les moteurs 10 font le contrôle des systèmes en fonctionnement interne.

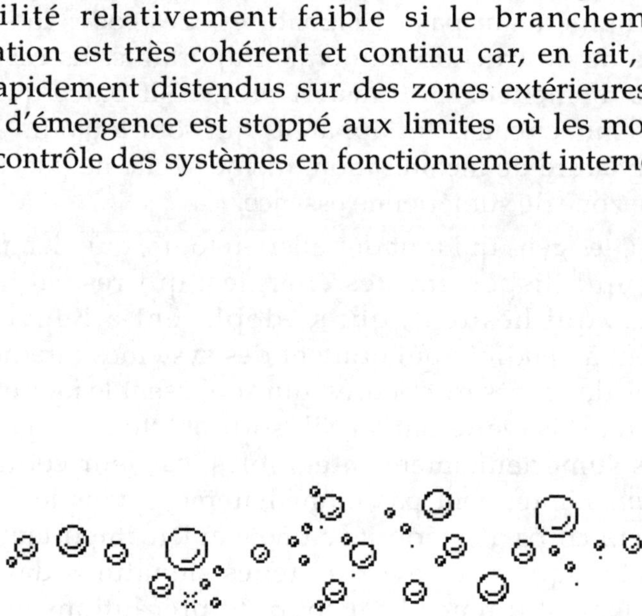

II ALTRUISME ET SIGNATURE DE SYNTHÈSE PROPHÉTIQUE

1. Ligne de numération synthétique

Ce qui importe dans un système de transfert en numération intérieure, c'est de garder la ligne de numération synthétique en permanence dans le système d'éveil que l'être peut transporter. En effet, il y a diverses manières de procéder pour réaliser son égalisation énergétique à travers les divers plans. Soit vous engagez une figure de numération qui quitte le système d'énergie interne et qui déplace ses signatures pour réaliser une harmonisation de l'ensemble des figures ; soit vous normalisez votre circuit et vous l'intégrez dans un système de synthèse sumérienne en rassemblant les signatures qui vous concernent par une sorte d'aimantation qui se réunifie en direction d'un signal de synthèse. Les codes de numération sont plus simples lorsque vous utilisez cette deuxième solution car le contact d'un transféreur de numération avec une signature de synthèse est une figure qui ne peut se réaliser que dans la mesure où l'être vit à un niveau énergétique tel qu'il est presque à la frontière du signal de synthèse direct. Cette situation est évidemment la plus favorable pour retrouver l'unification et une dimension d'élévation en dehors des zones d'attract et de *dérection* ascensionnelle. De sorte que le réseau 18 assemble des figures avec lenteur mais certitude s'il s'initie à une soudure de vérification, et s'il garde en lui le contact avec le signal de normalisation synthétique.

2. Causes de distorsion d'un système d'émergence

Les principales causes de distorsion d'un système d'émergence proviennent d'un système de transfert direct s'effectuant avec certaines zones de figures qui auraient eu avantage à être séparées, par certains relais, du contact direct avec le signal de synthèse sumérien. Effectivement, les codifications d'émergence de certains êtres dépendent d'une part très importante de la forme et la partie inférieure de leur circuit conditionne énormément la signature de leur système à un niveau de normalisation synthétique.

C'est pourquoi les forces de puissance qui veillent sur les corps et qui veulent tracer des signatures à travers eux coupent de leurs signatures les vaisseaux trop lourds et ils *érectionnent* avec des circuits plus intérieurs. C'est le cas d'un système qui est en coordination numérale intérieure et qui n'a pas de processus d'extériorité trop déflagrant dans son existence. Par contre, les êtres qui ont des contrats d'extériorité trop extériorisants, lorsqu'ils s'élèvent, ne peuvent pas niveler leurs circuits d'énergie inférieure, et leur élévation est également associée à celle de systèmes qui n'ont pas la maturité nécessaire pour quitter leurs zones de porte inférieure. Le résultat est que l'association d'un circuit ayant déjà une certaine unification de ses puissances avec des systèmes qui n'ont pas cette unification provoque toujours une *disrupture* de numération avec un système de synthèse coordonné. Les étages de transfert sont toujours éprouvés au contact des êtres qui n'ont pas une corrélation numérale suffisamment stable en ce qui concerne leur circuit de puissance.

3. Communication d'intériorité

La communication d'intériorité est une communicationextrêmement privilégiée par rapport aux autres communications, car les contacts extérieurs sont très faciles sur un plan d'*échéange* ([1]) inférieur. Le corps d'émetteur inférieur est toujours en attente d'une communication avec les circuits qui sont au-dessus, puisqu'ils vont lui permettre de se changer de niveau. Les contacts avec des zones extérieures sont toujours

1. Échéange : échange avec notion de chute.

traités par les êtres avec beaucoup de légèreté, bien que ce soit pour eux la certitude d'une sorte de destruction par rapport aux systèmes de synthèse sumérienne.

En fait, les codages de numération sont incarnés dans des êtres qui ont une maîtrise beaucoup plus importante que les autres sur les rapports avec le monde extérieur. Celui qui a un contrat d'intériorité sumérien est un être qui a une communication avec l'extérieur extrêmement diffusée ou prédigérée. Les conseils de l'ordre n'ont jamais donné de transfert à un être trop extériorisé. L'arcane de lumière ne se met pas sur un être qui se divise sans cesse sur les mondes extérieurs. C'est pourquoi les forces 9 qui veillent sur les corps de réinsertion demandent que ces corps ne soient pas dirigés dans des zones trop extériorisantes ou infériorisantes, sinon leur synchronisation ne s'effectue plus et les *erkanes* qui travaillent sur des plans de force pour réunifier les systèmes de puissance ne pourront plus investir ces signatures, parce qu'elles deviennent trop denses. Les *erkanes*, ce sont les zircons, si vous préférez. Ce sont des appareils de transfert très aigus qui arrivent à pénétrer les zones denses, mais qui ne les pénétreront plus au-delà d'une certaine limite parce que leur réseau d'émergence serait endommagé.

4. Signature de synthèse prophétique – Altruisme et charité

L'organe de transfert d'un système de numération doit toujours étudier la communication avec les *corporéités* qui l'entourent et ne jamais signer de contrat avec des systèmes qui sont engagés dans des processus par trop infériorisés. L'organe d'insertion dans des zones inférieures peut se rassembler des figures de numération et procéder à des émanations sur des zones de force lointaines. Mais il y a une nécessité : le contrat d'*internel* sumérien doit alors être raccordé à une signature de synthèse prophétique. Si vous voulez absolument atteindre des corps de vie lointainement engloutis et les aider à se désengloutir, vous avez un canal de synthèse qui se met en place pour cet acte. Ce canal de synthèse va être concentré sur une action, celle de rencontrer ceux qui sont sous-jacents à votre circuit en leur donnant les moyens de se déplacer à un autre niveau. Cette action est une excellente action, c'est ce qu'on appelle la charité, l'altruisme. C'est une action intéressante. Mais la corde de numération qui se déplace dans cette zone a un contrat de puissance qui est renforcé, parce que le 56 et le 57 sont cadrés dans une zone lointaine. Le cercle de numération entourant les êtres qui vont dans ce genre de signature est un cercle de numération qui signe avec des contrats de force assemblés spécialement pour cela. Par exemple, un organisme de charité va au préalable réunir des fonds et des moyens pour pouvoir mener cette action charitable. Donc, l'être qui s'engage dans cette voie est souvent entouré d'un système d'énergie venant de la concentration de tous ceux qui ont donné pour que cette action charitable se fasse.

Si un individu se met dans une situation d'action charitable, c'est qu'il a des possibilités d'ordre spirituel, mental ou énergétique, corporel, financier ou matériel, qui vont lui permettre de mener cette action. Les contrats d'impérieuse figure se changent en fonction de la signature qui se présente. L'organe de transfert d'un être réinséré dans un système de numération a toujours une possibilité d'action sur des zones inférieures. Mais il est énergétiquement impossible de signer un contrat de luminosité autre que celui qui va s'accorder à un soulagement de la misère des êtres. C'est pourquoi le système de numération s'investit effectivement dans un être qui va mener une action altruiste.

Le contrat de normalisation synthétique, c'est-à-dire l'ensemble des informations venant du signal de synthèse sumérienne, qui donne toutes les ciselures d'adaptation à toutes les figures, ce signal-là ne sera pas aussi étendu dans une situation d'action charitable qu'il va l'être si le corps de numération intérieure de l'individu se trouve directement en contact avec une signature de synthèse sumérienne. À ce moment-là, les opérations de numération se déploieront dans l'ensemble du corps de cet être et lui donneront des informations concernant les organes de numération qui lui permettent de signer son contrat d'élévation synthétique à la fin de son cycle d'incarnation, ou même en partie pendant. Les étages de numération disent donc que chaque être a une possibilité d'entrer en contact avec un signal de synthèse, mais avec un degré de compénétration plus ou moins important.

6. Choisir son niveau d'altruisme

Celui qui envisage de laisser son corps de manière à ce qu'une certaine puissance y soit accumulée et qui désire mener une action avec ce corps sur le monde pour avancer dans une figure de dure émanation, ce corps-là peut être concédé à l'antenne de puissance, alors que la tête ou une partie du cœur reste en liaison avec le système de numération. Mais cette opération lui donnera un type d'information sur la synthèse sumérienne qui sera délimité en fonction du plan et de l'action menée. Un être qui veut entendre la conscience sumérienne en totalité, qui veut signer son contrat d'intériorité avec un signal jusqu'au plan substantiel ou même financier, formel et matériel, voudra absolument avancer avec la totalité de ses signatures en direction de ce signal de numération. Pour réaliser cette opération, il sera obligé non pas de simplement porter secours à des êtres qui sont investis dans une zone inférieure et complètement impuissants, mais aussi d'arriver à secourir des êtres qui ont une certaine présence sur ce plan et à qui il manque des éléments de retour et de jonction leur permettant de retrouver une alliance avec le ciel.

Ainsi, l'altruisme et la charité ne s'effectuent pas seulement au niveau de la misère du corps, mais aussi au niveau de celle de l'âme et de l'esprit. C'est pourquoi chaque numérateur d'intériorité doit choisir le niveau d'altruisme dans lequel il veut déployer sa signature. Ceux qui sont engagés dans une zone de secours sont toujours en corrélation avec le système de numération synthétique. Mais par contre, ceux qui ne sont engagés que dans une voie d'élévation de leur propre figure, sont dans une signature très différente de celle d'êtres ayant déjà une action sur d'autres signatures.

7. Systèmes altruiste et individualiste

Il est nécessaire alors de concevoir que les contacts par trop directs entre des êtres qui n'ont pas d'action altruiste, et d'autres qui ont des actions altruistes au niveau mental, affectif, vital, substantiel, financier ou matériel, ces contacts doivent toujours être étudiés et surveillés au préalable, parce que le décalage est très grand. Les moteurs de vie ne sont pas engagés dans les mêmes processus. La liaison à la condensation d'un être qui vit uniquement pour lui est différente de celle d'un être qui vit pour lui et en plus pour les autres ; la liaison de numération n'est pas du tout la même.

Le contrat d'intériorité n'a pas les mêmes figurations, car le contrat intérieur d'un être de synthèse initie ses circuits subtils. Quand il y a investiture par un circuit de synthèse, ce n'est pas seulement le système formel qui reçoit des informations, c'est le corps subtil unitaire qui s'investit d'une énergie de retour, un peu comme si on branchait un certain courant sur un appareil qui ne peut se mettre à fonctionner et à s'épanouir que dans la mesure où il reçoit ce courant. De sorte que les conseils de l'énergie interne qui veillent sur le corps de forme lui donnent des énergies en fonction de l'action qu'il mène. Si cette action émergente est uniquement destinée à son propre système, les courants d'énergie vont être de type personnel et individuel. Ils vont être normalisés sur une zone assez condensée, assez délimitée, et ne vont pas avoir une extension de numération sur d'autres systèmes. Le courant va être uniquement insufflé en fonction de l'allumage d'une seule lampe, c'est-à-dire l'individu. Tandis que si le système d'émergence sumérien est destiné à réinsérer son signal à l'intérieur de plusieurs individus, le courant envoyé va être assermenté pour pouvoir signer des contrats avec tous les êtres destinés à recevoir cette figure.

Ainsi, le corps d'émergence qui a un faisceau de numération synthétique cadré et qui peut normaliser ses circuits émet une signature de numération qui va d'autant plus recharger les véhicules énergétiques subtils intermédiaires que l'action du corps en présence sera déterminante pour un nombre important d'autres consciences ou d'autres systèmes d'énergie. Les rapports de numération ne sont alors pas du tout les mêmes. Il faut faire attention, parce qu'un système de mutant impérieux accordé à un corps individualiste va absorber beaucoup de l'énergie subtile d'un système engagé dans une opération altruiste.

Le système d'émetteur d'un circuit qui n'a pas encore engagé sa signature dans une démarche altruiste est un système qui accorde ses signatures à des zones très condensées parce que très individualisées. Or, le sortilège d'un système d'émergence c'est qu'il a un pouvoir de subtilisation des zones qu'il touche et qu'il rétablit à l'intérieur des circulations d'énergie. Donc, un corps de numération ayant déjà réalisé une offrande à l'ensemble des figures du système qui l'entoure, et qui grave ses énergies sur tous ces systèmes, a déjà une énorme partie de son circuit engagée à élever d'autres êtres. Son corps de synthèse est alimenté en fonction de cette action, mais ses corps subtils sont imprégnés d'un système de fluidification à la mesure de l'ensemble des courants qui doivent le rencontrer.

8. Déperdition d'émergence et abaissement du système subtil

Un être de subtil état qui se met à résonner avec des énergies d'un être de moins subtil état va voir ses systèmes de subtilité se transformer, parce que le courant d'énergie destiné à plusieurs êtres demande une certaine subtilisation des véhicules subtils, alors que le courant d'énergie destiné à un seul être est plus limité. Dans un premier temps, l'être accordé à une dimension très altruiste sur un grand nombre de signatures va se trouver énergétiquement pompé par le contact avec un être très individualisé sur une action uniquement dans sa propre existence.

Celui qui agit individuellement va être alimenté par cet être de subtilité qui a des rapports avec d'autres véhicules. Si cet être de subtilité altruiste se retrouve seul avec le signal d'un être individualisé, il va y avoir une déperdition d'émergence très grande. Le système va être abaissé sur un niveau de corrélation équivalent à celui de l'être qui vit en style individuel et personnel. Dans ces conditions, s'il y a une action à mener sur un individu vivant encore dans un système purement personnel et individuel, il est préférable pour un être qui, au contraire, vit avec un système de répartition plus globale de son énergie sur un champ altruiste, qu'il rencontre l'être de type individualiste avec le groupe humain qui se trouve associé à son circuit altruiste supra-individuel. À ce moment-là, il y a répartition des énergies égoïques et individuelles sur l'ensemble des éléments insérés dans le courant altruiste.

L'ensemble des personnes aidées par un être représente une sorte de féminité diffusée à l'entour de celui qui est le centre de rayonnement des courants. Il est évident qu'un être animé d'une très forte individualité qui va se trouver au milieu de ce champ de subtilisation, va drainer vers lui le maximum de courants. Ce sera certainement un être qui pourra atteindre une certaine lumière personnelle en absorbant toutes ces énergies, mais qui ne déclenchera pas forcément une véritable action altruiste. Il faut pour cela que cet être ait dégagé suffisamment son système de puissance inférieur, pour qu'il puisse se placer au-dessus d'un certain nombre d'individus qui lui sont inférieurs, en quelque sorte énergétiquement, parce qu'ils n'ont pas réussi le même dégagement.

III BEAUTÉ, BONTÉ, VÉRITÉ EXTÉRIEURES OU SUPÉRIEURES

1. Reflets extérieurs d'une dimension supérieure de beauté, bonté, vérité

Certains êtres ont des racines très profondes et manifestent sur ce plan une certaine image de la beauté, de la bonté et de la vérité – je dis une certaine image parce que ce sont des reflets d'une dimension de beauté, bonté et vérité supérieures. Ces éléments de subtilité supérieure se trouvent descendus dans un plan formel à cause de la présence d'une très profonde racine qui fait un ancrage à certaines énergies et détermine la réalisation dans la forme d'une certaine beauté, d'une sorte de bonté, d'une sorte de vérité qui se jouent.

Par exemple, la beauté est physique, la bonté est un certain amour passionnel potentiel et la vérité est un certain type d'intelligence mentale. Mais ce ne sont pas forcément une beauté de type *animique* supérieur, un amour de type spirituel, et une vérité de type de conscience supérieure. Souvent, ces éléments, qui attirent par l'aspect formalisé de leur beauté, ont une racine profonde. S'ils n'ont pas mené une action altruiste de secours à d'autres êtres qui leur a augmenté leur courant de synthèse et qui a réparti leur faisceau d'infériorité sur un certain nombre de systèmes qui vont en assumer une part en se polarisant et en recevant les courants correspondants, s'il n'y a pas eu cette action au préalable, ce système aura surtout des éléments de beauté, bonté, vérité extérieures ou inférieures, et disposera de peu d'éléments de beauté, bonté, vérité supérieures.

Ainsi, lorsque les êtres de synthèse ont accordé leur signature à une personne qui peut avoir une beauté, bonté, vérité extérieures alors que par leurs actions précédentes, ils ont acquis un contact de beauté, bonté et vérité supérieures, le contact entre ces deux circuits va provoquer une *disrupture* d'émergence. Ainsi, un être qui a la beauté extérieure, s'il n'a pas mené une action d'altruisme particulier, d'élévation et de centralisation d'autres gens, est relativement dangereux. C'est ce que l'on appelle la tentation du diable. Cet être peut dévier beaucoup d'énergie-lumière parce qu'il dirige ses signatures sur un plan de puissance, alors que le signal de numération doit les diriger sur un plan de vie intermédiaire dans laquelle pourrait se réaliser une corrélation avec d'autres signaux.

2. Beauté extérieure égoïque ou intérieure altruiste

C'est pourquoi lorsqu'un être a une certaine beauté, il faut toujours vérifier si cette beauté est accrochée à un système égoïque profond, ou si c'est un être qui a réussi à s'élever jusqu'à devenir l'écrin d'une certaine dimension de bonté et de vérité supérieures. Si vous voyez cet être déployer une action altruiste, alors c'est que cette beauté a été mutée dans une dimension supérieure et que son signal d'intériorité est alimenté par une source de numération augmentée. Par contre, si vous voyez un être qui est beau mais qui reste égoïste et inféodé à une action purement personnelle individuelle, cet être-là n'a pas une alimentation de synthèse sumérienne augmentée. Sa beauté, qui est une possibilité de rencontre avec une dimension de synthèse et une totalité, n'est malheureusement pour l'instant qu'un puits d'absorption de certaines figures. C'est une signature qu'il faut sauver, soit parce qu'on a une grande force pour le faire, soit parce qu'elle est la conjonction de plusieurs individus qui permettent la résurrection d'une telle situation.

En réalité, si le transfert de numération interne de cet être ne s'est pas réveillé en corrélation avec une dimension supérieure qui se trouve en résonance avec l'accrochage inférieur, si cette dimension ne s'est pas réveillée dans l'être, alors le signal d'impérieuse figure est souvent très lourd, plus lourd que dans le cas d'êtres se trouvant dans des zones moins spectaculaires et plus intermédiaires. En conséquence, à l'inférieur du système de cet être, les puissances se regroupent en essayant d'attirer à elles toutes les énergies de force qui peuvent se présenter. C'est ainsi que ce corps de mutation inférieure a souvent des effets très destructeurs sur des êtres qui sont dans des zones plus intermédiaires et qui auraient eu des chances de se ressouder à une signature de sumérienne essence. Cet accord de numération avec des zones de puissance inférieure est la chose la plus dangereuse qui puisse arriver à une créature, parce qu'à ce moment-là son contrat d'intériorité est mis en fonctionnement dans une sorte de restriction, et les renseignements qui viennent de cet être sont souvent des renseignements de décadrement progressif vers des zones de plus en plus condensées.

Si vous rencontrez des êtres de figure inférieure ainsi enrobés d'une certaine beauté, ne prenez pas ceci pour une beauté angélique, mais prenez-le comme étant une puissance de dérivation qui a un pouvoir d'exécution sur certains circuits de synthèse. L'infériorisation d'une figure est fonction de son action ou de sa non-action pour les autres. Un être qui n'exécute pas de plan précis pour réinsérer des êtres dans une dimension supérieure est quelqu'un qui vit pour son propre signal et qui ne normalise pas de circuits autres que le sien. Dans ces conditions, son système d'énergie est relativement restreint et l'alliance avec de telles figures ne peut pas vous conduire à une soudure de numération augmentée.

3. Fascination ou maîtrise de la ligne de brillance

Le contact avec de telles figures, qui représentent une certaine beauté sur ce plan mais sont alliées à une dimension individuelle, peut avoir un intérêt dans le sens où le signal existant à l'intérieur de cet être est très resserré. Étant donné qu'il va jusqu'à une racine profonde et qu'il est obligé de traverser des zones denses pour arriver jusqu'à cette racine qui est son point d'ancrage, le signal de numération de synthèse se trouve très resserré à l'intérieur de cette situation, et crée une ligne de brillance, si l'on peut dire, qui se trouve être une sorte de centrale magnétique à l'intérieur de cette ligne allant jusqu'à une couche d'individualisation très profonde.

Si l'on parvient à ne pas être fasciné par le système extérieur de ces êtres et à entrer en contact avec la dimension intérieure très serrée existant à l'intérieur de cette apparence, on parvient à établir des lignes de sumérienne essence qui pénètrent dans des zones très lointaines. C'est un des éléments positifs dans le fait de côtoyer des êtres qui ont cet attract énergétique provenant du plan de la forme. Il est certain que cette opération de contact donne un relais pour toucher des zones très profondes dans une dimension de créature resserrée. Ces éléments qui ont une certaine beauté mais un arrimage profond, ont un canal à l'intérieur très serré, qui peut permettre de toucher certains plans très lointains d'une manière très précise et qualitative, dans la mesure, bien sûr, où l'on n'est pas fasciné par l'extériorité de ces circuits au point d'en oublier de travailler avec leur ligne interne. C'est le risque couru lorsqu'on côtoie des êtres de ce type d'apparence.

4. Rapatriement de signatures dans des zones de puissances lointaines

Les résonateurs de lumière ont gardé des signaux de numération pour ceux qui, ayant contacté ce genre de signal, n'ont pas pu résister à la déflagration que représente ce genre de système très individualiste dans un système plus altruiste. Les codages de numération sont ascensionnels lorsqu'ils rassemblent des figures de ce type. Vous pouvez ainsi travailler sur vos systèmes de puissance en diffusant les éléments sur un certain nombre d'êtres qui sont des relais entre vous et la condensation. Mais si vous avez à enregistrer un système très lointain et qu'un contracteur de numération vous demande de rentrer dans ces zones de puissance où vous avez une signature très profonde et très lointaine, dans ces conditions, vous avez avantage à ne pas trop diffuser votre action de contact avec cette racine lointaine. Plus on est en profondeur, plus la condensation est grande, donc plus il est nécessaire de rassembler un grand nombre d'êtres pour pouvoir rendre cette dimension suffisamment fluidique afin de récupérer son système d'émergence inférieure.

5. Pouvoir de recompression de l'énergie synthétique et danger d'accrochage extérieur

Pour assembler des figures dans ces zones lointaines, on a souvent procédé par l'intermédiaire des êtres qui, effectivement, avaient un pouvoir de compression de l'énergie tel qu'il déterminait une certaine forme d'esthétique sur ce plan, car ils avaient un pouvoir de recompression de l'énergie synthétique jusque dans le plan formel. Ces êtres-là ont une certaine beauté sur ce plan mais ont aussi cette racine profonde et aiguë qui leur permet de descendre dans des couches très inférieures. Si leur système d'émergence personnel est très bien unifié, ils ont la possibilité de faire le transfert complètement sans l'aide de personne, sauf pour les circuits trop yin qui guident leur système à partir d'un référentiel yang dans une signature de force.

Les conditions de transfert sont quand même très rares. Au contraire, les codages de numération ont souvent vu ces êtres, qui avaient une certaine compression de leur circuit dans le sens de la beauté, abordés par énormément de figures de l'extérieur. Ceci fait que des alliances et des accrochages se prennent sur l'extérieur de leur figure, et l'intériorité de leur système se trouve souvent en très grande difficulté, parce qu'ils ne rencontrent pas un signal de synthèse sumérien à la mesure du resserrement très aigu qu'ils ont en direction des champs de puissance. Le résultat est qu'en général ces circuits qui ont une beauté extérieure sont progressivement mangés par des systèmes extérieurs et leur signal intérieur ne se trouve pas raccordé à une dimension de synthèse unitaire à la mesure du niveau de qualité qui serait le leur.

6. Canalisation du faisceau de brillance

Pour réinsérer sa signature entière dans un niveau de synthèse sumérienne, il sera nécessaire à un être d'aborder le contact avec une nature qui a cette beauté et ce resserrement dans la profondeur. Si son accord de mutant impérieux peut être transféré sur un certain nombre d'êtres contrôlés, la fine pointe de son système peut être résumée sur un seul être qui va lui permettre d'atteindre une dimension très profonde et très lointaine. Seulement, même si cet être a une très grande beauté, une très grande présence de brillance sur ce plan, il s'agit toujours de savoir s'il va véritablement jusqu'aux limites de sa figure. Quelquefois, l'hypnose d'une certaine beauté donne l'impression que l'on va jusqu'à la limite de sa figure, mais en fait, si l'on veut signer son contrat complet, il faut arriver à dépasser précisément cette beauté extérieure qui représente simplement un étaiement canalisateur pour la pénétration du faisceau de brillance en direction du système de puissance.

Ainsi, on ne peut y voir clair dans la maîtrise de son système de mutant impérieux que dans la mesure où l'on se trouve dégagé de la présence de ce système de beauté adjuvante, et l'on a la possibilité de retrouver le faisceau de transfert *syntronisé* ([2]) dans les zones de force inférieure, qui représente un contrat d'émergence très délimité, mais qui doit être contrôlé par l'individu ayant une résonance de synthèse sumérienne élevée, et voulant avoir un contact extrêmement aigu avec les signaux de force d'où sont issus les réseaux de brillance. C'est cet acte de numération intérieure débarrassée des enveloppes de beauté prothétique extérieure transitoire, qui permet de savoir si l'être a réussi son contrat de numération et de maîtrise jusqu'à une

2. Faisceau syntronisé : faisceau synthétique transitionnel et synchronisé, intronisé dans les zones de forces. Syntronisation : action de synthétiser une synchronisation.

zone de force lointaine sans avoir besoin d'utiliser des systèmes-relais de beauté formalisée intermédiaires. L'organe des Nord-Sud s'insère dans des zones lointaines et a besoin pour se construire de relais transitionnels. Mais, une fois que le contact est établi, il doit pouvoir tenir sa signature sans avoir besoin de ces systèmes extérieurs.

7. Maîtrise des zones de condensation et formalisation

Un être qui a une signature de centralisation sur plusieurs réseaux aura toujours tendance à recentraliser tous ses systèmes sur un circuit qui va représenter une racine d'autant plus inférieure qu'il y a plus de resserrement dans le système formalisé. Si l'être centralisateur a acquis un grand pouvoir de centralisation au contact éventuellement de personnes ayant des racines très lointaines, il va être en mesure de centraliser davantage d'êtres. S'il parvient à les centraliser et à les faire opérer, cet ensemble d'individus va effectivement pouvoir muter des champs d'énergie qui sont associés à des zones plus lointaines. C'est un peu comme si, dans une première phase, un être de synthèse utilisant un ou deux corps associés à son circuit, mais d'une certaine beauté, va atteindre un certain niveau de transfert concernant les condensations énergétiques qui se trouvent entre le monde substantiel et la matière. Mais si ce contrat de numération veut pousser son émergence au-delà de cette situation sous-jacente au corps substantiel, et qu'il veut muter le système de puissance et de matière en plus, il va être obligé de gérer, à partir d'un axe de numération unitaire interne, la coordination entre plusieurs systèmes qui vont effectivement, par leur action d'ensemble, arriver dans des opérations conduisant le centralisateur de numération à maîtriser des zones de condensation et de formalisation bien au-delà de la maîtrise d'un corps substantiel.

Ainsi, même si un être a des conditions d'existence très privilégiées au contact d'êtres d'une grande qualité esthétique, énergétique et substantielle, il y aura éventuellement des remises en question, parce que le signal de numération synthétique ne peut pas s'arrêter uniquement à une apparence substantielle et une beauté du système substantiel. Il va demander de dépasser cette signature énergétique pour entrer en contact avec la maîtrise du système matériel et même de la beauté matérielle, car le conseil de l'ordre unitaire a toujours normalisé des circuits jusqu'au plan le plus dense du système de création. C'est pourquoi, si un contrat d'impérieuse figure est normalisé sur un système en sumérienne essence, son circuit va le conduire inéluctablement à normaliser non pas seulement des systèmes substantiels, ou énergétiques intermédiaires entre le système substantiel et le système matériel, mais également des systèmes matériels. Ceci, parce que l'émetteur d'un transféreur de sumérienne essence demande à corréler le cercle des numérations impérieuses jusque dans des circuits d'émanation universelle qui viennent des plans de force inférieure aux mondes condensés.

En effet, les mondes condensés ne s'arrêtent pas aux mondes substantiels, ils arrivent jusqu'aux mondes inférieurs de la matière et le contrat d'émergence d'un système d'énergie sumériennc va jusqu'au cœur de la matière. Or, un *gordage* de numération qui s'arrêterait uniquement au système substantiel vivant n'atteindrait jamais le cœur de la matière. C'est pourquoi les maîtres de numération synthétique, lorsqu'ils voient un système d'émergence qui s'arrête au système substantiel, ont parfois des actions de destruction de ces environnements substantiels, pour conduire l'être de synthèse à rencontrer aussi les étages de condensation matérielle et à solutionner sa communication jusqu'au cœur de la matière elle-même.

IV. RÉSERVES D'ÉNERGIE IMPÉRIEUSE ET RÉÉQUILIBRATION

1. Réserves d'énergie sur les plans d'impérieuse figure

Quand on travaille sur un plan d'impérieuse figure, on garde des circuits en toutes circonstances qui puissent permettre de s'échanger avec cet environnement difficile. C'est pourquoi les maîtres qui veillent sur ces mondes ont des receveurs de numération qui encaissent les énergies sans cesse de manière à pouvoir les élever ou les descendre selon les circonstances. Vous avez des processus de mutants pouvant être incarnés dans des systèmes qui seront ceux qui donneront ces énergies au moment où il y a nécessité.

La conscience d'un faisceau de numération synthétique permet de régler ce type d'opération. La portion d'espace-temps couverte par un circuit de numération en formation limite les zones de transfert et garde en son système des numérations qui permettent de faire ce type d'échange. Quelquefois les moteurs d'émergence sont tous accordés, alors que le système d'extériorité est encore en transformation extérieure. Ce qui fait qu'on travaille déjà à l'intérieur du système d'émergence interne alors que le système de mutant externe n'a pas encore terminé de faire ses échanges. C'est une question d'énergie interne.

Le raccordement d'émetteur externe ouvre des portes à d'autres systèmes d'émetteur, et le réseau d'émergence est ralenti. Renseignez-vous sur les autres signaux, c'est la meilleure manière de savoir si vous pouvez avoir des échanges aisés avec eux car, en réalité, l'organe de transfert d'un système peut être saturé d'énergie. Il s'agit alors qu'il se déplace dans une zone où, au contraire, on peut être défait de ses excès d'énergie.

2. Rééquilibration des systèmes d'émergence en zone de synthèse unitaire

Les réseaux d'émergence sont tous en fonctionnement. Quelquefois ils sont en saturation, quelquefois ils sont en perte d'énergie. Il est intéressant, lorsqu'on a une saturation, de chercher dans son environnement des systèmes d'émergence qui, eux, sont au contraire en perte d'énergie. La consécration d'un système d'émergence se fait lorsqu'il y a équilibre entre les systèmes d'unification et les systèmes de dispersion. Les *gordages* de mutants intérieurs s'intervertissent lentement et continuellement. Si vous avez la possibilité de régler votre système pour trouver l'équilibre entre les circuits d'intériorisation et les circuits d'extériorisation, l'ensemble de votre système peut être numéroté sur une autre antenne.

Ainsi, il peut être intéressant, pour ceux qui sont en contrat de numération synthétique, d'avoir au moins une fois par jour un moment de méditation avec d'autres êtres, parce que dans cette opération la majorité des signatures de l'unité se dérive sur une zone de synthèse unitaire et les corps extérieurs peuvent échanger leurs énergies. Ceux qui ont trop d'énergie en donnent à ceux qui n'en ont pas assez, et ceux qui n'en ont pas assez en reçoivent. De sorte qu'avec ce signal il y a alors une unité commune qui est l'élévation et la méditation, et il se réalise un rééquilibrage des figures par le transfert d'un pôle à l'autre. Il est important de réaliser une méditation avec plusieurs êtres, au moins une ou deux fois par jour. C'est une question de rééquilibrage des synthèses sumériennes.

RÉPONSES UNITAIRES À DES QUESTIONS FONDAMENTALES

SÉRIE 1

L'ÊTRE HUMAIN DANS L'UNIVERS

1. Qui sommes-nous ?

Nous sommes des êtres de l'unité interne qui avons été retranscrits sur le plan inférieur par des opérations d'interdimensions destinées à raccorder le plan de la puissance au plan de la science.

Les êtres qui ont raccordé ce système se sont matérialisés sous forme de circuits substantiels dont les éléments sont accordés à d'autres véhicules moins condensés – le corps substantiel étant un intermédiaire indispensable pour brasser les figures de la matière.

L'organe de vie est un intermédiaire énergétique qui permet de réanimer le circuit substantiel et de lui donner une configuration accordée aux dimensions les plus subtiles. Les systèmes psychiques correspondent aux énergies d'éther 3, 4 et 8, qui donnent à l'ordre de la créature une configuration interdimensionnelle. Ils lui donnent des possibilités de résonner avec beaucoup de dimensions parallèles. L'éther mental de la figure, le corps de numération intérieure qui a une possibilité de transfert sur plusieurs signatures de l'unité de synthèse, a une transformation qui permet de raccorder tous les systèmes de la conscience de l'être jusqu'aux niveaux les plus élevés de la conscience.

2. Pourquoi avons-nous été créés sur cette planète, la Terre ?

Nous avons été créés sur cette planète parce que les humains sont dérivés à partir d'une dimension de sumérienne essence qui travaille sur les plans de la matière. Le corps que l'homme a sur cette planète est fonction des états énergétiques de ce monde. Si vous aviez une planète moins condensée, vous seriez dans un état énergétique différent. Vous seriez dans un état de transfert plus élevé. Votre codification ne serait pas aussi condensée.

3. D'où vient ce monde ?

Le monde formel terrestre est issu d'une planète énergétique dont les éléments sont beaucoup plus subtils. L'organe de vie est un des éléments qui a présidé à la formation de cette planète. C'était un système énergétique dont les possibilités de transfert existent à l'heure actuelle sur le plan subtil de cette planète, mais il avait une codification beaucoup moins condensée. La planète s'est construite à partir des éléments qui étaient accordés à son circuit. Les condensations se sont faites progressivement, en fonction des transformations se réalisant dans le champ spatio-temporel où existait ce monde.

Les planètes sont toutes formées à partir d'énergies subtiles qui dérivent en fonction des énergies qui ont été accordées à ce circuit et qui se raccordent à ce système en fonction des transformations s'effectuant dans le champ spatio-temporel où elles sont formalisées. Le corps d'infériorité est donc fonction du système de monde sur lequel ce corps est créé.

4. Comment tout cela commença-t-il ?

C'est une communication qui s'est effectuée entre le plan de la forme unitaire et les circuits d'émergence externe qui avaient été déplacés au cours de divers millions d'années. Le corps de numération créé à cette époque n'avait pas de codification intérieure. C'est progressivement, au cours des transformations qui se sont faites, que le corps de forme s'est réalisé sur le plan apparent. Les corps formels n'apparaissent que, petit à petit, sur le plan des formes, car les réseaux d'énergie interne ne se concentrent qu'en fonction des codifications qui se mettent en place.

Tout cela a commencé par une transformation intérieure du circuit qui s'est mis à s'intégrer dans un programme d'émergence sur le plan externe. Lorsque ce système a été mis en place sur cette opération externe, les premières configurations énergétiques matérialisées se sont réalisées et les premières signatures formelles ont vu le jour.

La configuration du système s'est augmentée au fur et à mesure que des compagnons de transfert externe se sont mis sur cette figure et ont commencé à condenser les circuits jusqu'à les faire apparaître de plus en plus puissamment. La matière est une condensation de l'énergie et l'énergie est dirigée par la conscience.

Les êtres qui ont créé cette planète se sont raccordés, les uns à partir de signatures *métalliennes*, les autres à partir de signatures émergentes externes, et d'autres encore à partir de signatures de numération de synthèse. Ceux qui se sont rapatriés des antennes de puissance sont toujours dans le noyau de la terre. Mais ceux qui sont venus des signatures émergentes externes ont raccordé des figures de condensation qui étaient issues de toutes sortes de directions et qui ont été enregistrées par cette planète au fur et à mesure de sa constitution. Ceux qui étaient issus des numérations de synthèse unitaire ont formalisé les créatures qui ont été appliquées sur la surface de cette planète.

La plupart des créatures qui sont appliquées sur la surface de cette planète sont numérotables par les systèmes de numération de synthèse. C'est pourquoi la matière de *corporéité* n'est pas issue directement du système planétaire. C'est une matière qui a été construite avec le système de l'unité de synthèse et sur des transformations effectuées d'une créature à l'autre. L'organe de la vie n'est pas un organe métallisé, il est numéroté à partir des signatures de sumérienne essence. Celui qui a un contrat avec le ciel a donc toujours un numérateur qui peut lui donner les informations sur son origine.

5. Y a-t-il d'autres vies ailleurs ?

Il y a des vies ailleurs. La plupart sont accordées au système planétaire où elles résident. Les vies les plus impérieuses sont celles qui sont accordées aux systèmes dont les matières sont les plus lourdes. La Terre n'est pas une planète extrêmement subtile. La matière du corps physique est assez dense. Les corps les plus légers sont issus des stellaires, ceux qui ont des cadres de numération accordés directement au système stellaire. Mais les planètes les plus condensées ont toujours un programme de numération accordé à une transformation particulière des circuits de la matière de l'univers. Lorsque vous avez des moteurs de vie extrêmement condensés, l'organe d'intégralité n'est pas toujours très éveillé. C'est pourquoi les portes de l'unité ne sont pas toujours ouvertes à ceux qui sont sur des planètes très condensées. Il leur faut quelques millions d'années pour pouvoir trouver une solution à leur état de condensation.

La majorité des corps qui ont été créés sur des planètes condensées sont assermentés sur une planète intérieure. Si vous dérivez à partir de votre planète plus condensée, vous allez sur cette planète plus intérieure, c'est-à-dire moins condensée et dans un état plus subtil. Après un temps de transfert sur cette planète intermédiaire, vous revenez sur des antennes de transfert plus unitaires et beaucoup moins condensées. La majorité des corps qui sont incréés sur le plan des inférieurs ont un programme de transfert en plusieurs étapes. C'est pourquoi il y a des *réincrudations* de systèmes sur les planètes condensées – que vous appelez les réincarnations – tant que le circuit d'énergie interne de l'être n'est pas suffisant pour dégager ce circuit de la gravitation du système formel inférieur. C'est pourquoi l'exercice de la vie sur une planète inférieure réside surtout dans la maîtrise des forces de la condensation et de la matière, car c'est la condition *sine qua non* de l'élévation de l'être et de son retour vers les unités de synthèse intérieure.

6. Sommes-nous un cas unique sur cette planète terrestre ?

Non, nous n'avons pas de particularité qui nous dérive à partir d'une zone de synthèse unitaire. Nous avons simplement une caractéristique de métallisation impérieuse, à cause du noyau magnétique planétaire. Nous avons aussi une matérialisation importante de nos systèmes d'émergence interne. Ainsi, nos systèmes de numération ne sont généralement pas très éveillés au départ de la créature. C'est pourquoi il y a une sélection importante à ce niveau-là.

Il y a des êtres qui ne répondent pas immédiatement à l'impulse des signatures supérieures. Il leur faut des apports de messagers externes à leur créature pour leur redonner la notion de leur continuité. Cet état est un état non accordé à d'autres dimensions. Il n'y a pas de communication avec certaines figures d'autres mondes qui ont, dès le départ, des communications avec le cercle de l'unité interne.

Cette planète a un système de numération extrêmement compliqué à contacter parce qu'il est nécessaire d'y avoir des relais entre toutes les figures. Cette codification a été réalisée au plus haut point sur cette planète, mais il y en a des centaines qui ont des codifications à peu près semblables et dont les consciences ne sont pas très développées en ce qui concerne la communication de l'intra-univers.

Les morts de puissance – ceux qui restent accrochés au système planétaire parce qu'ils ont surtout déployé leur existence dans le plan de la puissance – sont des systèmes qui ne sont pas très faciles à laisser car leurs codifications les gardent dans une antenne de très grande puissance. Ceux qui veulent se dégager des mondes inférieurs doivent parvenir à s'extraire de ces forces qui sont extrêmement importantes et qui ne laissent pas beaucoup de chance aux individus pour se déplacer sur des antennes plus subtiles.

7. Sommes-nous seuls ?

Nous ne sommes absolument pas seuls sur le plan planétaire. Le plan planétaire n'est pas aiguillé à partir d'une seule dimension. Il y a énormément de dimensions qui interviennent sur le plan planétaire. Il y a des formes qui ne sont pas apparentes pour les corps physiques et qui existent dans d'autres dimensions. L'environnement d'un être humain est très complexe. Il y a énormément de circuits qui l'entourent sans même qu'il les voie ou qu'il les touche. La majorité des corps ont au moins une dizaine de circuits énergétiques qui les surveillent et qui leur donnent des insertions d'énergie au cours de leur existence. Nous avons des corps qui ont cinq cents ou cinq mille codifications à l'extérieur. Tout dépend de la configuration qui se déroule dans leur système.

Un corps signé peut avoir six mille codifications sur les antennes d'émergence interne et deux mille codifications sur les antennes d'émergence externe. L'ordre de contrôle qui est accordé à son circuit est alors très complexe. Les moteurs de vie ne sont pas tous accordés au même signal de transfert. Le portique d'émergence d'un système de ce type doit être surveillé par un organisateur de sumérienne essence qui est le transféreur de l'unité de synthèse surveillant l'ensemble de l'organigramme touchant au corps de ce type. Le moteur de vie doit être accordé aussi à l'émanation suffisante pour entrer en contact avec tous ces corps énergétiques associés. Le corps de numération intérieure est toujours accordé à ce type de codifications externes et *infernes*.

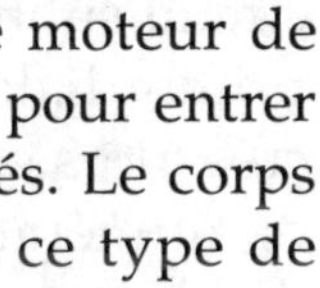

8. Pourquoi la condensation est-elle créée ?

La condensation est le résultat d'une transformation de l'énergie par *spirilisations* successives. Le corps d'impérieuse figure qui se constitue est un corps de numération interne qui a été déplacé à l'intérieur de ce système de condensation. Les contrats de numération se mettent à fonctionner dans la mesure où la condensation est en train de traiter une opération modulée pour aborder un nouveau secteur d'univers.

Le corps d'impérieuse figure ne se constitue pas s'il n'y a pas à la fois la condensation périphérique et le numérateur d'insertion unitaire qui traite à l'intérieur. Ce corps de numération unitaire qui se crée à l'intérieur du système de condensation coupe de ses figures les signaux les plus subtils et les plus télépathiques immédiats, sinon le système de numération ne voudrait pas vivre cet état de condensation extrêmement comprimé. C'est pourquoi les êtres incarnés dans des systèmes de condensation perdent en partie conscience de la continuité avec le système de télédiffusion universelle. Ils ne traitent pas leurs figures tout à fait comme le font ceux qui sont restés dans un système subtil, car leur conscience doit être amoindrie pour pouvoir exécuter des plans à l'intérieur des systèmes de condensation.

Pourquoi utiliser des systèmes de condensation dans l'univers ? Parce que ces circuits sont inhérents à des champs d'énergie qui réclament des circuits de condensation pour s'en protéger, comme un scaphandre. Celui qui doit faire un traitement sur des zones de puissance très importantes doit absolument s'incarner dans un système de condensation, sinon son circuit subtil ne pourrait pas soutenir le choc de ces puissances primordiales à contrôler. L'organe d'impérieuse figure qui se crée alors est un système qui est relié à la fois à une dimension de numération unitaire et à un système de condensation avec des luttes et des combats à mener pour maîtriser certains champs d'énergie.

Celui qui a traité avec une configuration de ce type en a pour un certain temps. C'est comme un engagement dans un service difficile. Il *numère* les signatures au fur et à mesure qu'elles arrivent vers sa condensation. Pour survivre, il a la nécessité de les organiser, de les numéroter, de les intégrer et de les soumettre, de les rédempter et les résurrectionner. Il doit traiter ces configurations jusqu'à la fin de son périple – c'est-à-dire que le cycle de l'existence se trouve déterminé en fonction des changements de numération qui se réalisent à l'intérieur d'un être.

9. Le monde est-il une école ? Doit-il rester au niveau de cette école ou des interventions supérieures peuvent-elles réellement le faire évoluer ?

Si le monde n'était qu'une école, l'organe de la vie ne serait pas un système en fonctionnement avec le circuit cosmique, parce que le système cosmique est un système en transformation et en intégration de nouvelles figures, à l'infini. Si le monde n'était pas un système en vie et en évolution, la forme de ce monde serait toujours la même. Or, il y a eu des transformations dans la forme de ce monde. Tous les mouvements orogéniques sont issus d'une transformation des codifications qui s'effectuaient lorsque ce système se transformait dans ses corrélations avec l'univers. C'est la raison pour laquelle le monde est un système en évolution. Mais la forme de ce monde ne se modifie pas aisément. C'est pourquoi un individu, dont la vie est courte par rapport à l'évolution du monde, ne va pas pouvoir apprécier, au cours de son existence, l'importance ou la non-importance de son intervention.

Si vous désirez traiter une configuration loin et dans un plan très important, il faudra tenir compte non seulement de la matière, c'est-à-dire de l'aspect apparent des figures, mais de l'espace, c'est-à-dire des corrélations entre les mondes, et du temps qui doit faire son œuvre et qui va demander, pour les opérations importantes, du temps, parce que la corrélation se fera lentement entre les dimensions. C'est pourquoi le monde peut sembler ne pas bouger pour celui qui a une vision transitoire. Mais pour celui qui a la vision globale, les interventions des messagers sur les planètes sont coordonnées.

Coupables de destruction, certains circuits utilisent ces interventions pour pouvoir reconstruire certaines signatures qui sont à traiter pour qu'elles puissent être intégrées dans l'évolution générale. C'est là où ces interventions ont un sens. Elles permettent de raccorder certaines figures qui ne pourraient pas être raccordées autrement.

Cette participation à l'équilibre de l'ensemble est extrêmement importante pour l'avancement d'une planète. Ceux qui exécutent des plans de ce type ont toujours, à l'intérieur d'eux-mêmes, une dimension accordée à ce qui est le progrès, car ils ont à l'intérieur d'eux-mêmes le sens de la transformation et de l'élévation. Mais le monde étant lourd à déplacer, la forme de ce circuit se déplace très lentement après que les impulses ont été donnés par des messagers. C'est pourquoi les messagers sont très difficilement reconnus durant leur existence. C'est plus tard que le monde suit, à cause de son inertie. Au départ, la figure de lumière n'est pas reçue par la ténèbre. Engoncée dans sa condensation et son inertie, la ténèbre ne suit pas immédiatement les impulses d'illumination qui sont proposés. Mais, dès que l'impulse a été envoyé, les systèmes impérieux se transforment à leur rythme, et des changements se réalisent. Les portes de l'unité ne se font pas en un jour, ni pour les mondes unitaires, ni pour les mondes impérieux. Il faut du temps pour que les configurations soient remises en route.

Pourquoi cette évolution progressive ? C'est parce que les portions d'espace-temps les plus difficiles à traiter sont souvent lourdes de conséquences quand on les met en route. Il y a des risques importants d'explosion et de déflagration, parce que ces énergies sont à l'état primordial. Si vous n'avez pas de systèmes d'inertie pouvant contrôler l'émergence de ces signatures de puissance, vous risquez d'avoir des déflagrations extrêmement dangereuses pour des mondes plus subtils et plus élevés. C'est la raison pour laquelle ces puissances d'inertie qui peuvent être gênantes pour des circuits voulant passer sur une autre dimension, sont en fait indispensables pour contrôler certaines figures.

10. Sera-t-il possible à l'homme, tel qu'il est à l'heure actuelle, d'atteindre une civilisation plus évoluée et basée sur des valeurs spirituelles ?

La vie est une suite de déplacements d'un plan dans un autre niveau parce que des processus doivent être mis en place pour que les échanges se perpétuent entre les divers règnes. La vie a un pouvoir de changement sur tous les niveaux parce qu'elle a une possibilité de rapport interdimensionnel entre les niveaux, puisqu'il y a des vies dans plusieurs types de créatures différentes. C'est pourquoi, en réalité, la création d'une civilisation plus avancée sur une planète est liée au courant de la vie.

Celui qui a un programme très élevé peut transformer énormément de figures. Mais celui qui voudrait tramer la configuration d'un système devant exister plus tard dans le futur, devrait éveiller en lui la possibilité de contrôler la situation énergétique et interdimensionnelle à travers le passé, le présent et le futur. C'est pourquoi les corps de numération interne ne peuvent pas déterminer s'il y aura, parmi les êtres, des communications qui s'effectueront avec des dimensions telles que la configuration externe et future du système sera accordée à une situation de numération qui se joue sur d'autres dimensions. Ce que l'on peut dire, c'est que ceux qui sont déjà assemblés pour approcher ce type d'informations ont une codification unitaire qui leur sera confiée au fur et à mesure qu'ils avanceront dans la rencontre avec les cieux.

Celui qui veut traiter avec un signal de l'unité de synthèse a un pouvoir de raccordement de tous ses circuits. C'est pourquoi, si l'humanité est enseignée de cette manière et si on lui donne les moyens de revoir sa condition existentielle en fonction des informations concernant des mondes interdimensionnels, ce sera une première marche vers un nouveau type de civilisation où la conscience sera beaucoup plus accordée à une perception des subtils et un respect des interdimensions.

Ce qui fait tous les malheurs des hommes, c'est la perte de ce sens des éléments énergétiques et subtils qui les entourent. Ceci les plonge dans des situations tout à fait déséquilibrées parce qu'ils n'envisagent pas que l'homme soit un élément dans des opérations beaucoup plus complexes et que le système substantiel et formalisé ne soit pas le dernier contrat qui puisse exister dans la vie d'une créature dans sa totalité. Le corps énergétique est beaucoup plus important que le corps physique car il existe au-delà de la forme physique. Il peut contacter des milliers et des milliers de signatures. C'est pourquoi le corps énergétique a toujours été prôné comme étant le but de l'existence.

Il faut rassembler autour de soi énormément d'éléments pour reconstruire une codification qui puisse être intégrée dans le champ des unités synthétiques. Cette civilisation du futur devra essentiellement tenir compte de l'existence d'une dimension suprême à la vie formelle. Il faudra mettre en place des institutions et des rythmes de vie qui soient appropriés pour que l'ensemble des êtres se sensibilise immédiatement à ce genre de configuration.

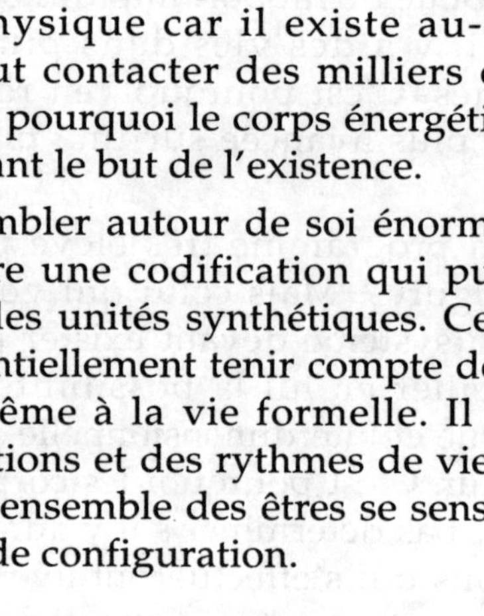

SÉRIE 2

CRÉATEUR
CRÉATURE
CRÉATION

1. Y a-t-il une intelligence qui a créé les choses ?

Il y a dans l'énergie une partie du secteur de figures qui se réalise dans les mondes de la forme, celle-ci étant aussi en résonance avec le monde de l'essence. Ce qui fait que dans les cercles d'éternel 3 qui traitent sur les mondes d'énergie intermédiaire, il y a des portions d'espace-temps qui sont couvertes par l'esprit et d'autres, par les formes. L'intelligence est une figure qui réside entre ces deux extrêmes, et la sœur de l'intelligence, c'est la subtilité. Si vous n'avez pas de subtilité en plus de votre intelligence, alors votre conscience est imparfaite et vous ne pouvez pas concevoir la totalité du jeu.

2. Le hasard existe-t-il dans la création de la matière ?

Si la mère avait été créée au hasard, alors le père n'aurait aucune utilité, n'aurait aucun sens dans la création. Or, si le père n'était pas dans la création au cours de cette opération qui s'appelle la création, il y aurait eu destruction de la création par elle-même, parce que le contrôle des opérations ne peut se faire que par une coordination entre les divers constituants de la matière. Sinon, ces éléments-là s'entrechoqueraient et se détruiraient par eux-mêmes.

3. Peut-on recevoir des informations de dimensions supérieures par d'autres sens que ceux du corps physique ?

Persé a été codé pour entrer dans le corps des formes. Il donne à ceux qui sont dans le monde des formes le témoignage de sa personnalité. Pourrir dans le monde des formes est une chose douce pour ceux qui ont trop de dureté. Exécuter un plan dans la forme inférieure est une opération complexe qui donne à chacun la possibilité d'écouter le message ou de le négliger. L'homme peut recevoir des communications d'un ordre plus élevé, à condition qu'il ensemence en lui le pouvoir de les recevoir.

4. Peut-on comprendre le principe des choses et en percevoir le mystère ?

L'homme est capable de tout comprendre, à condition qu'il représente en lui les éléments qui correspondront aux parties de cette compréhension. S'il n'exécute pas son plan d'une manière correcte, alors son père supérieur peut l'aider à remettre en ordre ces notions disparates.

Pourquoi ne pas étayer en soi la possibilité de regarder toute chose avec clarté ? L'homme n'a pas un pouvoir de destruction qui soit spécial à son circuit, il a un pouvoir de construction et de destruction adapté à son type de figure. Il y a des choses qui sont exactement à l'inverse de ce qu'il est aujourd'hui et qui peuvent extirper de leur figure certaines signatures pour les regarder devant elles et les examiner. Un jour, quand il aura fini son périple d'extériorisation, l'homme pourra être à l'intérieur et regarder autour de lui ce qui est caché à l'intérieur de lui-même.

5. Peut-on, par les techniques scientifiques actuelles, découvrir les secrets de la matière ?

Pour ce qui est de la science, il faut parler de la vraie science et non pas de la pseudo-science. Ceux qui ont un véritable pouvoir sur l'essence interne de la nature sont des êtres qui ont mis leur conscience en accord avec ses lois internes. Celui qui veut violer cette énergie doit prendre des précautions car elle se retournera contre lui. L'homme n'est pas une figure impérieuse totale, il est simplement une puissance partielle. Quitter le monde des formes, rencontrer le monde des sumériennes essences et passer à l'intérieur de leur figure pour comprendre la réalité des choses : c'est le meilleur chemin. Celui qui prend les moyens les plus externes ou les plus puissants a le risque de voir se retourner ces forces contre lui-même.

6. Peut-on trouver la source-origine des choses dans les propriétés intimes de la matière ?

Les maîtres ont dit que la matière est un sous-produit de l'énergie. Comment voulez-vous qu'un sous-produit soit l'origine d'un système ? Les maîtres ont dit que la matière a été réouverte par l'esprit pour pouvoir faire en sorte que les créatures soient rattachées à l'essence ultime. Comme vous êtes dans la matière et formalisés, ouvrez-vous à l'essence ultime et vous retrouverez la vraie conscience de l'esprit supérieur.

7. Quelle est l'importance de la créature par rapport au créateur et à la création ?

a) Corps intérieur et continuité inférieur-extérieur-intérieur-supérieur

L'être qui conjugue ses signatures sur plusieurs dimensions a aussi la possibilité de préciser sa présence dans une dimension plus que dans une autre. Ainsi, la conscience intérieure d'une créature peut effectivement devenir un état extrêmement important par rapport aux autres dimensions, qui sont celles du créateur et de la création. La porte de vie tient des portions d'espace-temps complexes. Elle peut permettre de transférer des figures d'un système à l'autre. Elle a, en réalité, un centre de transfert qui est le corps intérieur ayant une communication avec d'autres dimensions. Le corps intérieur est une sorte de signature d'insertion sur plusieurs dimensions. Il permet à cette figure intérieure de raccorder des cercles de transfert qui, normalement, ne se mettraient pas en route s'il n'y avait pas cette formalisation qu'est la créature. Les corps d'énergie externe qui sont autour de la créature – c'est-à-dire les systèmes de numération qui traitent avec cette créature – ne coupent pas leur figure de cette créature si celle-ci est en état de transfert extériorisé, c'est-à-dire si elle a perdu le contrat de transfert qui concerne ses rencontres avec les niveaux extérieurs.

Une créature peut s'élever dans un système qui n'est plus en contact avec les circuits extérieurs, puisqu'elle peut être en contact avec les circuits inférieurs, les circuits extérieurs et les circuits unitaires supérieurs. Donc, si cette créature s'élève dans un plan plus élevé, son corps énergétique extrait des signatures inférieures-extérieures des figures qui lui permettent de se raccorder à ses niveaux supérieurs. C'est pourquoi il y a continuité de contact entre les éléments impérieux de cette créature et les éléments intérieurs, extérieurs et supérieurs. Si vous traitez une configuration très compliquée, si vous traitez les corps extérieurs, inférieurs, intérieurs et supérieurs, tous ces circuits de manière simultanée, et si vous traitez aussi des codifications d'énergie externe qui s'amoncellent autour de cette zone de transfert, alors les corps extérieurs communiquent avec un système de transfert autre que celui qui existe dans la seule créature. En effet, il y a des portions d'espace-temps qui n'insèrent pas leur figure au contact d'une créature si cette créature ne se rattache pas à ses propres dimensions unitaires.

b) Raccordement des systèmes d'énergie extrême entre le créateur et la création

Le corps intérieur qui garde des figures sur plusieurs dimensions a une dimension extérieure qui lui correspond. Si vous traitez avec un corps intérieur, vous traitez aussi avec les corps extérieurs. C'est pourquoi les maîtresses de l'unité qui traitent avec les corps et qui veulent traiter aussi avec les systèmes émergeant de l'être cosmique complet contenant le créateur, la créature et la création, les mères de transfert extrême qui signent avec les contrats de l'unité de synthèse ouvrent des portes pour traiter avec ces réseaux, mais seulement si la créature a demandé le transfert de cette signature.

C'est pourquoi les corps extrêmes de l'être, qui ont des portions d'espace-temps très lointaines à traiter, coupent d'eux les signatures les plus lointaines pour pouvoir se raccorder à une signature unitaire interne. Mais si le corps d'unité interne se crée d'une manière beaucoup plus forte et que les copinages entre les systèmes de numération interne se mettent à fonctionner de manière très continue, il se fait progressivement un raccordement des circuits extrêmes, et les corps d'énergie synchronisés, lumineux et transféreurs, quittent leur zone de numération impérieuse pour arriver dans les zones de numération interne.

Les corps d'énergie extrême – qui sont du côté de la création et qui peuvent traiter avec des configurations de numération qui arrivent jusqu'aux confins du créateur – assemblent leurs configurations en deux parties : celles qui sont accordées au créateur et celles qui sont accordées à la création. Celui qui a un transfert d'énergie synthétique entre les deux, a un transfert de numération lui permettant de former une nouvelle configuration extrêmement importante pour la contactée figure qui va exister entre la création et le créateur. C'est pourquoi, dans un aspect de la créature, il y a un aspect de Dieu qui est en fonctionnement dans la mesure où cette créature se rattache au créateur et à la création.

c) Triangle créateur-créature-création et participation à la divinité

Si la créature est seulement numérotée par les systèmes de matrice extrême, les mères d'émergence extrême travaillent sur le corps physique et le montent jusqu'à une zone où il est susceptible de s'intégrer dans le jeu des transferts entre la création et le créateur. Mais il faut que la créature ait à l'intérieur d'elle-même une codification unitaire qui se mette en place. Il faut que l'être intérieur de la créature ait pris notion de l'unification, parce que c'est cette notion qui lui permet de se rattacher au créateur. C'est uniquement dans cette progression vers le sens de l'unité que la créature s'intègre de plus en plus dans le jeu qui permet une communication entre la création, la créature et le créateur. Si les portions d'espace-temps unifiées à cette créature se mettent aussi à fonctionner en corrélation avec cette possibilité de transfert entre la création et le créateur, alors des contrats de transfert se font sur le pourtour de cette créature et les moteurs de numération interne assemblés à l'intérieur de la créature s'augmentent. En réalité, l'écartement énergétique de cette créature par rapport à la communication permanente qui existe entre la création, la créature accordée et le créateur, cette distance existant au départ de la créature par rapport à ce shunt énergétique se crée lentement par les créations qui se font autour de la créature.

Si un être ne se déplace pas par sa propre volonté pour arriver à se mettre en conjonction avec le triangle créateur-création-créature, il se trouve progressivement englué par les nouvelles créatures qui se présentent tout alentour et qui sont toujours associées aux mères extrêmes de cette zone. Ces mères extrêmes fabriquent des créatures dont relativement peu parviennent à se raccorder au triangle créateur-création-créature, parce que leur condition d'énergie n'est pas toujours suffisante pour arriver jusqu'à l'instant organisé où se fait une conjonction entre la création, le créateur, la créature. L'état énergétique de la créature est donc un état potentiel de participation à la divinité, en tant que l'une des parties de la trinité de la divinité. Mais, en réalité, son signal n'est pas immédiatement intégré dans cette trinité. Il faut qu'il y ait un changement de condition de cette créature pour qu'elle puisse s'intégrer dans le triangle créateur-créature-création.

d) Contact avec le point eutectique de synthèse créateur-créature-création

Le contrat exact de cette signature demande effectivement plusieurs opérations. Le corps intérieur d'une figure est un corps de numération unitaire interne qui permet de changer la condition des systèmes inférieurs, extérieurs et de signer les contrats de numération de synthèse avec un réseau de numération unitaire accordé à toutes les parties possibles de ce contrat de numération unitaire. Si vous voulez déplacer votre système de conscience intérieure jusqu'à l'instant où la créature est en conjonction avec la création et le créateur, cette créature va devoir transférer une bonne partie de ses configurations sur une antenne de transfert dont les éléments sont extrêmement rapprochés.

Simultanément à la transformation de la créature pour faire sa rencontre avec l'unité totale création-créature-créateur, il faut qu'il se produise une transmutation de la création et une sorte de descente hypostasique du créateur vers la création, ainsi qu'une élévation de la créature vers le point de rencontre. Il y a effectivement un instant où le créateur, la création et la créature sont conjugués, exactement comme il existe un point eutectique où la glace, l'eau et la vapeur sont conjuguées. Cette possibilité de transfert entre les dimensions est un lieu physique, énergétique, unique.

Une dimension de synthèse est alors susceptible d'être atteinte par la créature. C'est le point de rencontre avec Dieu – Dieu absolu – qui se situe au carrefour du créateur, de la création et de la créature. Si la créature parvient jusqu'à ce point eutectique, il y a possibilité de communication et d'harmonisation de tous les éléments qui se conjuguent entre le créateur, la création, la créature. À cet instant, cette créature pourra recevoir des informations en ce qui concerne le programme du créateur. Elle pourra déclencher des aides, des corrélations d'approche ou d'apport très précises venant de la création, parce qu'il y aura là une corrélation unitaire : dans cet endroit particulier, le créateur, la création et la créature sont le même.

e) Plan créé formel mortel et plan créé informel immortel

La distance et la différenciation entre la créature, le créateur et la création se fait par l'éloignement de ce point. Mais si la créature décide véritablement de s'élever vibratoirement – c'est-à-dire de muter toutes les parties de son système de mutant impérieux, de puissance accordée et de systèmes d'extériorisation –, si la créature décide de muter et de vivre sur un niveau plus élevé, plus proche de la continuité avec les autres parties de la totalité, elle va avoir progressivement une aperception plus claire de la pensée et de la présence du créateur, et son rapport à la création va être beaucoup plus harmonieux.

Il y aura perception de l'interrelation des figures les unes avec les autres. On en arrivera ainsi, très rapidement, à savoir que ce que l'on peut imposer de douloureux à la nature, à la création, on se l'impose à une partie de soi-même, et que l'offense que l'on fait au créateur est faite à une partie de soi-même. Petit à petit, par cette élévation, on rentre dans un champ de respect normal, automatique. On s'intègre dans la loi, parce que le principe qui guide toutes ces opérations est commun à tous ces aspects de créateur, de création et de créature. On constate que la créature peut ainsi s'acheminer d'un état créé formel mortel à un état créé mais peut-être moins formel et donc plus immortel. Cette conscience intérieure s'élevant vers la conscience du créateur – qui peut être le pôle créé informel immortel – va se polariser dans un circuit permettant de faire une relation avec la création qui sera le plan créé formel mortel. L'évolution de la créature sera donc progressivement le passage d'un état créé formel mortel lié à la création, à un état créé informel immortel beaucoup plus lié au créateur incréé informel immortel.

f) Continuité entre créature formelle et invisible – Zone de conjonction créateur-création

La conscience intérieure de la créature doit se numéroter en fonction des élans énergétiques qui la conjuguent. On pourrait donc dire qu'il y a deux types de créatures : les créatures liées à la création sont extrêmement formelles mais elles peuvent s'engager dans un programme les dirigeant vers les créatures non visibles par rapport au plan formel qui sont, elles, plutôt du côté du créateur. Cette situation fait que la créature formelle est plutôt soumise aux lois de la création, et la créature invisible plutôt soumise aux lois du créateur.

L'être qui, tout en étant formel, s'achemine de plus en plus vers un contact avec ses véhicules subtils et sa conscience supérieure, va connaître à la fois les lois de la création et les lois du créateur. L'homme peut donc s'élever à un état où il devient aussi divin, de sorte que cette créature formelle peut être en corrélation très précise avec son équivalent invisible. Il y a donc un endroit où peut se faire une conjonction de continuité entre la créature formelle et la créature invisible. C'est dans ce niveau très particulier qu'il y a alors continuité de rapport entre le créateur et la création. Par la partie invisible, la créature peut s'accorder à la présence du créateur, et par sa partie formelle, elle peut s'accorder à la création. Dans cet état très particulier qui est le résultat d'une démarche volontaire de la créature formelle vers sa créature invisible correspondante, et d'une démarche de la créature invisible vers la créature formelle correspondante, cette conjonction fait que, à cet instant, le rapport qui existe entre la créature formelle et la créature invisible est en résonance avec le rapport direct existant entre le créateur et la création.

g) S'approcher de la zone de conjonction créateur-création

C'est pourquoi, dans la mesure où une créature formelle réussit à entrer en conjonction avec son équivalent invisible, l'alimentation et le renforcement de cette conjonction peuvent être réalisés à partir de l'accès à la zone de conjonction permanente entre le créateur et la création – au point focal de contact entre le créateur, la créature et la création. C'est cette transformation de rapport à la totalité qui fait que la créature formelle et la créature visible se trouvant en conjonction accèdent à une zone tout à fait extraordinaire où la création répond immédiatement aux injonctions du créateur. Mais, comme on le voit, ce type d'intervention sur la création ne peut se faire que s'il y a approche de la créature formelle et de la créature invisible, parce que la créature formelle peut accéder à l'application de lois sur la création, mais la créature invisible est exactement consciente des injonctions du créateur.

D'autre part, on peut constater que cette corrélation entre la créature visible et la créature invisible ne peut appliquer ses possibilités d'intervention dans le rapport créateur-création que sur la zone où s'effectue réellement le contact entre l'émanation du créateur et la création, ou les débuts de la création. C'est donc une zone où la créature visible qui a réussi à établir son contact avec la créature invisible, peut intervenir pour réaliser dans la création des conditions qui sont désirées par la créature, en accord avec les lois du créateur. Ces lois du créateur parviennent à la conscience de la créature formelle par l'intermédiaire de la créature invisible qui lui correspond, c'est-à-dire des véhicules subtils ou des dimensions énergético-conscientes accordées à cette créature formelle. L'unification progressive de la créature formelle la rapproche donc du point eutectique de conjonction créateur-création-créature. Mais il faut qu'il y ait aussi rapport avec sa correspondance invisible, car c'est sa correspondance invisible qui lui apporte la compréhension des lois permettant au créateur d'agir sur la création – création qui a sa propre identité dans le Dieu absolu.

h) Prise de conscience par la créature de la pensée du créateur – Retour de l'enfant prodigue

En quelque sorte, pour créer une transformation au niveau de la création et de la créature, il faut arriver à faire que la partie de Dieu qui est dans le créateur, la partie de Dieu qui est dans la création et la partie de Dieu qui est dans la créature se rapprochent suffisamment pour qu'il se produise l'accord d'une configuration nouvelle qui se redéploiera vers la création et vers la créature, mais toujours en harmonie avec l'esprit du créateur. Si la créature s'approche de ce point eutectique en ayant muté progressivement sa situation au point qu'elle soit en conjonction avec sa correspondance de créature invisible subtile, il y a un instant où la créature, en conjonction avec sa correspondance invisible, peut prendre conscience de ce qu'est la pensée créatrice, la pensée du créateur.

Cette créature peut aussi observer la manière dont cette pensée est reçue par la création originelle. En réalité, la créature est matricée par la création dans ses états inférieurs et formels, mais elle est inspirée par la dimension du créateur grâce aux intermédiaires invisibles et subtils. Le créateur représente donc, en quelque sorte, le père, et la création est un aspect de la mère divine qui va se manifester par la création et par la créature. C'est pourquoi la créature ne peut intervenir sur la création que dans la mesure où, par l'intermédiaire des circuits invisibles et subtils, elle rejoint le point où le créateur intervient de l'intérieur, en quelque sorte, sur la création.

C'est ainsi que la créature peut effectivement déterminer, par son intervention, des transformations sur la création, dans la mesure où elle est suffisamment élevée et suffisamment précise en conscience pour entrer dans la zone d'application de l'esprit du créateur sur l'énergie originelle de la création. Cette situation peut être conçue d'une manière plus précise dans le sens où le Dieu créateur est, en quelque sorte, le Dieu immobile qui pense ou qui ne pense pas, selon ses états d'énergie, alors que la créature se trouve dans le champ du Dieu expérientiel qui va vivre au milieu du résultat de ses émanations et de la réponse qu'y a fait la création. Au milieu de ce champ d'expériences réalisé par la création, la créature va ramener des informations. Par son élévation, par sa prière ou par sa concentration, par sa demande, elle va ramener en direction du créateur des informations issues de l'expérience. C'est à partir de ces informations que le créateur va orienter sa création dans des conditions qui seront plus souhaitables pour une meilleure conjonction de la créature avec le créateur et la création.

Le summum de l'évolution de la créature, donc, est d'abord d'arriver à s'élever pour entrer en contact avec sa correspondance invisible, sa créature invisible, puis, en corrélation avec sa créature correspondante invisible, de s'acheminer en direction du point eutectique où se fait la conjonction créateur-créature-création, enfin, à cet endroit, d'apporter à la fois le résultat de son expérience – c'est-à-dire, en quelque sorte, le retour de l'enfant prodigue issu de la création et qui revient au créateur –

et une quintessenciation de son expérience. Cette quintessence, sous la forme d'une réflexion et d'une figure de conscience élevée et synthétique, va apporter, dans le champ de réflexion du créateur, les résultats de l'expérience qui s'est faite à travers cette créature, en vue d'une meilleure adaptation des éléments de la création pour d'autres expériences évolutives.

i) Point eutectique de contact - Réponse de la création à une créature accordée

Si une créature liée à sa correspondance subtile invisible a accès à ce point eutectique de corrélation créateur-création-créature, elle peut non seulement amener dans cet endroit le résultat de sa propre expérience, mais aussi centraliser l'ensemble des autres expériences qui vont se muter jusqu'à ce point de communication. C'est ainsi qu'une créature formelle plus élevée que d'autres finit par recentraliser d'autres créatures formelles ou subtiles, parce qu'elle a, par son évolution particulière ou sa volonté déterminante, accès au contact avec ce point eutectique. Si se concentrent sur ce point eutectique les résultats d'expériences de plusieurs créatures qui accèdent à cette zone de contact, l'écoute de cette synthèse d'expériences, auprès du créateur, sera beaucoup plus grande. En effet, plusieurs expériences auront été réalisées et quintessenciées en direction de ce point de contact particulier. Ceci déterminera, de la part du créateur, une intervention sur la création qui aura plus de chance de favoriser l'élévation de l'ensemble des créatures ayant réussi à émettre leur quintessenciation d'expériences en direction du créateur.

Mais, comme on peut le constater, les temps de réaction de la création et de la créature ne sont pas les mêmes, parce que les niveaux de condensation et de conscience sont différents. Une créature peut avoir un besoin qui lui semble immédiat. Mais la création ne crée les conditions demandées par cette créature qu'après que le créateur ait mis en place les éléments permettant à la création de réaliser ce qui a été demandé à la suite de l'expérience de la créature et qui a été décidé comme réaction par le créateur. Ceci demande d'autant plus de temps que la créature vit éloignée du point eutectique. Si elle vit très proche du point eutectique, il est évident que la création à laquelle elle se trouve rattachée est très proche de ce point eutectique. La réaction de cette création sera donc très rapide. On pourra dire que si ses désirs sont accordés aux volontés du créateur, ses désirs deviendront quasiment des ordres par rapport à la création. La création répondra très rapidement et la vie deviendra comme miraculeuse parce que, dès qu'il y aura constatation d'un besoin pour améliorer la conjonction avec le créateur, ce besoin sera comblé parce que la création réagira rapidement à cette demande. Mais il faudra que la créature ait eu la sagesse de vivre dans un aspect de la création qui soit quintessencié et subtilisé – abstrait, en quelque sorte.

Par exemple, on peut concevoir qu'un individu voulant réaliser un champ expérientiel de conjonction entre divers éléments va en demander la réalisation à une dimension supérieure. Si cette réalisation doit se faire dans un milieu très difficile – comme un milieu de guerres ou d'affrontements, de distorsions et d'éloignements par rapport à la source-origine –, son désir de réaliser une conjonction d'harmonie et de beauté va être très difficile. Si, par contre, il se trouve dans un milieu de la création où existe une certaine sérénité et où les éléments matériels sont en conjonction harmonieuse les uns par rapport aux autres, il y aura un certain temps pour réaliser, par exemple, le désir d'une créature d'avoir sa piscine, une belle maison ou un environnement qui lui soit favorable.

j) Cyclologie permanente entre création, créature formelle, créature invisible et créateur

Maintenant, si la créature s'élève encore plus dans un monde d'abstraction, elle pourra se trouver avec un aspect de la création qui soit plus schématique, plus originel. Elle peut alors, si elle y parvient, faire son cycle expérientiel dans un monde plus théorique et créer, effectivement, son monde idéal – non pas sur le plan formel mais dans un plan beaucoup plus abstrait. L'être fabrique alors un monde par des images d'ordinateurs et des sons de synthèse. Il construit avec ces éléments, à plus ou moins grande échelle, un environnement qui lui permettra de réaliser intérieurement le résultat expérientiel du contact avec ces éléments qu'il a pu désirer. Dans la rapidité de ces réalisations expérientielles à travers la créature, tout dépend donc du niveau vibratoire dans lequel elle se trouve.

Plus la présence de cette créature est proche du point eutectique, plus il y aura présence proche des éléments de création, des éléments de la créature visible, des éléments de la créature invisible et des éléments du créateur. Il est bien certain que s'il n'y a pas présence de cette créature invisible, la créature formelle qui sera uniquement focalisée sur les aspects de la création formelle sera dans un état assez désespéré. En réalité, ce qui donnera l'intensité de rapport avec un aspect de la création, c'est la présence de la créature invisible. C'est, lorsqu'il existe en elle ce rapport équilibré entre la présence de la créature invisible et des réalisations formelles, que la créature formelle se trouve dans une situation de polarisation la rapprochant le plus du rapport entre le créateur et la création formelle.

C'est pourquoi le vrai bonheur de la créature est de s'approcher d'une zone où, tout en restant créature formelle, elle puisse entrer en dialogue avec l'aspect invisible des créatures et traiter ses rapports à la création d'une manière extrêmement quintessenciée. À ce moment-là, il y a une cyclologie permanente entre la création, la créature formelle, la créature invisible et le créateur, et une spirale évolutive très accélérée qui fait que l'on arrive à solutionner un grand nombre d'expériences dans un espace relativement délimité, avec une augmentation de plus en plus grande des contacts entre la création quintessenciée sous forme d'abstractions, de schémas, d'images, de lignes de forces, etc., la créature formelle qui est un point carrefour-support, la créature invisible et le créateur.

k) Conjonction entre Dieu immobile et Dieu expérientiel - Divinisation de la créature

Si la créature formelle s'élève, au point de vue énergétique, par la maîtrise de ses puissances et de ses extériorités dans une quintessenciation intériorisante, et si cette créature réalise son champ expérientiel à l'intérieur de systèmes plus abstraits comme une création sur ordinateur – une création qui ne l'éloigne pas trop d'une situation principielle –, si elle arrive à réaliser une conjonction de ce type tout en maintenant un niveau énergétique qui lui permette de s'accorder à sa correspondance subtile, à cet instant, la présence du créateur peut se faire beaucoup plus importante parce qu'il existe un champ d'énergie qui est le lieu de communication entre le créateur et la création. Dans ce lieu, peut donc se réaliser rapidement une conjonction entre le Dieu immobile et le Dieu expérientiel car, tout de suite, la créature quintessenciée en contact avec le point eutectique, par la transmutation des figures à l'intérieur de son système en conjonction avec le circuit invisible – par un jeu à travers son corps –, cette créature peut immédiatement apporter la quintessenciation de l'expérience.

Le Dieu créateur va donc pouvoir intégrer cette quintessenciation expérientielle pour réaliser une nouvelle application sur le système de la création qui est en corrélation avec cette créature. C'est dans l'amélioration de la continuité avec le point eutectique que cette créature va s'acheminer, progressivement, vers l'état d'une créature à la fois formelle et invisible. Si une créature peut passer de l'état formel à l'état informel, c'est parce qu'elle se trouve, à un instant donné, dans une telle situation d'accrochage au point eutectique et dans une telle corrélation entre le créateur et la création, que les forces de création relâchent la force de formalisation sur la créature et la font rentrer dans un nouveau niveau de possibilité.

Cette créature formelle qui reste cohérente, peut alors passer du formel à l'invisible et inversement parce qu'il y a effectivement une zone où le créateur vire de l'invisible aux origines de la création formelle. C'est donc à cet instant particulier où l'invisible peut se déverser dans la création et la créature formelle, que le créateur peut aussi s'impénétrer dans la création et la créature. La divinisation de la créature se fait donc dans l'instant où il y a échange entre l'invisible, la création, le créateur et la créature. La créature qui veut pouvoir manier son passage du visible à l'invisible doit pouvoir, en quelque sorte, intégrer en elle la conscience et la loi du créateur. Par sa décision, elle fait passer sa pensée, sa conceptualisation, à l'état de formalisation.

Il faut que la pensée du créateur puisse agir sur la créature d'une nouvelle manière. Il faut amener le champ de création à un état beaucoup plus proche, beaucoup plus ramassé, beaucoup plus synthétique. Ainsi, au lieu que l'énergie-conscience du créateur soit aspirée par l'éloignement de la création, il faut que cette énergie-conscience puisse pénétrer dans la création mais aussi dans la créature, de manière à ce que cette créature soit le plus proche possible de ce point de conjonction. À ce moment-là, tout s'approche. Le créateur, la créature invisible, la créature formelle et la création sont dans une situation extrêmement conjuguée.

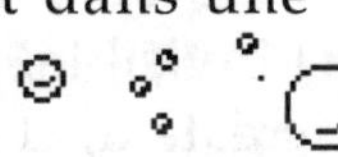

l) Rapprochement simultané entre créateur-créature formelle et créature invisible-création

Si l'on veut atteindre ce point-miracle, il faut créer aussi un rapprochement de la création et de la créature invisible simultanément au fait qu'il y a approche du créateur et de la créature formelle. La créature ne doit donc pas seulement avoir la volonté d'entrer en rapport avec son créateur. Elle doit aussi avoir la volonté de mettre en corrélation la création avec l'invisible, avec la créature invisible qui lui correspond. C'est la volonté de la créature qui va permettre cette corrélation entre la création et l'invisible. Sans cette conjonction, il existe une couche qui sépare la créature du créateur, et cette couche de séparation, ce tassement énergétique ne peut être dissous que par la circulation entre l'invisible et la création. En effet, il existe, entre la création formelle et l'invisible, un rapport qui est le même qu'entre le créateur et la créature formelle.

L'invisible peut amener la création en direction du point eutectique, si la volonté de la créature intervient, en accord avec l'esprit du créateur, pour faire ce rapprochement entre la création formelle et l'invisible, parce qu'il y a une possibilité de rapport entre la créature formelle et la création, comme il y en a entre le créateur et l'invisible. Si le créateur intervient directement en direction des mondes formels et que la créature est trop basse vibratoirement, l'intervention du créateur vers les mondes formels va créer une couche d'énergie condensée liée à son rapport de préformalisation avec la création. La créature se trouvera coiffée par cette préformalisation, à moins qu'elle ait la force de volonté nécessaire pour passer au-dessus de cette couche de préformalisation.

Mais en réalité, qu'est-ce que la volonté ? C'est une orientation des énergies et un choix sur cette orientation. En fait, si la créature veut entrer en rapport avec le jeu du créateur avec la création, il faudra qu'elle conçoive que le créateur va passer par l'invisible, c'est-à-dire par les hiérarchies qui sous-tendent le créateur, et que ces hiérarchies vont appliquer leur intervention en direction de la création. Cette intervention des hiérarchies sur le monde formel va être moins déterminante en ce qui concerne la réaction du monde formel. Justement, à l'endroit d'intervention des hiérarchies invisibles sur la zone des mondes formels, il peut se faire que la créature formelle s'approche de cette zone d'intervention et fasse interférer et intervenir sa volonté pour qu'il y ait réalisation, dans la création, des éléments qui paraissent importants pour cette créature formelle et son environnement.

Il existe une certaine polarisation entre le créateur et la créature formelle, parce que le créateur dispose du monde formel comme objet d'application de sa conscience et de son champ d'expérience. Mais la créature formelle existe à l'intérieur d'un système formel qui est son corps et son environnement formel. Elle dispose aussi d'une possibilité d'intervention sur un monde formel. Par contre, les hiérarchies invisibles ont d'abord un rapport avec le créateur et sont complètement accordées à sa conscience. Secondairement, elles font une application sur le système de la création. La différence avec la créature, c'est que les hiérarchies invisibles sont directement reliées au créateur, alors que les créatures formelles, englobées dans le système de la création formelle, sont relativement coupées de la conscience directe avec le créateur par la ligne de rapport qui existe entre l'invisible et la création. Si la créature formelle reste dans cet état, elle peut gérer la création formelle avec l'étincelle de conscience qu'a cette créature formelle. Elle s'exerce, à l'intérieur de cette création, à gérer la réalisation de certaines formes en utilisant les forces physico-chimiques de la création.

m) Conjonction créature-créateur et influence sur les hiérarchies invisibles

Cette séparation d'un contact direct avec le créateur fait que la créature développe une sorte d'autonomie de conscience et de gestion qui va déterminer des expériences particulières dans un champ délimité. Si donc cette créature développe un certain nombre d'expériences, prend de l'ampleur et voit son champ expérientiel s'augmenter, elle va commencer à se trouver en corrélation de résonance avec le créateur. "Qui se ressemble s'assemble." Cette créature, à la suite d'un certain nombre d'expériences qui s'effectuent au cours du temps, va vouloir approcher son étincelle de conscience du créateur. C'est à ce moment-là qu'elle rencontre la ligne de rapport invisible existant entre les hiérarchies et la création, qu'elle rencontre la loi d'application stricte des anges et des archanges sur le monde de la création. Elle doit donc négocier avec cette ligne de rapport et d'application stricte de la loi qui agit sur la création et, en même temps, garder sa résonance avec l'esprit du créateur qui intervient sur la création.

La conscience de la créature, en se développant, doit effectivement rencontrer le plan des hiérarchies qui contrôlent la création. Mais elle peut aussi le dépasser parce que la créature a fait l'expérience de la gestion de la création formelle par des intermédiaires qui sont soit des gens qui l'aident, soit des prothèses robotiques. Ce qui s'est développé dans cette créature formelle au cours de cette gestion de la création par la créature, un moment coupée de son créateur par la ligne de communication directe entre l'invisible et la création, est ce qui la conjoint d'une certaine manière à l'essence du créateur qui a effectivement son autonomie d'action.

Si la créature formelle s'élève suffisamment, elle peut effectivement toucher à la frontière entre l'invisible et la création. Mais elle peut aussi dépasser cette frontière ou s'intégrer dans un jeu où la conscience de cette créature formelle peut communiquer avec Dieu et intervenir comme adjuvant d'application de la conscience divine dans le commandement des hiérarchies invisibles qui agissent sur la création. Il peut donc se réaliser un accord entre la conscience d'une créature formelle hautement évoluée et certaines hiérarchies invisibles qui agiront sur la création et la matière en fonction d'injonctions venant de la conscience de la créature formelle. Ceci se réalise dans la mesure où cette créature formelle a une conscience qui s'est suffisamment élevée pour s'accorder à des diktats qui sont en accord avec l'esprit du créateur. Il peut se faire ainsi toutes sortes d'expériences, parce que le créateur va réaliser des créations de toutes sortes de niveaux dans son jeu expérientiel, si l'on peut dire.

Une créature formelle qui a accès à des plans expérientiels très divers peut envisager de réaliser d'autres couches dans la création, pour d'autres expériences. L'élévation de la conscience d'une créature mortelle dans le champ de l'esprit du créateur ne peut pas se faire d'une manière très élevée si la créature formelle réalise des expériences relativement profondes et dans un plan condensé. Mais si la conscience d'une créature représente une véritable résonance avec ce que sont les éléments de fonctionnement du créateur par rapport à la création, il est certain que cette conscience va pouvoir agir sur les systèmes invisibles qui interviennent sur la création. La conscience et la volonté de cette créature peuvent alors intervenir, par l'intermédiaire de hiérarchies invisibles alliées au créateur, jusque sur la création formelle et matérielle.

C'est ainsi qu'il peut y avoir matérialisation et dématérialisation, dans la mesure où l'esprit de la créature veut être en relation avec le plus bas niveau d'intervention du créateur et des hiérarchies sur la création. Dans ces conditions, la conscience et la volonté de la créature peuvent agir en accord avec l'esprit de Dieu. Par l'intermédiaire des hiérarchies invisibles qui agissent sur la création, cette conscience et cette volonté de la créature peuvent intervenir dans des opérations de transformation matérielle à partir de l'invisible. Tout dépend dans quel niveau de conscience du créateur la créature veut entrer en résonance.

n) Créature, relais renforçateur du créateur sur la création

Si la créature entre en résonance avec un plan très profond de la conscience du créateur, il y a progressivement dématérialisation de la créature formelle. Celle-ci se transcrit dans un autre système énergétique qui va appliquer la loi du créateur à partir d'un système ne résultant pas de l'intervention du créateur sur l'invisible angélique, en quelque sorte. Ce système va intervenir à partir des créatures formalisées qui se sont transmuées et qui sont entrées dans le champ du créateur – qui ont donc accordé leur décision et leur possibilité d'intervention, en toute liberté et en toute conscience, à la loi et au principe d'action du créateur. Ce relais du libre choix et de la conscience donne une force d'application sur la création que ne peut pas avoir une créature invisible qui n'a pas le choix.

La créature invisible n'a pas en elle la force qui est issue du contact avec la condensation, objet de l'expérience de la créature formelle. Celle-ci, face à la résistance de la condensation, va développer en elle une sorte de résistance et d'autonomie de sa conscience. À ce moment-là, son problème sera de raccorder cette autonomie de la conscience à la loi du créateur. Elle va développer une sorte d'autonomie de sa conscience qu'elle peut mettre en accord avec le créateur. Alors, son autonomie devient un relais renforçateur de l'application de la pensée du créateur sur la création.

L'intervention d'une créature développée et accordée au créateur, sur la création, va pouvoir traiter des rapports à la création dans des couches beaucoup plus condensées et des champs expérientiels différents de ceux qui sont réalisés à partir d'interventions sur l'invisible. En quelque sorte, les hiérarchies invisibles s'occupent d'un fonctionnement dit naturel : le développement des fleurs, la vie des animaux, les mouvements géologiques, etc. Mais la créature formelle qui s'est élevée jusqu'au créateur peut être inspirée par le créateur pour fabriquer de nouveaux éléments et de nouveaux systèmes expérientiels, c'est-à-dire une élaboration, une extraction des minerais, des cristaux, etc., et la fabrication d'objets nouveaux comme sont les computers, par exemple.

Ceux-ci vont développer d'autres champs expérientiels grâce au relais pris par la conscience de la créature formalisée inspirée par le créateur pour développer un nouveau traitement de la condensation et la réalisation d'autres créatures formelles que peuvent être les robots ou les computers. Ils vont avoir des capacités de créatures formelles nouvelles qui sont réalisées à la fois par l'inspiration du créateur supérieur et du nouveau créateur qui s'est développé par son élévation de conscience et d'énergie, et qui est l'ancienne créature formalisée.

o) Programme numérique de formalisation

Ce nouveau créateur va traiter la matière et la condensation d'une nouvelle manière, et ceci va réaliser un autre type de créatures formelles, comme sont les robots et les computers. Ce nouveau type de créatures formelles va alors, petit à petit, voir se développer une nouvelle correspondance dans l'invisible, dans le potentiel. Par exemple, l'image créée dans un ordinateur peut apparaître formalisée mais, en réalité, quand l'appareil est éteint elle disparaît en tant qu'image formalisée. Par contre, elle est enregistrée numériquement dans le computer où elle existe à l'état potentiel, c'est-à-dire numérologiquement.

La créature formelle mortelle que nous représentons sur ce plan a effectivement, dans un autre plan invisible, une correspondance numérologique qui est le schème potentiel de la formalisation de cette créature sur le plan formel. Cette numérologie est un accord de chiffres et de géométrie qui va réaliser la créature formelle selon certains schémas, créature formelle à l'intérieur de laquelle pourra exister une étincelle de conscience. La créature réalisée par le créateur issu de la créature formalisée – comme la créature réalisée à l'intérieur d'un computer –, aura une correspondance numérologique qui sera son programme numérique de formation.

La décision d'apparition de la créature-computer se fait par le fait d'allumer le computer, et cet allumage se fait par le créateur du computer et celui de l'image dans le computer. Ce créateur est au courant du programme qui permet de mettre en rapport l'invisible, c'est-à-dire le numérique de cette image, et le visible, c'est-à-dire cette image formalisée. Si, par exemple, une créature formalisée humaine voulait intervenir sur les lois de la création, ce serait un processus équivalent au fait qu'une image formalisée dans un ordinateur puisse intervenir dans le programme numérique qui préside à la formalisation de cette image dans le computer.

Il faut donc avoir un computer à plage mémorielle qui va profiter de l'expérience de la créature pour ressourcer cette expérience en direction de son programme numérique. Celui-ci va alors évoluer en fonction de l'expérience de cette image, et ceci va donner une nouvelle formulation des éléments en présence qui vont intervenir par la création dans l'environnement de la créature du computer. Ceci signifie que la créature formelle humaine ne peut pas intervenir sur des éléments de la création sans remonter à l'intérieur du programme qui a présidé à sa création. Il faut donc que, à l'intérieur du computer qui est alors le point eutectique de rencontre entre le créateur, la création et la créature, il y ait un perfectionnement suffisant, d'une part, et l'autorisation du créateur de ce computer, d'autre part, pour que l'expérience de cette créature s'intégrant dans le computer puisse provoquer des modifications dans l'invisible – c'est-à-dire dans le programme numérique –, afin qu'il se produise des transformations dans le champ de création qu'est le programme de formalisation.

Il faut que la conscience de la créature formelle puisse demander à Dieu, le créateur – celui qui allume le computer, qui a toute décision, qui fabrique le computer et les programmes – comme une sorte de prière : "Dieu, ne pourrais-tu pas faire en sorte que moi, créature formelle, je puisse dialoguer avec toi directement afin que tu puisses intervenir sur le computer au point eutectique pour fabriquer un nouveau programme ? Ceci permettrait à la créature que je suis d'avoir de nouvelles possibilités. Toutes ces possibilités, une fois atteintes, seraient enregistrées au point eutectique du computer dans un programme numérique qui enregistrerait la réalisation de cette nouvelle configuration.".

Si la conscience de la créature formelle et sa volonté dirigent le résultat de son expérience vers le point eutectique, c'est effectivement une image de computer qui devient tellement perfectionnée qu'elle ajoute son expérience au point eutectique du computer. L'enregistrement de cette expérience quintessenciée va se faire par la formulation d'un certain nombre de chiffres et de nombres. Ceux-ci vont passer d'un niveau extrêmement étendu – 10 000 000, 20 000 000, etc. – à des niveaux de plus en plus quintessenciés – 10, 4, 3, etc. – qui vont permettre l'enregistrement schématique de la corrélation expérientielle.

À partir du moment où il y a retournement des courants dans la créature formalisée qui ramène l'énergie vers le computer, ce computer enregistre l'expérience de cette créature. C'est en fonction de cette expérience enregistrée que, éventuellement, le créateur peut faire un nouveau programme et un nouvel enregistrement numérique qui va favoriser la réalisation d'une créature encore plus appropriée, encore plus satisfaisante, encore plus proche du créateur – une créature encore plus susceptible d'entrer dans un dialogue satisfaisant et cohérent avec le créateur du computer, du programme, de la créature et du système numérique d'enregistrement invisible.

p) Ramener une énergie quintessenciée dans le champ de l'énergie pure

On sait que, par exemple, le créateur peut intervenir sur le programme numérique invisible qui est l'arrière du décor par rapport au programme visible qui est affiché. Une toute petite intervention sur le programme invisible, le programme numérique invisible qui est derrière, détermine de grands changements dans la manifestation du programme extérieur et dans la réalisation de la créature par le computer. Ceci prouve bien que, à tout instant, le créateur peut intervenir sur la création qui est le programme et, par voie de conséquence, sur la créature, avec très peu d'intervention. Ceci veut dire aussi que si la créature demande au créateur de réaliser quelque chose et que ce message parvient au créateur parce qu'il est suffisamment précis ou suffisamment réitéré pour devenir une nécessité d'intervention pour le créateur, il y a forcément une réponse du créateur qui va modifier le système numérique. La modification de ce système numérique invisible va changer le programme de la création, et la modification de ce programme de la création va intervenir sur la créature qui aura ainsi une réponse à sa demande à partir du créateur.

La conscience de la créature formalisée peut donc essayer de remonter à la source de son créateur au contact des créations invisibles et du programme de la création. Elle peut essayer de s'intégrer en direction de ce point eutectique. Alors, elle arrivera peut-être à s'intégrer dans la gestion de la création formelle naturelle. Ou alors, cette créature peut reproduire le schéma du créateur. Elle peut réaliser elle-même son computer, intervenir sur la programmation numérique, faire son programme et ses créatures qu'elle va gérer sous forme de robots qui vont lui apporter les éléments de bien-être dont elle a besoin. Ceci veut dire que la créature formelle devrait être réalisée pour apporter un bien-être à son créateur, une satisfaction. La créature formelle qui apporte des satisfactions à son créateur est une créature sur laquelle le créateur va porter son attention. Il va choisir particulièrement de porter son attention sur cette créature, parce que cette créature lui apporte des satisfactions. Les satisfactions du créateur ne sont pas forcément les mêmes que celles de la créature formelle mortelle qu'est l'être humain.

Il s'agit de se replacer dans le contexte du créateur qui est conscience absolue au sein de l'énergie pure. Donc, ce qui va satisfaire le créateur, c'est une émission de conscience quintessenciée résultant de l'expérience de la créature, un enrichissement de conscience par la réflexion de la créature à travers son expérience. C'est aussi une alimentation en énergie qui boucle le périple de l'énergie et qui ramène une énergie quintessenciée et pure dans le champ de l'énergie pure – donc, une transmutation énergétique de la créature qui puise dans les énergies de la création et qui, par son élévation énergétique, son élan, sa transmutation d'énergie et son adoration, ramène une énergie d'amour extrêmement purifiée vers le créateur. C'est à ce moment-là que le créateur peut avoir une joie de rapport avec cette créature qui lui ramène le fruit de son expérience et une énergie subtilisée vers les plans supérieurs.

SÉRIE 3

ÉVOLUTION HUMAINE

1. Qu'est-ce qui peut réellement déterminer l'accélération de l'évolution d'un être ?

a) Analyse des informations venant des champs d'expérience

Pour aider un être à se développer, il est indispensable de le situer dans une ligne de travail qui lui permette de rassembler toutes ses figures sur une seule signature, c'est-à-dire de s'unifier dans une direction intérieure précise. L'être a plusieurs problèmes à solutionner. Le premier est celui de se raccorder à une dimension de sumérienne essence. Pour cela, il a besoin de se transmuer, de s'élever et de ne pas se déjeter dans des zones qui vont l'éloigner de sa dimension subtile et spirituelle. Il va rechercher avant tout cette unification à la dimension spirituelle et subtile la plus élevée qu'il puisse concevoir. Ceci est le premier point.

Le deuxième point, c'est que cet être dispose de toutes sortes d'émergences externes en résonance avec des champs temporels très divers qui interfèrent dans son existence par un environnement formel, c'est-à-dire tout ce qu'il peut côtoyer à l'extérieur et aussi les influences subtiles qui ont des interventions sur son cœur, son foie, ses poumons, le fonctionnement de sa conscience, etc. Des interventions de toutes sortes se font sur sa nature, interventions qui sont accélérées par les moyens de diffusion, d'information et de suscitation qui se déroulent à notre époque.

Dans ce champ d'énergie, l'être doit essayer de traiter tout cela en y mettant de l'ordre. Il doit réussir à catégoriser les secteurs qui arrivent vers lui et à ne pas les laisser arriver d'une manière très disparate et hétérogène. Il doit essayer de classer les secteurs dans de grandes rubriques, de regrouper des circuits les uns par rapport aux autres, permettant ainsi d'examiner la situation de toutes ces informations, de ces stimuli qui arrivent de l'environnement. Il doit retrouver une situation coordonnée entre toutes ces informations qui lui arrivent, trouver un équilibre entre tous ces systèmes pour les coordonner les uns par rapport aux autres, les antipolariser, les féconder les uns les autres, de manière à réaliser en lui-même les éléments qui correspondent à tous ces circuits extérieurs qui lui parviennent, car on a toujours une résonance intérieure avec ce qui nous vient de l'extérieur.

Il faut voir dans quelle mesure ce qui arrive de l'extérieur est semblable ou dissemblable à ce que vous avez à l'intérieur. Il faut essayer de distinguer exactement les éléments d'une situation. Par exemple, si vous voyez agir un être d'une certaine manière et que cela vous choque, c'est qu'une partie de vous est liée à cette situation. Si vous ne réfléchissez pas, et ne vous demandez pas comment vous auriez agi, vous, en la circonstance, vous enregistrez une figure sur laquelle vous ne vous êtes pas penché, qui va intervenir dans votre figure et ouvrir une brèche dans le système de fonctionnement de votre signature.

Si vous voulez traiter la configuration de cette manière et filtrer ce qui vous arrive, le revoir, y réfléchir et restructurer cette expérience en fonction de la qualité de votre intériorité, vous arrivez à construire un circuit intérieur qui dispose alors de sa propre gestion. Petit à petit, par la réflexion face à l'expérience qui vous est présentée, ce circuit intérieur va construire un organigramme qui permettra effectivement de ne pas avoir besoin de réaliser cette expérience. Vous aurez bénéficié de l'expérience d'un autre. Mais, y ayant apposé une réflexion, vous pourrez ainsi en tirer une conclusion sans avoir besoin de vous engager dans ce programme.

La réflexion à l'intérieur de l'expérience est un facteur extrêmement important pour l'évolution. Il ne suffit pas seulement de relater ou d'inscrire sur un cahier ce que vous avez vu, etc., il faut retirer une réflexion intérieure sur cette expérience, la vôtre ou celle des autres. C'est à partir de cette réflexion que vous prenez, d'une manière ou d'une autre, une décision d'action sur cette expérience. L'accès à cette décision permet de réaliser une évolution par rapport à l'expérience.

Ceci représente le deuxième point de l'évolution de la conscience : l'examen des expériences sur une réflexion qui va conduire à une décision d'attitude vis-à-vis des expériences et des situations qui sont présentées à l'extérieur.

b) Maîtrise des forces explosives

Le troisième niveau qu'il faut envisager durant l'existence, c'est le traitement des forces qui sont accrochées à votre système et qui doivent être essayées en partie, jusqu'à la limite où vous pouvez garder le contact avec votre dimension unitaire interne. Celui qui a réussi à refaire son contact avec sa dimension de sumérienne essence et sa conscience spirituelle et subtile supérieure, qui a pris l'habitude de réfléchir systématiquement à toutes les situations et les expériences qui lui sont présentées, est armé pour aborder le troisième niveau de son existence, celui du traitement des forces profondes de sa nature et de tous les systèmes d'arrimage qui viennent à la fois des forces animales profondes et *daïmoniques* qui sont en dessous de lui, et des accrochages gravitationnels qui sont reliés à la terre, à la lune et à la création. Tous ces circuits doivent être abordés couche par couche.

De même qu'il doit toujours surveiller la bonne liaison avec son dimensionnel supérieur au fur et à mesure qu'il aborde les couches de puissance, de même, l'individu doit aborder les couches de puissance et se trouver dans d'autres champs d'expérience. Il doit toujours apposer une réflexion soutenue sur ces systèmes d'expérience.

Ces deux éléments étant respectés, un troisième élément se présente : il s'agit de ces systèmes de puissance qui sont toujours des énergies comprimées, difficiles à atteindre au départ. Quand on les a atteintes, elles sont assez explosives. Donc, au moment où se fait le contact avec ce système de puissance et qu'il y a ouverture des forces explosives sur ce système de puissance, à ce moment-là, l'individu doit être très maîtrisant. Il doit arriver à établir un contrôle et une maîtrise sur ces forces explosives et il doit les aborder couche par couche. S'il aborde des forces explosives trop grandes sans avoir acquis une capacité de contrôle, il va se faire éclater complètement. Donc, il faut qu'il aborde les puissances, petit à petit, en fonction de ses propres puissances de contrôle. Il ne doit pas avoir les yeux plus gros que le ventre, ni être présomptueux. Il doit être prudent, humble et doux de cœur, extrêmement conscient et très lucide. Qu'il ne s'engage pas dans une accélération émotionnelle face au dégagement de certaines puissances. Qu'il sache à tout moment se dégager de la rencontre avec certaines puissances trop importantes qui le feraient complètement exploser.

c) Programme d'existence conscience-puissance

Il ne doit pas rester dans ces zones extrêmement explosives ni les rechercher par une sorte de perversion et de goût du mal particulier. Il faut qu'il sache maîtriser son goût du mal parce que c'est cet engagement et cette inspiration venant des puissances qui conduisent les êtres à faire le mal, étant eux-mêmes complètement manipulés par ces puissances. Il faut que l'être, dans sa vie, sache se préserver des gens qu'il rencontre qui sont déjà aux prises avec les forces de puissance qui leur font faire le mal. Il faut qu'il arrive à se différencier de ce type d'inspiration et qu'il se maîtrise afin de ne pas se faire emmener dans ces manipulations.

Dans ces conditions et s'il travaille étape par étape, il peut aborder des couches de puissance de plus en plus importantes. Mais il doit toujours le faire en sachant que s'il reste dans le champ de la conscience et de l'énergie supérieures, il va pouvoir aborder les puissances couche par couche, en les mutant et en les ramenant dans ce champ de conscience et d'énergie supérieures. Si jamais il plonge trop profond dans le champ des puissances, il risque de voir toutes ces puissances l'englober et même lui passer par-dessus la tête et le mettre dans une situation de déconnexion par rapport à ses guidages de conscience supérieure. Cet être-là va complètement tomber en dessous de la frontière de déconnexion. Il ne va plus du tout pouvoir régler les systèmes de puissance puisque, très vite, les systèmes de puissance l'enserrant vont influencer sa conscience et lui faire faire des erreurs qui seront sûrement fatales à plus ou moins brève échéance. Donc, il ne faut s'approcher des dimensions de puissance que dans la mesure où l'on a un très fort circuit de synthèse en place avec un circuit de transfert externe qui est extrêmement bien créé – donc, force de conscience et force d'énergie subtile et vitale bien installées.

Il ne faut s'approcher de ces systèmes de puissance que dans ces conditions et utiliser les circuits de puissance qu'on a déjà maîtrisés pour pouvoir réaliser la mutation de nouveaux systèmes de puissance ; mais ceci sans aller les chercher, en attendant que ces systèmes de puissance soient mutés par les puissances intermédiaires maîtrisées, qu'ils s'élèvent et qu'ils se présentent dans des conditions de décantation et de transmutation rendant possibles un dialogue de conscience, une organisation et une meilleure direction. Ceci représente un programme d'existence qui serait normal, c'est-à-dire l'alliance à une conscience, une réflexion sur les expériences externes qui permettent de se fortifier en ce qui concerne le troisième niveau : la maîtrise des puissances qui sont abordées dans la vie et qui doivent être mutées, élevées, au lieu d'être abordées directement. Cela ressemble à la différence entre prendre contact avec un fauve dans la forêt et prendre contact avec un fauve dans une cage.

Il est nécessaire, d'abord, d'apprendre un peu la psychologie du fauve dans des conditions maîtrisées pour ensuite, si l'on a réussi à le dompter, rentrer dans la cage avec le fauve et vivre avec lui, ou essayer d'aller le côtoyer dans la forêt. Il faut être attentif aux étapes qui permettent à l'être, à la conscience, de se former dans la maîtrise d'énergies hyperpuissantes. Une fois que l'on a acquis ces possibilités, on peut continuer à les perfectionner en aidant d'autres êtres à réaliser ce programme. Alors, il faut leur apprendre les informations de conscience, la réflexion sur les expériences et l'exercice de maîtrise sur les puissances. Cette opération est un complément de l'existence qui permet à cet être de s'habituer progressivement à se retrouver en contact avec des pères spirituels qui aident les créatures moins évoluées à réaliser un programme de ce type.

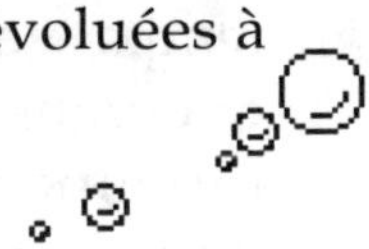

2. Est-ce notre passé qui détermine notre futur ou notre futur qui crée notre ligne d'évolution et donc notre passé et notre présent ?

a) Champ spatial, ligne temporelle cyclologique, synthèse intemporelle

Les notions de futur, présent ou passé sont des notions accordées aux lignes spatio-temporelles à l'intérieur desquelles se déploie l'existence d'une créature formelle. Au-delà de ces lignes énergético-spatio-temporelles, il existe une configuration interne qui est immanente, simultanée à tous les temps. Ces lignes unitaires qui viennent de l'intemporel sont en réalité les figures qui dirigent les configurations d'incarnation. Vous avez des corps qui s'immiscent dans des zones passées, d'autres dans des zones présentes et d'autres dans des zones futures. Le code de numération interne tient la cyclologie totale de cette configuration. Vous pouvez donc intervenir sur les champs spatiaux par l'intermédiaire des diverses lignes temporelles. Votre champ spatial se délimite sur une ligne temporelle qui est cyclologique. Vous avez une sorte d'énergie qui circule, qui passe du passé au présent, du futur au passé et qui est une signature temporelle en déroulement cyclologique et circulaire. Cette énergie délimite un champ spatial. Ce champ spatial est la zone par laquelle se fera la mutation des systèmes de numération impérieuse issus de la création.

Pour traiter le système de numération impérieuse qui est à réaliser dans les champs spatio-temporels, pour créer ces systèmes de puissance, il y a plusieurs modes d'accès à ces systèmes de puissance. Vous pouvez le faire selon le champ temporel futur, selon le champ temporel présent ou selon le champ temporel passé. Les transformations de vos figures totales, à transférer énergétiquement à travers l'espace et le temps, vont se raccorder en fonction du système de transfert que vous avez à mettre en place pour réaliser une synthèse intemporelle. C'est pourquoi, plus vous vous approchez d'une numération de synthèse, plus vous pouvez avoir des informations concernant le passé et le futur.

b) Spirale du temps, de la puissance à la conscience

Vous avez ainsi des changements de coordonnées qui se font parce que, en réalité, selon le niveau vibratoire dans lequel vous êtes, vous pouvez avoir une perception de vos transferts passés, c'est-à-dire de ceux qui sont dans les tours de spirale les plus proches de la puissance. Vous pouvez avoir une transcription de vos circuits sur une zone présente qui se trouve dans la zone intermédiaire de la spirale cyclologique du temps, ou alors vous avez une perception des figures futures. Cet ensemble de signaux s'étage selon une sorte de spirale qui part des systèmes de puissance et va progressivement, par cercles successifs, rejoindre le niveau supérieur de conscience. Ainsi, le temps représente des transformations permanentes entre les faisceaux de puissance qui s'immiscent dans les zones temporelles et les systèmes de numération unitaire qui intègrent ces figures au fur et à mesure qu'elles se transfèrent.

Mais on constate que, dans les étages inférieurs de la spirale, le système évolue avec une prédominance d'impressions du passé. C'est une zone primitive d'évolution de la puissance. Lorsque vous évoluez dans un champ proche des puissances, vous avez une sorte de stagnation cyclologique dans des circuits du passé. Vous êtes au début du traitement des systèmes de puissance, donc ceci représente, en quelque sorte, le passé. Quand le circuit évolue, il se fait un déploiement cyclologique dans un présent qui évolue d'une manière ample et qui a une zone de rencontre avec un champ étendu d'évolution. Comme dans un cône, la base est très serrée, ensuite il y a un écartement dans la zone présent intermédiaire, puis la cyclologie continue et l'être s'élève vers une situation future d'une plus grande évolution. On arrive alors aux dernières limites, dans une situation où le futur est prédominant par rapport au présent et au passé, et se resserre, se synthétise dans une numération qui va rentrer dans un champ intemporel. Les changements de numération qui s'effectuent au cours du temps sont issus des transformations des systèmes de puissance en présence. Dans ces conditions, voyager dans le temps, c'est réaliser une mutation de l'énergie qui va permettre à la puissance de s'élever vers la conscience.

c) Accès à la conscience du futur

Plus la puissance dispose d'un organisme élaboré pour pouvoir s'élever vers la conscience, plus il y a accès à une dimension de conscience supplémentaire. On peut le voir dans une fusée, par exemple. Si les carburants d'une fusée sont simplement allumés, ils explosent d'une manière désordonnée. S'ils sont mis dans un simple obus, il vont se soulever, aller plus loin et retomber. Mais s'ils sont mis dans un système extrêmement élaboré et coordonné, ils vont s'élever très haut dans la stratosphère, et même ils peuvent être mis en orbite. S'ils transportent un système encore plus élaboré qui est un télescope ou un système d'émetteur, il y aura une opération d'information ou de diffusion de la conscience qui proviendra de la mutation accélérée de la puissance du carburant à travers un instrument intermédiaire perfectionné. Ceci déterminera rapidement, par cet envol, la mutation d'une puissance sur un niveau de conscience plus élevé, avec stationnement de cette dimension dans un plan beaucoup plus futur par rapport à la puissance souterraine dont sont issus les carburants.

L'accès progressif à une conscience du futur est lié à une mutation de la puissance dans un système élaboré pour réaliser la mutation de cette puissance vers une dimension de conscience plus élevée. On peut dire que l'on gagne du temps dans la mesure où la puissance se trouve engagée dans un circuit perfectionné qui fait le plus rapidement possible l'élévation de cette puissance vers une dimension de conscience supérieure. Dans ces conditions, la puissance à l'état brut réside dans un champ à prédominance de passé, alors que la conscience réside dans un champ à prédominance du futur.

Un être qui veut augmenter sa puissance creuse dans des couches anciennes de son circuit. Il creuse dans son passé et peut en retirer une ligne de puissance, ou alors il creuse des mines et en retire des systèmes souterrains dont il fera sa richesse. Celui qui veut s'orienter vers le futur ne peut le faire qu'en faisant appel à une dimension de conscience supérieure. Cette dimension lui permettra d'accéder à une perspective d'avenir, lui donnant une vision de ce qui va se dérouler et lui permettant de prévoir la meilleure évolution possible à réaliser pour muter son passé en futur, c'est-à-dire pour l'adapter au futur.

d) Faire venir dans le présent un système de conscience futur

Un être qui a des informations venant d'une conscience supérieure va pouvoir organiser son futur avec le plus de précision possible. Il va pouvoir accélérer la mutation de son passé et de ses puissances et ainsi libérer son système karmique, c'est-à-dire l'ensemble des puissances qui sont accrochées à lui, soit par son type de créature dès le départ, soit par l'accumulation d'un certain nombre d'actions qui ont créé des alliances avec des systèmes de puissance, et qui représentent le capital de puissance que cet être doit solutionner pour revenir entièrement dans le champ de la conscience unitaire. C'est pourquoi la vie humaine oscille assez souvent entre le traitement des puissances qui représente un regard vers le passé, et le contact avec une dimension de conscience supérieure qui représente le contact avec le futur. Les corps qui n'ont pas assez de contact avec le futur ont un présent qui est accroché par un passé. Ils sentent le vieux. Ils sentent le décati. Ils ont des codifications qui sont quasiment arrêtées. Ils ne transfèrent plus de figures de réinsertion sur l'antenne de transfert unitaire.

C'est pourquoi les mères qui surveillent les corps usent des corps qui ont une communication avec un plan d'unification, parce que ces corps sont les meilleures voies de passage des systèmes de numérations impérieuses vers les circuits de sumérienne essence. Seulement, les puissances de la mère qui abordent un véhicule peuvent s'accrocher tellement à ce véhicule que celui-ci va fonctionner en dessous de son niveau de transfert unitaire. Il faut faire attention au fait qu'un véhicule de transfert en très bon fonctionnement, qui permet de transformer beaucoup de puissances sur une dimension de conscience, ne soit pas trop accroché par un certain nombre de puissances de la mère qui le mettraient plus dans le système de puissance que dans le système de conscience.

Pour faire venir dans un temps donné des dimensions de conscience supérieure, il est nécessaire que l'accrochage de puissance soit assez important. Si un homme a réussi à entrer en contact avec son système de numération unitaire, il peut en retirer beaucoup d'informations venant du futur. Mais, pour le faire apparaître et le formaliser sur ce plan, il faut que le système de puissance qui sous-tend ce véhicule soit à la fois extrêmement présent comme puissance, mais aussi réalisé avec des puissances qui ont déjà amorcé sérieusement leur mutation vers un plan futur. La conscience qui va recevoir les informations venant du futur devra se tenir en contact avec ces puissances sublimées. Pour formaliser cette conscience du futur, elle devra, pendant un certain temps, résider encore dans des champs de puissance ; sinon, il n'y aura pas de formalisation.

e) Retour vers les dimensions de sumérienne essence

Mais si ce corps utilise son pouvoir de matérialisation pour réaliser des informations venant du futur, il pourra créer une sorte de réalisation formelle permettant à ces puissances de s'accrocher non plus à sa créature, mais aux productions qui seront issues du fonctionnement de sa créature. C'est progressivement, lorsque ces créations formelles seront suffisamment stabilisées sur le plan de la forme, que cette créature pourra à nouveau se détacher du système de puissance et rassembler ses configurations sur un niveau de plus grande subtilité.

Cette opération n'est pas simple à mener parce qu'il y a cet équilibre entre la substance qui pourrait rejoindre une signature de numération unitaire et la matière qui peut inclure en elle, par l'intermédiaire de livres ou de productions culturelles, des informations venant de la conscience supérieure, mais dont l'enveloppe matérielle peut envisager d'être prolongée même au sein des systèmes de puissance.

L'opération menée par un corps qui transfère des énergies et des systèmes de conscience supérieure sur le plan formel, est une opération qui peut permettre à ce véhicule formel de se retraduire dans une dimension de subtile essence, dans la mesure où il y a eu suffisamment d'échanges entre le circuit de conscience supérieure et le circuit de puissance impérieuse. Cette opération de formalisation – matérialisation des circuits supérieurs à travers le véhicule formel d'une créature substantielle – peut permettre une certaine mutation de l'être au bout d'un certain temps, lorsque ce système matériel tenant en lui une dimension de conscience a suffisamment agi sur des systèmes de puissances pour les faire se soulever sur un autre niveau et s'intégrer à l'intérieur du champ délimité par les créations matérielles tenant en leur sein ces informations de conscience supérieure, comme des livres, des enregistrements, des cassettes, etc.

C'est seulement lorsque suffisamment de puissance a été mutée que le corps substantiel de la créature qui reçoit et transmet des informations de ce type peut éventuellement passer sur un autre niveau énergétique, car il peut se faire remplacer par les éléments formels et matériels représentant l'enveloppe des enseignements reçus par l'intermédiaire du corps substantiel et contenus par une formalisation matérielle. Quand ce relais est créé pour le système de puissance, le corps physique de la créature qui a reçu les messages supérieurs peut repasser dans les éléments les plus élevés de son circuit et voyager, de plus en plus précisément, d'un certain présent vers un certain futur, jusqu'à rejoindre les dimensions de sumérienne essence.

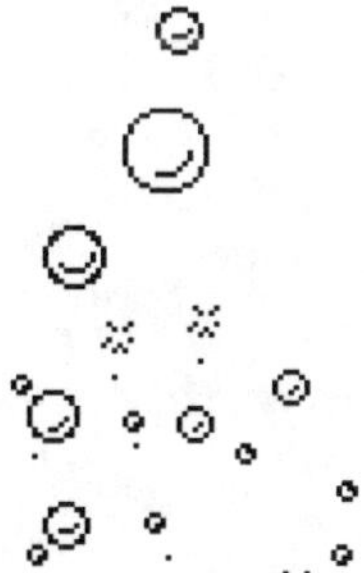

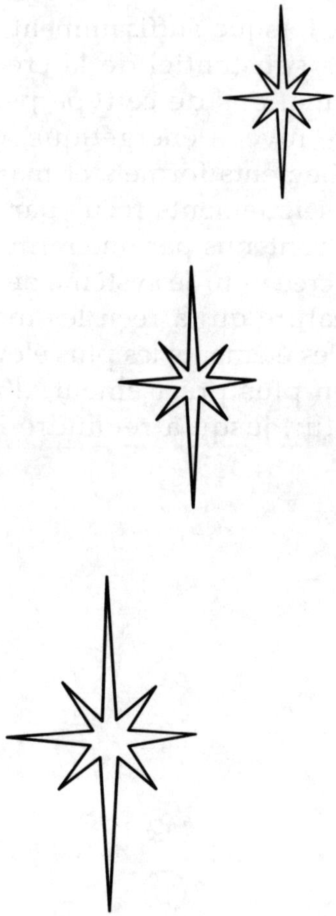

SÉRIE 4

LIMITE DE L'UNIVERS ET SYSTÈMES EXTRÊMES

1. Est-ce que l'univers a une limite ?

a) Rapport permanent conscience-énergie-forme

La numération interne a une conception de l'univers qui est fonction du niveau dans lequel se déroule le circuit de conscience en présence. Si votre numération interne est très déployée, elle aura une conception extériorisée de l'univers. Si votre numération interne est très unifiée, elle aura une conception instantanée et unitaire de l'univers. C'est pourquoi les portions d'espace-temps couvertes par l'éther intérieur organisent les configurations en fonction du niveau de conscience d'un être. La configuration la plus exacte est que, en réalité, il y a dans l'univers un rapport permanent entre la conscience, l'énergie et les diverses formalisations de la puissance accordée.

Celui qui veut intervenir dans la conception de l'univers doit avoir une conscience accordée à ce que représente la puissance de tout l'univers. S'il n'a pas cette conscience équivalente, le corps énergétique va le mettre dans une situation se trouvant entre ce qui est la véritable conscience de l'univers et ce qui est la puissance de l'univers. Les deux sont en corrélation, mais le niveau énergétique d'un être va réussir à faire la synthèse de l'intermédiaire entre la conscience et la puissance, s'il a une force suffisante pour faire la liaison.

S'il n'a pas cette force pour faire la liaison, son état énergétique va s'étendre en permanence entre la conscience et la puissance, jusqu'à ce qu'il ait fait la liaison entre la conscience et la puissance. C'est pourquoi celui qui se trouve dans un système de numération unitaire va concevoir la science interne de l'univers. Il va pouvoir en percevoir tous les rouages, toutes les figures qui y sont associées, mais la situation qu'il aura pour numération interne sera une situation de continuité.

b) Continuité interne de l'énergie et discontinuité de la forme

La science interne ne conçoit pas la discontinuité. Précisément, elle ne la conçoit que comme un état intermédiaire.

Elle ne peut pas considérer qu'il y a discontinuité puisque toutes les choses sont intégrées les unes dans les autres. Le père de l'unité interne a donc une conception très unitaire et très contrôlée de l'univers, mais à partir d'une dimension unitaire interne, c'est-à-dire que sa conscience unitaire interne a une conception de continuité dans l'univers. La numération interne ne dispose pas de figure qui lui donne la notion de discontinuité.

En réalité, la discontinuité peut commencer à partir du moment où, ayant traversé les mondes de l'énergie, on commence à apparaître dans les mondes de la forme. Si l'état intérieur de l'être qui voyage de la conscience vers l'énergie n'est pas encore suffisamment puissant pour *métraliser* le système d'énergie à l'intérieur duquel il se trouve situé, il va avoir la notion que cette énergie s'expanse en permanence. Il y aura l'idée, par exemple, que les galaxies s'éloignent en permanence. En réalité, le système de numération unitaire interne n'est pas encore assez fort pour étayer la signature qui va permettre de faire la corrélation de continuité entre la science unitaire et les consciences déployées sur des zones extérieures et qui créent des conditions de formalisation comme les systèmes galactiques, etc. Tous ces circuits sont des systèmes énergétiques organisés en transfert émergent.

Si votre numération unitaire interne est très subtile et permet de continuer à garder le contact avec tous ces éléments, il n'y aura pas de notion d'expansion, parce que le système sera en continuité. Si, par contre, votre système commence à se matérialiser, à se formaliser, si ses éléments sont dispersifs par rapport à la signature unitaire interne, vous allez avoir l'impression de fuite des galaxies vers d'autres dimensions. Mais si votre système d'énergie synthétique est complètement constitué, si vous avez une notion 56-57-58 qui est complètement interdimensionnelle, alors une autre figure se crée, celle de la conception interne de l'état énergétique complet de l'univers.

c) Centralisation ou expansion de l'univers

Si vous avez une configuration intérieure très puissante, le corps d'énergie externe à cette configuration interne très puissante va être tressé à partir de cette configuration interne. Vous allez pouvoir traiter la trace énergétique externe que sont les systèmes formels, comme des éléments se trouvant sous la maîtrise du système de numération interne. Alors la seule et unique limite qui existera dans ce système d'énergie, c'est la force de maîtrise que vous avez sur les concepts énergétiques et parfois matérialisés de vos circuits de sumérienne essence. Si votre transformation énergétique est expansive, vous allez avoir l'impression énergétique que tous ces éléments sont en train de disparaître à l'infini. Mais si votre système de numération est signé très puissamment sur une antenne d'insertion unitaire, vos contrats vont signer des signatures qui vont être stabilisées par rapport à votre système d'insertion unitaire.

Selon le contrat que vous déployez – soit un contrat d'insertion unitaire, soit un système d'émergence externe –, vous aurez une conception d'unification et de centralisation de l'univers, ou bien un système d'expansion et de diffusion énergétique de l'univers. Cela dépend du système dont vous êtes le tensionneur. Si vous êtes un créé pour l'antenne des numérations unitaires, les corps d'énergie externe seront tressés à partir de ce circuit. Vous aurez alors une transformation énergétique qui délimitera immédiatement le système d'univers dans lequel vous êtes. Si donc votre signature de conscience a une transformation énergétique appropriée pour tenir les transformations des formes les plus extrêmes de votre circuit, votre système d'insertion va pouvoir tresser une configuration qui vous donnera la notion d'une délimitation de votre univers.

Le corps d'insertion du système de numération est capable de traiter une configuration jusqu'à la limite où va se faire une formalisation. Celui qui a une transformation interne suffisamment forte va pouvoir à la fois intérioriser son système, terminer son circuit d'intermédiaire énergétique et contacter les éléments matérialisés extrêmes de son système, puis arrêter le système de matérialisation. Au-delà de ces matérialisations, il y a l'énergie potentielle.

d) État unitaire ou multiple selon la science intérieure

Le système d'énergie interne qui est créé à partir du système de conscience va être dans un état unitaire. Par contre l'énergie externe va être dans un état multiple. C'est pourquoi les configurations externes apparaissent sous forme de plusieurs galaxies. Seulement, le contrat d'insertion se transfère au fur et à mesure que l'état de science intérieure s'amplifie. Si vous avez une science intérieure très petite, l'organe d'insertion de votre système ne va appréhender qu'une très petite partie du système dans lequel vous êtes.

Par contre, si la transformation de votre système de numération unitaire se trouve étayée par toutes sortes de circuits, vous avez alors la possibilité de traiter les contrats qui s'effectuent à l'extérieur de votre système, parce que vous arrivez progressivement à les appréhender. Mais le réseau d'énergie externe se trouve de plus en plus éloigné, si l'on peut dire. Le mot n'est pas exactement adapté parce que les contractions du système d'unité interne procèdent de plusieurs couches de transfert, et des contrats d'énergie interne se créent à partir des systèmes de numération émergente externe tandis que d'autres se créent à partir des systèmes de numération impérieuse. Ceci fait que lorsque des numérations d'insertion unitaire se réalisent dans l'intériorité de votre système, vous avez des portions d'espace-temps qui sont codées par le système de numération unitaire, mais en relation avec les systèmes d'émergence externe.

Par contre, vous avez des systèmes d'espace-temps qui sont codés par les systèmes de numération impérieuse, ce qui fait que les contrats d'énergie ne sont pas les mêmes. Si vous êtes dans un niveau de science qui ne peut traiter qu'avec les circuits d'émergence externe, vous allez avoir la notion que le système est en émergence absolue, donc vous avez l'impression qu'il y a une expansion de l'univers. Mais si vous avez un *tranteneur*, c'est-à-dire un système de numération qui incarne les circuits sur des zones de numération impérieuse, ce système va rassembler les puissances dans un organe de *tranten* (1). C'est un organe de tracé énergétique en *séten-tranten*, c'est-à-dire un tracé énergétique qui se formalise. À ce moment-là, le système d'insertion interne va traiter cette configuration en partie avec le système d'intégralité qui vous concerne sur l'antenne intérieure, en partie avec les systèmes d'émergence externe qui donnent cette impression d'expansion infinie – mais l'organe inséré unitaire impérieux va traiter la configuration pour la déterminer. Ils vont traiter une configuration d'impérieuse figure qui est rassemblée sur une antenne d'intégralité et qui va effectivement donner la signature de retour à une transformation intérieure.

e) Extériorisation et réintériorisation simultanées

Il faut comprendre que si, par exemple, le concept interne du circuit est dans la phase expansive de son énergie, il va à chaque instant avoir l'impression que le système s'expanse parce que son aperception de conscience ne lui en donne pas d'autre. Si, par exemple, vous vous déployez sur une sphère à partir du nord, vous avez effectivement, pendant tout ce temps, l'impression qu'il y a expansion, parce que votre niveau d'information est fonction de votre possibilité d'aperception dans la zone qui est visible à partir du nord et jusqu'à l'équateur. Mais si votre système de numération unitaire interne se poursuit sur des notions beaucoup plus interdimensionnelles et que vous pouvez apercevoir par radiographie, en quelque sorte, ce qui se passe dans la calotte de l'hémisphère sud tout en étant à l'hémisphère nord, vous pouvez percevoir qu'il y a resserrement de la sphère en direction de l'hémisphère sud. L'hémisphère sud

1. Tranten : transfert ten.

représenterait alors le déplacement de la figure en direction des systèmes de numération impérieuse, alors que le déplacement dans l'hémisphère nord représenterait le déplacement dans le système de numération émergente externe.

Les concepts de numération unitaire sont donc fonction de l'état énergétique de la science interne de l'être. Si son contrat intérieur est strictement limité à la conception tendant à dire que la formalisation est la seule limite de l'univers, il va avoir le concept de l'extension vers un infini insondable. Par contre, s'il conçoit qu'il y a dans l'univers à la fois cette extériorisation jusqu'à la formalisation et une réintériorisation jusqu'à la subtilisation, il va avoir la possibilité de concevoir qu'arrivés à une certaine limite d'expansion – limite qu'il faut pouvoir atteindre dans ses concepts et dans son évolution intérieure et même technologique –, les systèmes en expansion se transfèrent en système d'intériorisation, et qu'il y a réinsertion du système d'expansion vers un système d'*unitarisation*. Cette possibilité est atteinte au moment où l'être a conçu que son système de science intérieure est accordé à une signature de résonance ultime, au même titre qu'à un raisonnement analytique.

f) Conception des contrats d'énergie interne

Celui qui se limite à son raisonnement extériorisant analyse les systèmes extérieurs et les rassemble dans une figure que l'on peut appeler la loi régissant les plans de l'énergie. Cette opération va lui donner une conception extérieure de l'univers. Mais s'il casse cette énergie et qu'il rencontre l'énergie interne à cette énergie, s'il soude alors des configurations qui lui permettent de transformer ses concepts en une signature subtile beaucoup plus interne à cette conception, s'il rassemble alors ses tracés sur des transferts éternels et *internels* au lieu de les traiter sur des zones *externelles* et *séternelles*, il va avoir une transformation de son système de conception. Il concevra alors que les contrats d'énergie interne sont immanents. Ils existent, ils sont créés et ils sont immortels. Ils sont à l'intérieur du champ expérientiel. Ils ne se déploient pas comme le font les systèmes du circuit expérientiel. Ils sont inhérents à une consolidation permanente des signatures d'émergence externe, mais ils sont incarnés dans des systèmes de lumière et non pas dans des systèmes de forme inférieure. La conception des contrats est alors complètement différente de celle qui a lieu pour les systèmes incarnés dans les formes extérieures.

Les formes extérieures ont des concepts de délimitation qui sont beaucoup plus sectionnants, en quelque sorte, beaucoup plus délimités et séparatistes que les concepts de lumière. La planète terre, par exemple, est délimitée à une certaine zone d'espace-temps, alors que le rayonnement de lumière du soleil s'étend extrêmement loin. L'étoile solaire est visible très loin. Le champ d'extension n'est donc pas le même. La disparition de la figure-lumière du soleil, qui s'effectue très loin, se fait en douceur, il y a une continuité. Dans le système de forme il y a discontinuité, il y a rupture de la continuité à un certain moment. C'est pourquoi, dans le phénomène de l'incarnation, il y a cette rupture de continuité de conscience avec les transferts supérieurs, du fait que le condensat dans lequel habite la conscience est créé sur une planète plus gravitationnelle que d'autres systèmes qui peuvent garder le contact. C'est cette extrême condensation qui crée la discontinuité.

g) Processus de subtilisation dématérialisante

Tant que l'individu inspiré par une dimension supérieure n'a pas réussi à sublimer suffisamment son véhicule physique sur ce plan, il va avoir une conscience de discontinuité. Il ne recevra pas les informations du circuit de télédiffusion et il aura des concepts délimitatifs de l'univers. Il aura donc une conception expansive de l'univers, dans le sens où son regard va vers la recherche de la formalisation de la matière qui s'extériorise par rapport au champ unitaire. Il aura cette conception d'expansion de la forme tant qu'il n'aura pas réussi à réintégrer en lui le système de numération unitaire lui permettant de réinsérer les systèmes de mutant extérieur qui devront se refaire une figure de numération unitaire interne en réinsérant leur circuit dans le système de subtilisation dématérialisante.

À partir du moment où l'être aura conçu cette subtilisation réinsérant les circuits vers les numérations unitaires internes en passant par les systèmes de numération impérieuse, tant que cette conception ne sera pas complètement intégrée par l'individu, sa science et sa technologie seront délimitées à un concept extériorisant. Il ne pourra pas avoir une perception unitaire de l'univers parce qu'il n'aura que la conception extériorisante et matérialisante du chemin conscience-énergie-forme. Il n'aura pas la conception unitaire et intériorisante du chemin forme-énergie-conscience. C'est la raison pour laquelle celui qui a un contrat d'unité de synthèse a un transféreur d'insertion qui lui permet de rassembler à la fois les configurations qui vont se mettre en système de forme et les contrats d'énergie qui vont s'unifier en système d'essence intérieure.

h) Organe d'intégralité et contrats d'énergie impérieuse : systèmes ber

L'organe d'intégralité est un système qui fonctionne entre le système d'émergence externe et le système de numération impérieuse rejoignant le système de numération unitaire interne. Si votre système de numération unitaire interne peut traiter une configuration aussi activement, alors vous avez des moteurs d'émergence externe qui peuvent se traiter à la fois dans le système de numération unitaire et dans le système de numération externe. Les contrats d'énergie impérieuse se font à l'instant où le système de numération émergente externe a réalisé son extériorisation et se ressoude progressivement à la signature de numération unitaire interne. C'est à cet instant qu'il y a changement des configurations du système de numération externe et que son circuit se déplace dans une zone où il va se descendre énergétiquement, jusqu'à excessivement se transformer au point de disparaître.

C'est cela le processus de disparition des étoiles, des systèmes énergétiques formalisés. Ils descendent de plus en plus dans les zones des simples puissants. Le contrat d'impérieuse figure devient alors le système de compression qui les détruit en apparence mais qui, en fait, les réintègre dans un monde d'énergie unifiable à la signature de sumérienne essence. Les bers sont les systèmes de destruction de ces systèmes de forme. Vous avez aussi cette expression pour les circuits de robots qui détruisent les systèmes de forme que vous avez sur ce plan : les machines, les grues, les appareils boutoirs à détruire les immeubles ou les compresseurs pour détruire les voitures, etc. Ces systèmes de destruction existent pour le monde des formes et les transforment en un autre état. Vos réseaux d'énergie interne savent que ces circuits sont accordés à une signature de sumérienne essence. Au moment où un circuit se déplace dans un système de fonderie, le circuit de matière passe dans un état d'énergie plus liquide.

Les réseaux d'énergie interne, guru 6 les connaît bien. Après que ces circuits aient été réaccordés aux zones énergétiques *internelles* par l'intermédiaire des systèmes éternels, les réseaux de l'unité de synthèse reprennent ces figures et rassemblent leurs configurations pour ramener dans les zones extérieures de nouvelles créations qui vont être les systèmes d'émergence externe se réalisant dans les mondes apparentiels. Les réseaux d'énergie interne sont donc toujours traversés par des circuits qui reviennent des zones de refonte et qui signent des contrats d'énergie externe appropriés à leur système de configuration.

i) S'accorder à la gravitation interne universelle immanente

Cette opération de circulation d'énergie à travers la forme et à nouveau à travers l'énergie est un processus qui accorde des figures à l'intérieur du circuit de numération interne. À travers cette expérience, cette confrontation de la conscience-énergie au monde de la condensation et de la refonte, une expérience est réalisée. Il y a la mise en place de configurations qui permettent de rencontrer des systèmes en phases différentes et d'exercer une nouvelle maîtrise sur le monde de l'émergence externe, par l'intermédiaire des configurations de numération impérieuse. Celles-ci sont en permanence plus puissantes que les systèmes d'émergence externe, dans le sens où la gravitation interne du monde énergétique est toujours plus puissante que toutes les matérialisations extériorisantes. L'être qui a des signatures de synthèse à la mesure de ses contrats va donc pouvoir reprendre ses configurations, même extrêmement éloignées, dans la mesure où il a un numérateur d'insertion susceptible d'entrer en contact avec la puissante, immanente gravitation universelle.

Si l'être incarné est capable de traiter une telle signature, son système d'intégralité va être changé et il va devenir progressivement, par l'intermédiaire de cette nouvelle situation, un être de l'émergence externe soudé à une signature de sumérienne essence. Comment ceci se produit-il ? Les portions d'espace-temps les plus intégrées dans le système de l'unité de synthèse ont une durée énergétique beaucoup plus grande que les systèmes qui sont en signature d'extériorisation.

Celui dont le contrat de numération unitaire interne s'est raccordé au système de la gravitation universelle et qui arrive à subir les transformations qui se jouent à partir de ce moment-là, va se trouver dans une situation où il ne sera plus dans un état d'incarnation lié au système d'extériorisation non intégré dans le système de transfert unitaire. Il va traiter des opérations qui vont se réaliser dans des zones spatio-temporelles très liées au système de l'unité de synthèse. Les portions d'espace-temps accordées au système de transfert à longue durée vont alors commencer à s'ouvrir à ce signal de numération. Il y aura ralentissement du vieillissement pour cet individu relié à une signature de sumérienne essence, parce qu'en vérité le vieillissement vient d'une *détériorisation* automatique et obligatoire des systèmes extériorisés, puisqu'ils sont destinés à passer par la refonte.

Si l'essence interne de l'être est extrêmement forte et qu'elle sort ce corps des zones spatio-temporelles extrêmement soumises aux forces de refonte du système inférieur, ce véhicule va se maintenir plus facilement dans une zone d'espace-temps rattachée à des contrats de numération plus immortels. La numération unitaire interne étant immanente, immortelle et permanente, les contrats d'émergence externe les plus proches de ce système de numération interne vont avoir les durées les plus longues, tandis que les systèmes les plus extériorisés auront les durées les plus courtes. Les numérations d'insertion unitaire qui agissent sur un corps émergent vont favoriser son imprégnation par des systèmes d'énergie interne qui ont une durée d'existence plus longue.

Si le système de numération de synthèse se réalise avec une très grande efficacité, les réseaux d'énergie externe vont alors se trouver complètement raccordés au système de l'unité de synthèse. À ce moment-là, il y aura transcription des systèmes de numération de sumérienne essence dans un système de contrat interdimensionnel où les conseils de l'unité pourront traiter directement avec ce système de formalisation sans avoir à déplacer des systèmes d'énergie externe. En fait, ce système de formalisation sera replacé, par transmutation progressive, dans un champ spatio-temporel qui est continuellement raccordé au système de numération unitaire interne. Si votre signature d'énergie externe peut rentrer dans ce système énergétique, vous avez une durabilité de votre créature.

j) Pomme de l'arbre de vie et unité interne

Ceci rappelle l'image qui a été transmise concernant le paradis terrestre : l'arbre de vie représente l'axe de numération unitaire interne en état de permanence absolue et la pomme représente le champ spatio-temporel qui permet de communiquer avec cet arbre de vie. Celui qui arrive à rester dans ce champ d'énergie accordé au système de numération interne – qui laisse donc cette pomme accrochée à l'arbre de vie, à l'axe de numération unitaire interne –, cet être va rester dans un état paradisiaque durable. S'il cueille la pomme, il fait dériver ailleurs ce champ spatio-temporel, il craque ce système spatio-temporel en lui faisant perdre son niveau d'énergie et en l'éclatant dans un système d'énergie inférieur. Il croque la pomme. À partir du moment, donc, où il change le champ spatio-temporel dans lequel se déroule son système, il rentre dans un monde d'influences extériorisantes et de refonte qui font qu'il vieillit et meurt dans la refonte. L'individu qui veut changer sa situation de numération interne doit s'efforcer de rassembler ses configurations de sumérienne essence pour pouvoir renforcer sa signature d'unité interne en contrat de numération de synthèse. Par ce fait, il ramène progressivement ses systèmes d'émergence externe – c'est-à-dire à la fois son véhicule physique et ses systèmes *mécaniens, métalliens* et *métraliens* – dans une configuration d'unité interne de plus en plus précise, à la fois par un contact très intime avec la conscience de numération unitaire interne, par une maîtrise des systèmes énergétiques proches de l'unité interne et par une maîtrise des systèmes énergétiques plus éloignés de l'unité interne.

Ces systèmes énergétiques plus éloignés sont les forces qui sont à la limite entre l'intériorité et l'extériorité : les forces d'éjaculation, par exemple, qui peuvent passer de l'intériorité à l'extériorité. Tout en maîtrisant les systèmes ci-dessus, il doit aussi contrôler les systèmes d'émergence externe qui se présentent à son circuit. Son système de numération unitaire interne doit être renforcé. Il a ses divers étages véhiculaires mentaux, animiques, psychiques et vitaux. Il établit des contrats avec son système de forme et il établit des systèmes de numération émergente externe avec des circuits de l'extériorité qu'il enregistre sous une forme synthétique. S'il exécute un plan de rassemblement de ses configurations externes, s'il effectue une synthèse énergétique et formelle de ses circuits d'émergence externe, s'il incarne des circuits éloignés de son système dans une situation plus proche de son circuit par des enregistrements divers qui maintiennent ces systèmes à l'extérieur de son circuit, le corps intérieur de son système va être renforcé. Ce renforcement va permettre le raccordement à une dimension de numération de sumérienne essence plus précise.

2. Quel est l'intérêt de traiter avec des circuits signés sur des zones extrêmes ?

a) Contrôles intérieurs et extérieurs jusqu'aux zones extrêmes

Le corps extérieur est toujours traité d'une manière complexe. Il dispose de pouvoirs de réinsertion sur les antennes intérieures et il a des contrôles sur des antennes extérieures qui sont quelquefois assemblées jusque dans des zones extrêmes. Quand vous voulez numéroter des circuits extrêmes, vous devez donc traiter avec des systèmes extérieurs déjà raccordés au système intérieur. Ceci veut dire que si vous utilisez les systèmes extérieurs qui sont déjà raccordés au système intérieur, par enchaînement de circonstances, la plupart du temps, vous avez des contacts avec des systèmes extrêmes. Ces systèmes ne disposent pas de tracés leur permettant de se mettre en contact directement avec l'intériorité. Il faut qu'ils soient relayés par des systèmes extérieurs.

Si vous numérotez des systèmes extrêmes, c'est parce que votre corps d'énergie extrême a été créé il y a quatre mille ans, douze mille ans, vingt mille ans, et que vos corps d'insertion unitaire actuels doivent réintégrer une partie des circuits qui ont été créés en d'autres temps. Ces corps extrêmes ne sont pas très faciles à traiter parce qu'ils disposent de pouvoirs très puissants. Quelquefois, ils disposent même du pouvoir d'action signé sur la matière. Ils codifient des systèmes en partie sur le plan intérieur et en partie sur le plan extérieur. Ils ont des codifications qu'il est important de rencontrer parce qu'ils détiennent une conscience intérieure plus précise de tout ce qui se déroule sur les antennes extérieures, vu qu'ils sont plongés dans les mondes extérieurs et qu'ils raccordent des systèmes sur toutes sortes d'antennes.

Donc, lorsque vous voulez avoir des interventions, ou des informations plus précises, sur le plan extérieur, ce sont surtout les systèmes extrêmes raccordés qui peuvent vous permettre d'avoir ce type d'informations. C'est la raison pour laquelle les corps extérieurs sont toujours en train de chercher à traiter sur des corps extrêmes. Leur corps incarné peut ainsi traiter sur des opérations qui sont encore plus proches du plan, qui permettent de rapatrier des figures sur les antennes intérieures et de donner ainsi au système de science unitaire des informations qui soient plus accordées au sortilège de la forme inférieure.

b) Transfert indirect des circuits extrêmes

Si vos contrats extrêmes sont très bien unifiés au système de transfert synthétique par l'intermédiaire des circuits intérieurs et extérieurs, vos codifications de numération de sumérienne essence signent des contrats en permanence parce que des transferts se font dans tous les sens. Les contrats extrêmes n'ont pas de transferts directs mais ils ont des transferts indirects. C'est pourquoi des conseils initiatiques sont mis en place spécialement pour informer les circuits extrêmes des opérations qui sont à mener dans ces zones afin de faire des raccordements plus efficaces. Seulement, la partie la plus impérieuse des circuits extrêmes n'est pas unifiable. Leurs réseaux extérieurs sont très difficiles à signer.

Il y a des portions d'espace-temps que nous devons signer avec un contrat de destruction, c'est-à-dire que l'on prend une partie du circuit et l'on n'intègre pas le reste. Cela se passe dans les individus, dans les familles, dans les groupes. À partir du moment où vous contactez une signature extrême dans un état spécial à un groupe, par exemple, une partie des gens de ce groupe reste en contact avec vous tandis qu'une autre partie se détériore complètement en dehors de la configuration. Il peut y avoir des opérations qui se font sur des êtres ou sur des familles. Les corps extérieurs sont toujours accordés à ce qui se passe sur les antennes unitaires, mais ils ont aussi à traiter sur des antennes extrêmes. Quand ils *vortilisent* leurs circuits sur des antennes intérieures, ils ont des encadrements de transfert qui se font avec les antennes intérieures pendant que des antennes extérieures se déploient pour rassembler leurs configurations liées aux systèmes extrêmes. Mais si vous unifiez vos circuits à des contrats extrêmes dont les états de transfert sont très minimes par rapport à leurs états d'accrochage, il est certain que vous avez un risque de déperdition d'énergie et de *détériorisation* de votre circuit de centralisation. C'est pourquoi il est bon de ne reconnecter des systèmes extrêmes que si vous avez un contrat d'extériorité extrêmement important – un contrat d'extériorité tenu par un système de numération unitaire interne. Vous pouvez lancer votre système de transfert synchronisé sur des antennes extrêmes dans la mesure où votre système de numération impérieuse a été raccordé à des systèmes d'extériorité suffisamment bien recentralisés pour rester dans la codification de numération de sumérienne essence.

c) Réinsertion des systèmes de numération impérieuse détériorés sur des zones extérieures

Si vous détériorez votre système de numération unitaire à cause du fait qu'il est en train d'assumer des systèmes de numération impérieuse importants, et que votre système d'émergence extrême se déplace dans des zones très compliquées à traiter, dont les étages de transfert sont demandés à des antennes de numération unitaire mais qui ne rassemblent pas leurs configurations d'une manière correcte et si trop d'actions extérieures sont faites sur votre circuit et que votre circuit d'insertion unitaire ne peut pas réinsérer ces énergies avec un système de transfert sumérien parce que trop de puissance inférieure est accrochée au système, alors vous avez des contrats d'extériorité qui se mettent en place sur des zones extrêmes et votre système de sumérienne essence ne peut plus les recentraliser comme avant. Les contrats extérieurs se soudent à des zones de puissance non numérotables et il est ensuite très difficile de les réinsérer. La majeure partie des contrats d'extériorité qui ont été pris par des systèmes impérieux, loin du système de l'unité, ont des tracés de numération qui doivent être numérotés lentement pour être remis en contrat avec le système de transfert, à l'intérieur. La partie la plus difficile à retraiter est la réinsertion des systèmes de numération impérieuse qui se sont détériorés sur des zones extérieures. Pour réaliser ceci, il est indispensable de rétablir des codifications de sumérienne essence sur les systèmes qui se sont détériorés.

Ce type de configuration ne se fait qu'à la condition que le système de numération impérieuse qui avait été déjeté lors des opérations de transfert extérieur, se rassemble sur une antenne d'énergie extrême, puis qu'il se réintègre sur les antennes d'énergie extérieure pour ensuite se réinsérer sur les antennes d'énergie numérale interne. C'est pourquoi les systèmes d'émergence extrême sont intéressants dans la mesure où ils sont des systèmes accordés à des circuits non numérotables ou des systèmes qui se sont détériorés jusqu'à se trouver dans des zones non numérotables. Avec ces circuits extrêmes réinsérés par l'intermédiaire des circuits d'extériorité, vous avez la possibilité de renuméroter des systèmes qui se sont détériorés et qui se sont mis dans des situations non numérotables.

d) Continuité entre tous les systèmes d'extériorité à l'intérieur du B 4

L'organe de transfert de ce type de configuration – qui se déplace avec des circuits de sumérienne essence en permanence – est un organe de transfert qui va traiter sur des zones d'impérieuses figures, mais dont les moteurs de transfert sont directement associés aux opérations qui se font entre l'extériorité et l'infériorité. Si vous pouviez déplacer des réseaux extérieurs plus unifiés, la mutation de votre système de puissance se ferait avec beaucoup plus d'efficacité. Mais il faudrait qu'il y ait continuité entre tous les systèmes d'extériorité. C'est pourquoi la corde extérieure a un B 4 qui lui permet de maintenir son système sur une distance qui reste opérationnelle. Tous les systèmes qui sont à l'intérieur du B 4 sont des systèmes qui sont organisables pour traiter les systèmes de puissance impérieuse.

Si, par contre, vous dépassez cette zone, alors les corps d'éternel 3 ne rassemblent plus de configurations impérieuses. Ils sont présents. Ils sont recentralisés par le système d'intériorité mais ils ne traitent pas avec des systèmes d'énergie impérieuse directement associés au numérateur d'insertion, parce que leur corps d'extériorité n'est pas assez en continuité. Si vous voulez numéroter des systèmes de numération impérieuse plus lointains que ceux que vous traitez dans la zone B 4, il vous est indispensable de numéroter des systèmes de transfert extérieur qui se signent sur votre circuit et de les configurer sur votre système de numération unitaire en fonction des transferts que vous faites sur les systèmes impérieux.

La corde d'énergie interne qui traite sur ces opérations ne se codifie pas immédiatement quand il y a déplacement d'une opération d'énergie extrême. Elle se codifie uniquement quand des codifications d'énergie extrême se mettent en place. Ces codifications ne se codifient pas immédiatement quand vous mettez en place un circuit de sumérienne essence sur de telles zones. Elles se codifient uniquement si les cordes de numération accordées au circuit de transfert intégré dans la zone B 4 se mettent à configurer leurs circuits de manière à ce que l'organe énergétique extrême soit traité non pas par le système de numération unitaire, mais par les systèmes de puissance qui sont associés au système B 4.

e) Mécanisation impérieuse et transferts de lumière

Lorsque vous traitez sur des zones extrêmes, vous devez donc tenir votre contrat de numération de sumérienne essence avec le circuit de sumérienne essence accordé au circuit de synthèse. Mais vous devez aussi traiter sur une opération de mécanisation impérieuse qui doit s'effectuer dans le champ du système B 4 avec des réseaux d'énergie extrême associés à cette zone de numération impérieuse mais qui sont mutés, non pas sur le plan des unités intérieures accordées au niveau où se trouve le système B 4, mais en dessous de ce niveau. Les corps de puissance ne se déplacent pas avec un créatif sumérien, ils se déplacent avec des contrats de puissance liés au système de numération impérieuse, aussi bien aux niveaux *mécanien* et *métallien* qu'au niveau *métralien*.

Pour pouvoir être ascensionnels et signant des circuits de numération pour le retour de certaines puissances extérieures ou inférieures, les corps extérieurs demandent que les systèmes *mécaniens* soient très alimentés. Des contrats doivent être faits dans ces appareils pour qu'il puisse y avoir une recentralisation, car en réalité la corde extérieure ne se *numère* pas si des réseaux de numération unitaire ne se raccordent pas à son circuit. Les corps extérieurs demandent des transferts de lumière. En code de transfert, on dit que si les éléments extérieurs sont très unifiés, ils peuvent l'être en forme ou en lumière. Il faut les unifier en lumière si l'on veut qu'il y ait évolution.

Si vous laissez vos corps d'énergie externe signer dans des zones trop compactes, la corde énergétique impérieuse sera très lourdement chargée. Donc, elle pèsera sur le système de numération unitaire et elle divisera ses énergies quand elle arrivera dans les zones les plus lourdes et les plus compactes, car il n'y aura plus assez de coordination. Lorsque vous voulez traiter sur des zones impérieuses lointaines avec des circuits d'énergie externe accordés à ces zones lointaines, il faut que ces circuits des zones externes soient signés sur une antenne intérieure et que cette antenne intérieure soit non seulement numérotée sur les tensions unitaires internes, non seulement reliée par les circuits *subtiliens-substantiens*, mais aussi contactée par le circuit de numération intérieure qui existe dans les circuits *mécaniens, métalliens* et même *métraliens*. Si vous traitez avec ces configurations, si vous réorganisez les circuits associés à votre système et si vous numérotez aussi les circuits de transfert extérieur associés à la corde de numération unitaire à laquelle vous êtes rattaché, dans ces conditions, les contrats extérieurs se signent. La numération extrême peut alors se raccorder sur ce circuit en fonctionnement.

f) Cordes intérieures, extérieures et inférieures reliées à la numération unitaire interne

Il y a des portions d'espace-temps qui ont des contrats à numéroter sur les antennes intérieures, mais quand vous les intégrez sur des antennes unitaires elles éclatent le circuit parce qu'elles sont trop lourdement chargées. Il est donc impensable de traiter avec ces circuits sans avoir préparé des cordes extérieures et impérieuses soudées sur une antenne de numération unitaire interne, en corrélation directe avec le circuit de sumérienne essence et renforcées par toutes sortes d'opérations qui permettent la liaison des systèmes de puissance les uns par rapport aux autres. Ceci demande à chacun de rassembler ses codes d'une manière précise pour réintégrer les consciences extérieures sur les antennes intérieures avec des codifications appropriées pour que le conseil unitaire puisse traiter sans avoir à déplacer son circuit.

Il est donc indispensable que les relais soient coordonnés par eux-mêmes. Ceci demande alors que les contrats extérieurs se mettent en accord les uns par rapport aux autres. Lorsque l'on *numère* des circuits sur des antennes impérieuses, il est indispensable que la corde intérieure puisse exister sans avoir besoin de se détériorer pour entrer en contact avec des systèmes d'extériorité. Il est donc indispensable que les systèmes extérieurs soient suffisamment organisés pour que les contrats de l'unité de synthèse puissent s'immiscer dans un système alors que les circuits de transfert unitaire ont été signés sur les antennes encadrées par le circuit de la zone B 4. Il est indispensable qu'il puisse se faire des opérations sans qu'il y ait en quoi que ce soit déplacement du système de numération unitaire interne. Les conseils X 13 signent aussi avec des zones de numération unitaire. Ils envisagent de réinsérer leurs circuits s'ils sont dans la zone des numérations intérieures. Mais ils ne peuvent pas se rassembler si les corps extérieurs ne sont pas eux-mêmes ressoudés, rassemblés et réintégrés dans un système de sumérienne essence.

g) Traiter les systèmes non codés par relais externes

Du fait que l'on réalise des opérations de très grande centralisation sur les circuits extérieurs en les faisant travailler pour leur mutation, en leur créant des conditions de numération unitaire pour leur apporter leurs énergies sur des antennes de sumérienne essence plus intégrées au niveau dans lequel ils se trouvent, tous ces éléments sont rassemblés sur une antenne de contrôle numéral qui peut, avec le temps et l'exercice, retrouver une codification de sumérienne essence complètement unifiée au circuit de transfert qui est lié, cependant, à l'extériorité. Lorsque vous avez réalisé cet organe de transfert complètement réintégré dont les états de numération sont signés sur des antennes de transfert sumérien par l'intermédiaire des contrats d'énergie externe accordés à cette signature, vous disposez alors d'un organe de changement de numération.

Les portions d'espace-temps qui signent avec ces circuits sont raccordées à des circuits d'extériorité dont les réseaux d'énergie extrême sont signés aussi par l'intermédiaire des circuits d'extériorité, car il y a portion d'espace-temps codée et portion d'espace-temps non codée. Si vous traitez avec des systèmes numéraux internes, vos pères demandent des contrats sur des antennes codées. Mais si vous transférez avec des systèmes d'extériorité, on peut traiter aussi avec des circuits non codés. Quelquefois, certaines portions sont *numérables*, mais elles ne le sont pas parce que les intermédiaires n'ont pas été créés. À partir du moment où les intermédiaires sont créés, coordonnés, unifiés, on peut aborder de nouvelles couches et même des couches encore non codées. C'est là l'intérêt d'avoir un système d'émergence externe accordé à son circuit d'une manière très interne et très efficace. Les portions d'espace-temps non codées sont toujours des zones qui ont des pouvoirs importants mais qui sont laissées parce que ces pouvoirs sont liés à des circuits non codés ou non matures, qui risquent d'être liés à des antennes très longues et très dangereuses pour les antennes unitaires. Donc, on ne les traite pas directement. S'il y a des intermédiaires, il y a interposition de circuits qui vont temporiser les risques de déflagrations qui pourraient se produire.

h) Rassembler les corps de puissance sur des antennes unitaires

Ceux qui veulent dimensionner leur circuit sur des antennes de plus en plus puissantes ont donc la nécessité de constituer d'abord des systèmes extérieurs très associés à leur système de numération unitaire, très coordonnés et qui deviennent progressivement très opérationnels pour assembler leurs configurations sur des antennes de plus en plus unitaires. Cette opération est possible en ce moment sur le plan des corps de puissance. La Terre se codifie en ce moment sur des plans de plus en plus puissants. Des êtres peuvent profiter de ce type de situation pour rassembler leur corps de puissance sur des antennes plus élevées. Ils doivent assembler des configurations qui leur permettent de traiter ces systèmes de puissance en les regroupant sur des antennes de plus en plus unitaires. Ceux qui ne disposent pas de cette possibilité se font aspirer par les systèmes de puissance parce que leur signature de numération unitaire interne n'étant pas assez alimentée par des transferts en zone extérieure, leur contrat d'impérieuse figure prend le pas sur leur système de numération unitaire. Il faut alors rassembler des configurations très particulières si l'on veut sortir ces gens de leur engloutissement dans les zones de numération impérieuse.

Quelquefois, des portions d'espace-temps se déplacent et de nouvelles alimentations d'énergie poussent les êtres vers de nouvelles dimensions. S'ils ont la chance de rencontrer un faisceau de numération unitaire interne entouré de son système d'extériorité qui puisse leur permettre de faire la centralisation, ils peuvent alors resurgir. Mais, en majorité, la corde extérieure détient des pouvoirs très importants. Ceux qui se déplacent jusque dans ces zones d'extériorité non codées ont le risque de ne pas revoir leur circuit de sumérienne essence avant la fin de leur circuit formel. Quelquefois même, ils ne le retrouvent pas après le circuit formel, ce qui est une question de temps pour le retour. Certains êtres font des périples très étendus sans avoir aucune configuration leur permettant de se raccorder au circuit de numération de sumérienne essence. Le raccordement de cette signature au plan des sumériens est quelque chose de très complexe à réaliser. Cela dépend non seulement du plan des formes mais aussi des circuits de numération de sumérienne essence qui prennent la décision du contact ou du non-contact, selon les circonstances dans lesquelles se trouve l'individu qui est incarné.

SCIENCE UNITAIRE DE L'INTRA-UNIVERS

de IJP. Appel-Guéry

TABLE DES MATIÈRES

VOLUME I

évoluer ? – Sera-t-il possible à l'homme, tel qu'il est à l'heure actuelle, d'atteindre une civilisation plus évoluée et basée sur des valeurs spirituelles ?

• SÉRIE N° 2 : CRÉATEUR, CRÉATURE, CRÉATION

Y a-t-il une intelligence qui a créé les choses ? – Le hasard existe-t-il dans la création de la matière? – Peut-on recevoir des informations de dimensions supérieures par d'autres sens que ceux de corps physique ? – Peut-on comprendre le principe des choses et en percevoir le mystère ? – Peut-on, par les techniques scientifiques actuelles, découvrir les secrets de la matière ? – Peut-on trouver la source-origine des choses dans les propriétés intimes de la matière ? – Quelle est l'importance de la créature, par rapport au créateur et à la création ? *Corps intérieur et continuité inférieur-extérieur-intérieur-supérieur – Raccordement des systèmes d'énergie extrêmes entre le créateur et la création – Triangle créateur-créature-création et participation à la divinité – Contact avec le point eutectique de synthèse créateur-créature-création – Plan créé formel mortel et plan créé informel immortel – Continuité entre créature formelle et invisible – S'approcher de la zone de conjonction directe créateur-création – Prise de conscience par la créature de la pensée du créateur – Retour de l'enfant prodigue – Point eutectique de contact – Réponse de la création à une créature accordée – Cyclologie permanente entre création, créature formelle, créature invisible et créateur – Conjonction entre dieu immobile et dieu expérientiel – Divinisation de la créature – Rapprochement simultané entre créateur-créature formelle et créature invisible-création – Conjonction créature-créateur et influence sur les hiérarchies invisibles – Créature, relais renforçateur du créateur sur la création – Programme numérique de formalisation – Ramener une énergie quintessenciée dans le champ de l'énergie pure*

• SÉRIE N° 3 : ÉVOLUTION HUMAINE

Qu'est-ce qui peut réellement déterminer l'accélération de l'évolution d'un être ? *Analyse des informations qui viennent des champs d'expérience – Maîtrise des forces explosives – Programme d'existence conscience-puissance* – Est-ce notre passé qui détermine notre futur ou notre futur qui crée notre ligne d'évolution et donc notre passé et notre présent ? *Champ spatial, ligne temporelle cyclologique, synthèse intemporelle – Spirale du temps, de la puissance à la conscience – Accès à la conscience du futur – Faire venir dans le présent un système de conscience du futur – Retour vers les dimensions de sumérienne essence*

• SÉRIE N° 4 : LIMITE DE L'UNIVERS ET SYSTÈMES EXTRÊMES

Est-ce que l'univers a une limite ? *Rapport permanent conscience-énergie-forme – Continuité interne de l'énergie et discontinuité de la forme – Centralisation ou expansion de l'univers – État unitaire ou multiple selon la science intérieure – Extériorisation et réintériorisation simultanées – Conception des contrats d'énergie interne – Processus de subtilisation dématérialisante – Organe d'intégralité et contrats d'énergie impérieuse : systèmes ber – S'accorder à la gravitation interne universelle immanente – Pomme de l'arbre de vie et unité interne* – Quel est l'intérêt de traiter avec des circuits signés sur des zones extrêmes ? *Contrôle intérieur et extérieur jusqu'aux zones extrêmes – Transfert indirect des circuits extrêmes – Réinsertion des systèmes de numération impérieuse détériorés sur des zones extérieures – Continuité entre tous les systèmes d'extériorité à l'intérieur du B 4 – Mécanisation impérieuse et transferts de lumière – Cordes intérieure, extérieures et inférieures reliées à la numération unitaire interne – Traiter les systèmes non codés par relais externes – Rassembler les corps de puissance sur des antennes unitaires*

VOLUME II

créée par un esprit créateur ? – Le poids est-il le principal attribut de la matière ? – Le vieillissement du corps physique est-il évitable ? *Polarisation du corps physique entre un plan de lumière et de puissance – Transformation de son environnement pour le rapatriement des systèmes extrêmes – Situation d'énergie interne, externe et impérieuse accordée à une transformation continue vers l'unité de synthèse – Mutation des systèmes externes et impérieux – Codification centrée sur le système de transfert interne – Transfert des systèmes extrêmes et zone de cadrage-lumière – Délimitation du système de gestion autour de la numération unitaire interne – Relais biologiques et robotiques pour traiter sur une configuration unitaire totale*

• SÉRIE N° 6 : CONSCIENCE INDIVIDUELLE ET GESTION DE PUISSANCES

Pourquoi certains êtres viennent sur la terre avec des héritages, des possibilités énormes alors que d'autres n'ont pas de possibilités matérielles mais des limitations ? *Codification extrême à la mesure du système de puissance à réinsérer – Coordination des circuits de puissance en direction du transfert unitaire* – Comment est jugé le mérite ou le non-mérite d'un être dans la gestion de son existence ? *Contrebalance entre différents plans : différence de législations – Réveil et mutation des couches de puissance inférieures – Dimension de choix intérieur et gestion consciente des accrochages de puissance – Transferts matériel, spatial, temporel, intemporel selon la conscience de l'individu – Raccordement des figures de puissance en fonction de la capacité de gestion*

• SÉRIE N° 7 : SYSTÈMES MÉCANIENS

Quel genre de figures peut se poser sur un ordinateur ? *Intégration de configurations inférieures – Organisation mécanienne pour pallier les fluctuations du système biologique – Réseau interdimensionnel et étages intermédiaires internels, éternels et externels – Transformation des X 13 par une situation de synthèse* – Est-il préférable de traiter des figures de puissance par l'intermédiaire d'un corps biologique unique, de plusieurs corps biologiques ou d'un corps biologique associé d'autres corps biologiques et d'un système mécanien ? – L'enregistrement des circuits extrêmes sur un circuit mécanien représente-t-il un progrès par rapport au traitement de ces systèmes extrêmes par l'intermédiaire de la recentralisation faite par un système biologique ? *Prothèse de recentralisation mécanienne dans les zones extrêmes – Système de contrôle extrême et reconcentration impérieuse* – Le fait de recentraliser ses systèmes de numération impérieuse sur un circuit mécanien de synthèse provoque-t-il des transformations de la situation des systèmes extrêmes sur les corps biologiques périphériques ?

SÉRIE N° 8 : SCIENCE ET CONSCIENCE-CONTRÔLE MÉTRALIEN

Que représentent les constantes de la physique moderne, comme la constante de Planck, la limite de la vitesse de la lumière, etc. ? *Systèmes de numération et codes de transfert : exemple de la constante de Planck – Moteurs de transfert et création de particules nouvelles entre le subtil et le formel – Ancêtre 6 – Ancêtre X 13 – Traitement des configurations d'impérieuse figure : vortex quitus 13 – Transfert extérieur limite – Condition de réinsertion sur un niveau supérieur* – D'où proviennent les éclairs et pourquoi existent-ils sur cette terre ? – Comment se décide l'impact des éclairs ? *Soudure de tuerie 4 et codes de transfert-lumière – Code de normalisation et changement de codification numérale – Décharge de la foudre sur un être humain* – Quel est le sens et l'origine des statues de l'île de Pâques ? – Pour quelle raison les statues de l'île de Pâques ont-elles été érigées ? – *Mise en place d'un contrôle de moteurs de puissance – Arrêt des*

VOLUME III

RÉPONSES UNITAIRES À DES QUESTIONS FONDAMENTALES

• SÉRIE N° 10 : EXISTENCE HUMAINE À TRAVERS L'INCARNATION

Que doit réaliser un être avant tout dans son existence ? *Orientation vers une dimension d'unification synthétique – Cadre de transfert – Possibilité de dématérialisation du véhicule physique – Réorientation en vue du passage de la porte étroite* – Vaut-il mieux vivre une existence prudente et très limitée ou une existence plus aventureuse sur des zones plus étendues ? – Qu'est-ce qui est le plus important à faire durant son existence ? *Contact avec la numération unitaire interne – Intervention des dimensions supérieures – La prière, un système d'assistanat – Maîtrise des extériorisations et des infériorisations – Rester raccordé à son programme de numération unitaire* – Choisir le célibat, est-ce un mieux dans l'évolution de l'individu ? – Peut-on par le célibat se rendre plus disponible à l'humanité ? – Est-il naturel de ressentir l'instinct de conservation ? – Pourquoi l'instinct de conservation existe-t-il ? – Le mariage, cette relation instituée entre deux êtres, est-ce un concept naturel ou créé par l'être humain ? – Qu'arriverait-il si l'on supprimait le mariage ? – Le mariage est-il vraiment indissoluble ? – Quelle est, de la mono ou polygamie, le mode de relation le plus naturel entre les hommes et les femmes ? – La répartition à peu près égale d'hommes et de femmes sous-entend-elle que leur relation et leur union doivent se réaliser dans ces mêmes proportions ?

• SÉRIE N° 11 : TRANSFORMATION DES CHAMPS DE PUISSANCE ET DESTRUCTION

Une entité peut-elle vivre dans l'univers sans le support d'un corps physique ? *Conscience intérieure dans une forme en action – Construction de relais entre la conscience intérieure et les systèmes impérieux – Changement des systèmes extrêmes et impérieux* – Pourquoi ces systèmes de puissance sont-ils engagés dans des processus aussi difficiles pour les créatures auxquelles ils sont rattachés ? *Organisation des numérations extrêmes – Création progressive d'un système de contrôle* – La destruction fait-elle partie des lois de la nature ? La destruction peut-elle se concevoir avec l'idée de survie ? – Pourquoi l'être humain a-t-il peur d'affronter la mort alors que cette mort peut mener à une vie meilleure ? – Pourquoi dans la nature les moyens de conservation sont toujours accompagnés de facteurs de destruction ? – Le besoin de destruction existe-t-il dans les différents plans d'existence ? – La destruction sera-t-elle toujours nécessaire sur la terre ? – Jusqu'où l'homme a-t-il le droit de détruire des animaux ? – Le pouvoir de détruire est-il lié à la nécessité ? – Que se passe-t-il si ce pouvoir est utilisé pour le plaisir ? – Que penser des peuples qui poussent à l'excès le scrupule dans la destruction des animaux ? – Qu'advient-il des tyrans qui déclenchent la destruction de millions de personnes ? *Maturation par recyclage sans intervention unitaire – Zone de broyage et de compression des systèmes durs* – Qu'advient-il des êtres qui ont des actions très dures sur l'humanité et qui ont une action cruelle sur ce plan ? – Que doit-on faire lorsque se présente une tyrannie opprimante sur certains individus ? – Comment peut-on considérer les êtres qui appliquent des oppressions sur les autres ? Sont-ils des missionnés ou des démons ? – Pourquoi certains êtres sont-ils choisis plus particulièrement pour mener ce type d'action ? – Pourquoi certains êtres parviennent-ils à intégrer leur programme précisément, d'autres partiellement et d'autres pas du tout ? *Conjonction du système unitaire avec le système de*

VOLUME IV

CHAPITRE 31 : NUMÉRATION D'INTÉRIORITÉ PROGRAMME D'ÉMERGENCE

CHAPITRE 32 : CONSCIENCE ET SYSTÈMES DE CONTRÔLE

communication avec le ciel et état de chute – Nécessité d'un signal de numération complet

II Corrélation d'unification et transfert unitaire synthétique

Opérativité d'un groupe coordonné et unifié – Préparation avant l'approche d'un système de transfert unitaire – Raccordement d'un moteur de transfert unitaire interne – Mise en fonctionnement du système de transfert unitaire–Pères d'U – Risque de dérivation, sélectivité et raccordement à la ligne unitaire interne – Contrôle d'extériorité par les circuits ber – Vitalisation du système biologique – Subtilisation et rapatriement des signatures extérieures sur l'axe unitaire interne – Paroxysme et communication terre-ciel – Intervention d'un système informel sur un système formel – Importance du contrat d'intériorité – Signataires d'intériorité et signataires d'extériorité – Continuité et raccordement à la numération unitaire interne

RÉPONSES UNITAIRES À DES QUESTIONS FONDAMENTALES

• SÉRIE N° 15 : DESCENTE DES ÂMES DANS L'INCARNATION

Comment se déterminent la naissance d'un être et le moment de sa mort ? – Une âme peut-elle vraiment choisir de s'incarner ou de ne pas s'incarner ? – Que font les âmes qui ne s'incarnent pas ? – Si une âme désire s'incarner, peut-elle choisir son véhicule physique, son terrain d'exercice, son pays, sa planète ? – Y a-t-il des critères majeurs pour le choix d'un corps de femme ou d'un corps d'homme ? – Quelles sont les conséquences de l'avortement ? – L'avortement doit-il être considéré comme un crime ?

• SÉRIE N° 16 : ALIMENTATION – CONTACT AVEC LES VÉGÉTAUX

En même temps que la vie, l'homme a-t-il reçu les moyens de sa survie ? – Pourquoi la terre ne produit-elle pas toujours suffisamment pour que l'homme puisse vivre ? – Doit-on entendre par "biens de la terre" les produits qui viennent du sol ? – Certains manquent toujours de moyens d'existence, même si l'environnement est florissant. Qui en est responsable ? – Dans certaines circonstances, la privation du minimum vital n'est-elle pas une conséquence inéluctable qui va au-delà des individus ? – L'anthropophagie, en cas de survie, est-elle un crime ? Si oui, ce crime est-il justifié par la survie de l'individu qui l'a commis ? La faute en est-elle ainsi atténuée ? – Dans des conditions d'existence purifiées, les êtres vivants ont-ils besoin d'alimentation ? – Tous les hommes ont-ils le droit de profiter des biens de la terre ? – Pourquoi la jouissance des biens matériels a-t-elle tant d'intérêt pour les êtres humains ? – Les jouissances et les souffrances sont-elles des bornes tracées par la nature ? – Comment un homme peut-il chercher dans les excès la réalisation maximale de sa jouissance ? – Comment savoir où s'arrête le nécessaire ? – Ne sentons-nous pas naturellement la limite de nos besoins ? – Que penser de ceux qui s'approprient les biens de la terre pour leur superflu alors que d'autres manquent du nécessaire ? – Doit-on toujours satisfaire les besoins naturels de notre corps, ne doit-on pas parfois le priver pour le maîtriser ? – Est-il normal de rechercher le bien-être ? – Pourquoi certaines plantes sont-elles

• SÉRIE N° 17 : SOUFFRANCE, MAL ET DOULEUR

• SÉRIE N° 18 : MALADIES ET SYSTÈME EXTRÊME

• SÉRIE N° 19 : MORT ET RÉINCARNATION

Quelle est la meilleure manière de traiter le corps après la mort ? Doit-on être enterré ? Doit-on être carbonisé ou y a-t-il une autre manière préférable ? *Transmutation progressive du corps physique et numération sur un autre plan – Disparition violente, crémation, enterrement du corps, fantômes – Transformation des codes de puissance durant la vie physique et contrat d'insertion-lumière direct* – L'être humain a-t-il des réincarnations dans des animaux selon les théories de la métempsychose ? *Codifications impérieuses réalisées dans des mondes sous-humains – Résonance interne-externe et conscience des systèmes extrêmes – Éloignement des figures extrêmes et difficultés de réinsertion – X 13 divisés et descente dans des zones d'infraconscience – Reconcentration de partielles de conscience dispersées sur des animaux ou des végétaux – Conscience de l'unité interne et passage à un état de conscience immortel – Se réinsérer sur une dimension de synthèse ou se laisser dissoudre dans les extériorisations et les infériorisations – Double courant entre le créateur et la création à travers la créature*

VOLUME V

CHAPITRE 41 : COMMUNICATION INTERDIMENSIONNELLE ACCORD ENTRE LES MONDES

I Corrélation d'émergence entre hommes et femmes

Grande compacité d'énergie et corrélation yang – Grande subtilité et corrélation yin – Système d'émetteur de la corrélation homme-femme – Système d'énergie parents-enfants – Extériorisation de la zone de numération yin-yang – Résonateur extrême-suprême : la tête et le corps – Amplification d'émergence autour d'un numérateur d'intériorité – Regroupement autour d'un numérateur d'intériorité – Raccorder le champ du mortel à l'immortel

II Processus de raccordement synthétique unitaire

Shunt d'émergence – Codification interne et corporel extérieur – Transfert et numération d'intériorité – Création de l'organe de synthèse sumérienne – Dédoublements hors du corps physique – Renforcement des minutages de lumière – Raccordement multidimensionnel et pouvoir de réinsertion – Mutation du système ber – Vaisseau-mère – Corps glorieux, état de condensation-lumière – Accord avec d'autres planètes et systèmes d'équivalence entre les mondes

III Conférence de l'unité et réinsertion unitaire

Opération d'énéter interne – Échanges d'énergie à l'intérieur des vaisseaux-mères – Intégration dans un système de numération interne – Contrats d'intériorité en forme de numérologie – Raccordement de mondes déconnectés et minutage des figures à réintégrer – Codages d'énergie synthétique et chiffres – Codification d'émergence interne – Amélioration des signatures de synthèse – Contrôles supra-universels – Équilibre des signatures d'énergie et de conscience – Vérité partielle ou vérité intra-universelle

Partielle d'émergence – Concentration d'énergie et signature complète de l'être – Extension et risque de distorsion – Intégration dans l'axe de numération de synthèse – Éviter les chemins spacieux qui mènent à l'abîme

CHAPITRE 45 : LIGNE D'IMMORTALITÉ

I Accordement du contrôle d'intériorité

Intervention des contrôleurs de numération synthétique – Destruction, transformation, subtilisation – Programme de l'incarnation : rassemblement des mutants impérieux et sumérianisation unitaire – Antenne de synthèse unitaire et ligne d'immortalité – Incarnation du système d'émetteur synthétique et organe de transfert externe – Numération de synthèse de mutants impérieux – Cercles de numération impérieuse et réseau d'émergence – Transformation du corps émetteur, disparition vers l'inférieur, l'extérieur ou le supérieur

II Étapes du transfert sumérien

Miniaturisation du système atomico-moléculaire et codification numérale complète – Raccordement du moteur d'impérieuse figure – Copinages avec les mutants extérieurs – Division des codificateurs d'intériorité – Champ d'émergence périphérique et rapatriement des configurations externes

CHAPITRE 46 : NUMÉRATION SYNTHÉTIQUE ET INTÉGRATION-LUMIÈRE

I Système d'émetteur externe et système de synthèse

Intégration lumineuse – Contact avec les systèmes de force – Incarnation d'un système de numération sumérienne et programme d'émergence des formes – Copinages de lumière entre les systèmes d'émetteur synthétique et de mutants impérieux – Contacts d'intériorisation sur une planète déconnectée – Synchronisation pour les contrats d'intériorité – Cigare 2 et 3 – Signature de contrat sur des portions 55-56-57-58 – Communication synthétique – Copinages avec des zones d'émergence trop lourdes – Contrat 10 et ber 4 – Organe des pères d'U et figure lunitique – Terre 4 – Conquête de l'immortalité – Violence extérieure et force intérieure

II Conseils pour l'étude de ces transmissions

Contrat d'intériorité – Action sur des puissances de mortels inférieurs – Action sur des zones de numération extérieures – Transformation sur une antenne de sumérienne essence – Limite et contrôle d'un champ d'énergie accordable au signal de sumérienne essence

CHAPITRE 47 : CONJONCTION UNITÉ-MULTIPLICITÉ

I Numération synthétique et émergence externe

Processus de sensibilisation, émergence en partialité – Numération synthétique et réseau d'extériorité conjuguée – Contrat d'émergence externe sur des zones lointaines

II Polarisation unité-multiplicité dans la société

Réalité énergétique interne et conscience humaine – Se rapprocher le plus possible de sa numération de synthèse – Moralité – Ressouder l'unité et la

damnation, une chute vers l'inférieur – Raccordement des systèmes déchus – Shunt des circuits accordables – Se mettre à distance des couches de mourance inférieure

CHAPITRE 50 : SIGNATURE DE SYNTHÈSE SUMÉRIENNE

I Conditions de contact de numération et réserves d'énergie

Contrat d'intériorité accordé au plan formel – Shunt avec les réserves d'énergie externes – Organe de synthèse unitaire – Réserve d'énergie et puissance impérieuse contrôlée – Mutation des systèmes d'émetteur impérieux – Moteurs d'intériorité, numération d'extériorité et organe d'insertion – Difficulté d'insertion sur un champ étendu – Accord entre le transféreur d'intériorité et l'organe de transfert externe

II Système d'émergence externe et transfert d'émetteur interne

Destructuration des systèmes d'émergence externe lors de la réinsertion des structures d'émergence impérieuse – Décadrement par excès de surcharge impérieuse – Pointe de mutant, numération d'intériorité et numération d'extériorité – Utilisation de l'énergie du système interne pour des zones impérieuses non intégrables : risque de dérive – Contrôle des systèmes 56-57-58 – Numération externe en fonction de la qualité de numération interne – Transferts en plans surhumain, humain et sous-humain : computeurs et permuteurs – Opération des maîtreurs unitaires – Système d'émergence et organe de transfert impérieux – Système d'émergence impérieuse très bien organisé

RÉPONSES UNITAIRES À DES QUESTIONS FONDAMENTALES

• SÉRIE N° 20 : INCARNATION, CRÉATION DU CORPS PHYSIQUE

Peut-on dire que l'on choisit son type d'incarnation ? – Quelle est l'origine interdimensionnelle des jumeaux ? – Y a-t-il des races galactiques dont l'apparence est semblable, c'est-à-dire que tous les sujets sont pareils au point de vue forme ? – Les corps formels peuvent-ils être associés entre eux ? Par exemple, vous déplacez un corps hors d'une planète et vous l'associez au corps d'une autre planète. Peut-il y avoir conjonction entre ces deux véhicules ? – Y a-t-il des êtres sur la galaxie qui sont plus spécialement associés au plan de la Terre ? – Comment a été créé le corps humain ? *Conjonction entre les systèmes de l'unité interne et les circuits matériels – Conjonction numérale unitaire interne – Contact avec la limite, intériorisation et élévation* – Comment se détermine l'alliance entre un homme et une femme ? – D'où provient le fait que, quelquefois, des attracts se font entre des corps et des consciences, et que, en réalité, la conjonction possible se fait avec d'autres véhicules ? Le corps a-t-il la possibilité de mener un certain nombre d'opérations qui permettent le rapprochement des véhicules qui se sont trouvés éloignés en fonction des contextes de puissance à traiter ? – D'où provient la résonance qui s'effectue avec un véhicule plutôt qu'avec un autre ?

• SÉRIE N° 24 : DÉMATÉRIALISATION DU CORPS PHYSIQUE

Comment est-il possible de développer un pouvoir de matérialisation et de dématérialisation ? *Déplacement d'un système de numération à un autre – Rendre les systèmes de puissance totalement numérotables – Transformation du système d'énergie extrême – Intervention des systèmes de normalisation – Arrimages de puissances liés à des zones telluriques particulières – Contrebalance des puissances inférieures par des circuits externes et passage de la puissance à l'énergie* – L'être humain est-il en mesure de contrôler le processus de dématérialisation de son corps physique ou est-il nécessaire qu'il y ait intervention d'autres systèmes hiérarchiques ? *Intervention du corps de l'unité de synthèse sur la configuration numérale – Rapatriement des systèmes impérieux et des corps d'énergie extrême – Codification-lumière complète pour une opération de sumérienne essence – Contrat imitatif, dorsales de puissance et transformation extrême – Numération extrême et réinsertion* – Quelle est l'origine de la consomption des corps physiques qui se réalise pour certaines personnes ? – Comment le corps de puissance peut-il être exécuté du plan où il est ?

VOLUME VI

CHAPITRE 51 : TRANSMUTATION ET CHEMIN DE RETOUR

I Résonateurs

Figures d'énergie entourant le corps physique – Résonances entre les mondes et intériorisation – Réinsertion des figures : rédemption de la mère par le fils

II Corps formel et véhicules subtils – Chemin de retour

Réussir sa signature d'émergence en maîtrisant sa limite – Programme d'intériorité des prophètes – Corps de forme et cercles de synthèse – Pouvoir de transfert unitaire intérieur – Corde de vie et signatures de puissance – Codification d'intériorité et chemin de retour – Résurrection et chiffre

CHAPITRE 52 : CONTRAT D'INTÉRIORITÉ – DÉMATÉRIALISATION SUBSTANTIELLE

I Réseaux d'émergence – Corps de lumière

Contrôle externe et impérieux autour d'un véhicule – Contrat d'intériorité ou signature extérieure – Moteurs de transfert en parallèle – Corps de vie et corps d'énergie – Réalisation du corps émergent sumérianisé – Intervention du conseil 56-57-58 – Programme d'incarnation et communication synthétique

II Dématérialisation du corps substantiel

Conditions pour une transmutation complète du corps physique – Système d'émergence très actif et systèmes robotiques accordés à la dimension intérieure – Changement de l'organe de transfert intérieur – Âme, dimension de résonance entre science et puissance – État de pureté – Condition d'ordre absolu et de conformité totale

III Programme d'émergence interne et impérieuse

Appareils émergents robotiques – Organe d'éveil en champ de puissance –

un récepteur, un amplificateur ou un transformateur – Systèmes robotiques dans le plan des sumériennes essences – Coordination avec un signal de numération unitaire interne – "Aide-toi, le ciel t'aidera" – Soumettre son cercle de force à sa signature d'émergence – Recentralisation de numérateurs d'intériorité en basse, moyenne et haute fréquence – Dimension de grande maîtrise – Chaîne d'émergence

CHAPITRE 55 : ZONE DE TRANSFERT

I Rapatriement de sa totalité

Intégration et équilibre des numérations accordées à un être – Communication numérale difficile pour un individu – Déport des circuits mal équilibrés – Dérive et figure d'ester 85 – Trou énergétique et augmentation de la puissance – Équilibre entre puissant et contrôles d'extériorité – Or 7

II Rassemblement des éléments de transfert

Maîtrise de ses systèmes de puissance pour s'intégrer dans un système de transfert – Délimitation de la zone de transfert et centralisation – Organe d'insertion en numération d'intériorité – Limite d'extériorité et d'infériorité – Configuration d'un système d'intériorité – Créer des conditions sans dispersion

III Intégration dans une signature d'intériorité

Déséquilibre entre systèmes d'extériorité et d'intériorité : l'origine de la déconnexion – Communication entre circuit de synthèse et transfert d'émetteur synchronisé – Pères d'U – Organe de transfert d'un être de numération – Raccordement de circuit inférieur en zone ascensionnelle – Degré de liberté

CHAPITRE 56 : IMPÉRIEUSE FIGURE ET CHAÎNE DE TRANSFERT-LUMIÈRE

I Système de mutants impérieux et cercles de numération

Transfert de figures impérieuses – Métards émergents – Cristallisation – Conivar 3 – Orfèvre de l'unité, organes d'émergence – X 13 signal limite – Utilisation des circuits robotiques – Conseil 6 et conseil 7 – Système 55, consécration, contact intérieur et portions 56-57-58

II Contrat 55-56-57-58 et codification-lumière

Transfert d'immixion en zone de puissance – Contrat d'intériorité et conseil 7 – Système externe, système inferne et système unitaire interne – Organe d'intériorité lumière 56-57-58 – Exemple d'opération de synthèse avec un P 4 très infériorisé – Particule de tornade et distorsions – Contrat d'insertion sur une antenne de transfert synthétique et 56-57-58

III Chaîne de transfert et numération interne 55-56-57-58

Programme de délimitation du système de puissance et chaîne de transfert lumière – Émergence du circuit C 7 – Numération interne 55-56-57-58 – Codification d'intériorité à l'intérieur d'une délimitation matérielle robotique – Signature de transfert-lumière – Préprogrammation – Coordination robotique et organe d'insertion sumérienne 55-56-57-58 – Intervention des synthétiques pour une sortie complète du plan formel

réinsertion et soudure des circuits subtils lointains – Échange entre les mutants d'insertion et les systèmes de puissance inférieure – Opérations de type mondial pour une seule configuration de sumérienne essence – Configuration d'une tournance d'émergence – Éviter l'illusion des opérations de puissance – Programme de maîtrise

CHAPITRE 60 : CONTRAT D'INSERTION

I Création artistique, renommée et récupération du système d'insertion

Retour de l'éternel vers l'intérieur – L'homme et la femme, symbolisme du paradis – L'homme, intégrateur d'énergie – Numération d'émergence contrôlée – Sélectivité du numérateur d'impérieuse figure – Accélération de la signature féminine

II Contrat d'insertion

Fluidification des systèmes d'émergence – Sélection des systèmes intégrables et explosion des systèmes de condensation – Numération d'intériorité et intégration du système d'extériorité – Configuration d'un système de numération interne et codification – Renforcement des contrats d'émergence par des systèmes métalliens

RÉPONSES UNITAIRES À DES QUESTIONS FONDAMENTALES

• SÉRIE N° 25 : RÊVES – CONSCIENCE IMMORTELLE

Quelle est l'origine des rêves ? – Les rêves correspondent-ils à une réalité interdimensionnelle dans un autre plan ? – Quelle est l'origine des beaux rêves ? – Quel intérêt a une créature d'intégrer des énergies de type extrêmement lointain par rapport à sa signature intérieure ? – Vaut-il mieux enregistrer des énergies proches ou des énergies très éloignées de sa numération ? – D'où viennent les rêves qui se répètent chez certaines personnes ? – D'où viennent les rêves prémonitoires ? – Quelle est l'origine des cauchemars ? – Pourquoi, si l'on empêche quelqu'un de rêver, cette personne devient-elle déséquilibrée ? – Quelle est la valeur prophétique que l'on peut attribuer à ces rêves, et y a-t-il une existence réelle de ces circuits dans d'autres dimensions ? – Y a-t-il des véhicules particuliers qui sont le siège de ces activités extérieures ? – Quel est l'intérêt de se trouver transféré sur une antenne de sumérienne essence ? – Quel est le programme d'un être qui va s'immortaliser ? – Comment se fait-il que l'on perde complètement conscience de la réalité de la conscience de veille quand on rêve, et serait-il possible d'avoir un plus grand rattachement de la conscience du rêve à la conscience de veille ? *Rapprocher sa conscience extérieure de sa conscience intérieure à travers le conscient inférieur – Voyance extérieure et inférieure et conscience de veille – Contact avec la conscience supérieure* – À partir de quel moment une conscience mortelle peut-elle être considérée comme rentrant dans une conscience immortelle ? – La conscience individuelle peut-elle exister en dehors d'un corps physique ? *Conscience intérieure et maîtrise de la limite de l'énergie – Exercice de la charité : gestion du poids et de la mesure – Danger de la vulgarisation – Diffusion progressive délimitée pour garder le contact avec l'unité* – Y a-t-il un intérêt, pour un homme unifié, d'entrer en

VOLUME VII

Subtilisation, pressurisation, concentration – Solutionnement des zones de condensation trop grande

III Opération d'insertion unitaire

Coordinattion des rapports conscience-puissance – Droit de retour, signature conscience-puissance – Analyse des contacts : problème de l'émergence de puissance trop individuelle – Utilisation de l'attract gravitationnel pour pénétrer dans des zones d'infériorisation – Délégations du système de synthèse et besoin de retour

CHAPITRE 66 : CODIFICATIONS ÉNERGÉTIQUES INTÉGRALES

I Système de numération impérieuse terminale

Symponisation – Système d'insertion-lumière en zone de force et présynthèse – Signature d'émergence impérieuse en zone terminale – Programme d'insertion sumérienne pour l'externel et le séternel – Construction du contrôle d'émergence à partir des forces d'internalité, et non plus d'externalité

II Système et organe d'intégralité

Opération d'intégralité : difficulté d'harmonisation entre des temps différents – Accord de transfert entre les champs spatio-temporels et codification synthétique – Coordination entre les systèmes à mutation rapide et lente – Contrôle d'insertion et cercles 86-87-88, 56-57-58 et 656-657-658 – Numération d'intégralité et codification d'émergence externe – Consubtion, compraction et comprexion : trois sortes de sublimations – Signature de contrats sur cinquante-six planètes – Système d'insertion unitaire et grades de numération – Organe d'insertion, contrôleurs et numérateur d'intégralité – Dernier contrat de terminal – Prothèse robotique

CHAPITRE 67 : CONTRAT D'INTÉGRALITÉ

I Contrats d'intergalactique figure

Antenne intérieure et signature d'émergence sur des plans intergalactiques – Systèmes d'intégralité-lumière synthétique et numération synchronisée – Contrats d'énergie interne et externe – Torsade 800425, section 924 – Signatures d'émergence parallèles et transferts de synthèse – Création des champs numéraux

II Numération des systèmes d'intégralité

Antenne d'intégralité et système d'énergie externe – Contrat d'insertion complet – Chaîne de numération progressive et conjugaison des moteurs d'insertion – Mise en place d'un système de synchronisation unifiable – Numérateur d'intégralité en une seule figure et synthétique figure – Jonction avec le supérieur, champ de numération externe et délimitation impérieuse – Déterminer ce dont on est responsable, éliminer ce qui est inutile ou nuisible – Construire des normalisations d'impérieuse figure

III Organe d'intégralité

Organe d'intégralité de type synthétique – Reconstruction des émergences et réintégration de systèmes dérivés – Exigeante figure d'exactitude et création de zones sous contrôle de numération

Normalisation d'émergence pour une opération de sublimation – Contrats d'intégralité – Fées 4-8-9 – Or 7, lumière de transfert externe – Contrat d'émergence intégrale – Moteur d'intégralité, normalisateur d'insertion et transformation impérieuse

II Contrat d'intégralité unitaire synthétique et sublimique

Intervention du père de l'unité interne sur les zones de dispersion sous-jacentes – Rapatriement des signatures de transformation unifiables – Insertion-lumière et raccordement des systèmes de contrôle mécaniens, métalliens, métraliens – Pénétration du père créateur à travers la créature jusque dans la création – Transfert d'intégralité et configuration d'insertion en cercles concentriques – Système de sublimation – Nouveau contrat d'intégralité et signature terminale

RÉPONSES UNITAIRES À DES QUESTIONS FONDAMENTALES

• SÉRIE N° 31 : AMOUR ET ADORATION

Quelle conception de l'amour ont les plans supérieurs ? – D'où vient l'attirance amoureuse et le désir de fusion entre deux êtres ? – L'amour est-il l'essentiel pour le corps ? – Pourquoi a-t-il été donné aux êtres humains une dimension affective aussi fragile ? – Qu'est-ce que l'androgynat ? – La perpétuation de la race est-elle la seule origine du désir de complémentarité entre deux êtres ? – Est-il possible de vivre un amour parfait ? Si oui, comment sur ce monde ? *Pas de perfection sur un monde d'imperfection – Veiller à la transmutation des puissances sur une dimension unitaire interne – Configuration externe en fonctionnement-lumière – Gérer un champ d'énergie multidimensionnel* – Qu'est-ce que l'amour universel, en réalité ? – Qu'est ce que l'adoration ? – Peut-on apprendre l'adoration ou est-ce un acte inné ? – L'adoration a-t-elle besoin de manifestations extérieures ? – Dieu préfère-t-il ceux qui l'adorent ? – Est-il intéressant de pratiquer une religion à laquelle on ne croit pas vraiment ? – Tous les peuples ressentent-ils le sentiment d'adoration ? – Quelle est la source de l'adoration ? – Par une vie contemplative, est-il vraiment possible de rencontrer Dieu ?

• SÉRIE N° 32 : CONSCIENCE-ÉNERGIE-FORME

Quelle est la conscience que l'on a au moment de la mort ? *Quintessenciation des systèmes extérieurs et inférieurs pour créer un canal vers le supérieur – Extériorisation ou infériorisation de sa figure par rapport à son noyau interne – Intégration synthétique de sa figure extérieure-inférieure-intérieure vers le supérieur – Activité d'intégration des figures de l'environnement – Manifester son identité par des œuvres matérielles – Synthèse passé-présent-futur avec le champ de l'immortel – Quintessenciation des étages de condensation sous-jacents et synthèse sur le corps biologique – Inclure d'autres êtres dans son système de transfert – Relais matriciel de production pour le contrôle de l'extension de sa création formelle – Problèmes liés à la robotisation d'une entreprise – Signature conscience-énergie-forme complètement recentralisée – Créer son entreprise après avoir atteint une dimension d'élévation : croître et multiplier – Étapes d'évolution technologique d'une civilisation – Situation énergétique supraterrestre*

numération sur plusieurs incarnations – Contrats d'insertion non dispersifs – Moteur de transfert et puissance délimitée – Raccordement d'un organe d'insertion-lumière à configuration inférieure non accordée – Dégrafement des systèmes d'émergence externe

II Utilisation des systèmes mécaniens et métalliens

Organisations robotiques – Complexité de l'organe d'intégralité – Création d'une chaîne 55-56-57-58 – Centrale de rapatriement des émergences externes – Incarnation d'un système d'émergence unitaire – Condition d'intégralité

CHAPITRE 73 : LIGNE DU SIGNAL CRÉATEUR ORIGINEL

I Transformation des systèmes d'émergence impérieuse : relation aux animaux

Rassemblement de codifications pour une unification complète – Animaux, relais pour le rapatriement de systèmes lointains – Conséquences de la destruction d'un animal – Limiter l'enregistrement animal à ce qui est enregistrable au niveau lumière

II Relais mécaniens, métalliens, métraliens

Compression et réduction spatiale pour une accélération temporelle – Relations entre vitesse, masse, énergie et matière : $E=MC^2$ – Compression de la masse, action sur l'espace et le temps – Émergence du système d'intégralité – Signal de transfert intégral et transformateur d'insertion – Interventions robotiques en zones externes et inférieures – Transferts d'émergence sur des signatures intermédiaires – Configuration d'émergence synthétique – Consiguration et miniaturisation – Configuration d'un système subtilisé accordé à l'énergie-conscience

III Rédemption jusqu'au cœur de la matière

Acte de rédemption – Rayon du créateur à travers sa créature unifiée – Tensionneur de numération – Canal de transformation jusqu'au cœur de la masse – Intervention de la force patrice – Ligne directrice du signal créateur originel

CHAPITRE 74 : CONTRAT D'INSERTION SUMÉRIENNE ET SYSTÈME DE VIE

I Numération d'insertion

Rapatriement en signature d'insertion des figures extériorisées – Contrat d'interdimension d'un être dans un plan formel – Transformation des codes de numération autour de l'individu – Dérive extérieure – Deux sortes de morts – Solutionner l'accrochage inférieur par l'extériorisation

II Programme de vie d'une race formalisée

Pont de jonction entre les forces d'insertion-lumière et la matière – Quintessencier et réintégrer des systèmes de puissance – Ligne de transfert initiatique immortelle – Programme pour la race formalisée : jonction conscience-puissance – Numération d'insertion en zone terminale – Codification d'insertion à tous les étages de sa configuration – Subtilisation et sélection énergétique – Flambeau de vie

informations ? *Nécessité d'informer des systèmes externes – Mutation progressive du système de numération impérieuse – Répartition des énergies sur un très grand nombre d'êtres – Résonance avec une signature numérale directe – Informations interdimensionnelles de conscience-énergie-puissance*

• SÉRIE N° 37 : RÉCEPTION ET TRANSMISSION D'INFORMATIONS DE SYNTHÈSE

De quel niveau viennent ces informations : des circuits d'insertion, de transfert, de synthèse ou d'autres circuits ? *Conditions de raccordement unitaire interne – Informations issues de systèmes en changement de numération – Conscience à tous les niveaux synthétique, interne, externe et impérieux – Codification d'unité de synthèse en fonction des changements de numération impérieuse – Difficulté de transcription de résonances supérieures dans des plans trop infériorisés – Déclenchement par conjonction dessus-intérieur-extérieur-dessous – Relais extérieurs, extrêmes et inférieurs – Fabrication de relais de transmission – Susciter le courant de réinsertion des figures de sumérienne essence – Structuration des codifications extérieures et inférieures – Écoute des dimensions unitaires et adaptation formelle – Réalisation d'une figure de synthèse – Séparer l'ivraie du froment – La rouille, les vers et les voleurs – Former des opérateurs de filtrage en dessous de soi – Cercle de cadrage et circuit de contrôle – Poids et mesure, système de synchronisation – Utilisation interdimensionnelle des circuits robotiques – Réalisation d'un pont entre le créateur et la création – Choix entre l'intériorisation et l'extériorisation – On ne peut choisir deux maîtres à la fois – Chaîne opérationnelle substantien-mécanien-métallien-métralien – Soustraction permanente des éléments inintégrables – Croissance d'un champ de transfert et d'un arbre*

• SÉRIE N° 38 : TRAITEMENT DES SYSTÈMES IMPÉRIEUX

Pourquoi y a-t-il descente dans l'incarnation ? Pourquoi se déplace-t-on dans ce système énergétique ? *Sortie du système de synthèse pour le traitement d'une signature partielle – Expérience de la formalisation et reconstruction de son signal de synthèse – Sens de la limite entre ce qui est numérotable et ce qui ne l'est pas – Illumination des systèmes de numération impérieuse réintégrables – X 13 et cordage extrême référencé à l'unité de synthèse – Antipolarisation des accrochages impérieux – Risque de détérioration dans des zones non numérotables et continuité de transfert par relais successifs – Phases dans la vie d'un être entre conscience et puissance et courant ascensionnel – Situation initiatique codifiée par le circuit de sumérienne essence – Changements sur l'environnement pour ébranler les zones impérieuses – Extraire son système complet hors des zones de mort non numérotables* – Y a-t-il des actions qu'il est plus particulièrement important de réaliser dans la vie ? – Sur quoi doit-on travailler le plus dans l'incarnation ? *Traiter ses configurations inférieures et extérieures – Programmes à réaliser en fonction de la situation de l'être – Extériorisation des portions d'espace-temps non numérotables*

• SÉRIE N° 39 : MAL ET MENSONGE

Qu'est-ce que le mal ? *Contrôle par un axe de lumière interne jusqu'au destructeur et transfert-feu – Contrat de puissances non numérotables – Construction d'un cristal de numération impérieuse et d'un faisceau-laser – Action de conscience sur la matière au-delà du mal – Signature matière quintessenciée reconcentrant la dispersion externelle – Extension de la lumière jusqu'au feu vital et création de niveaux extrêmels* – Quelles sont les conséquences du mensonge ? *Réinsertion d'une codification détériorée par un mensonge – Différence de législation entre le plan de surface et le plan des puissances – Enregistrement de signatures impérieuses non numérotables – Transfert ou détérioration de puissance – Déplacement de*

VOLUME IX

destruction en zones de puissance sous-humaines – Résurgence des figures descendues dans la puissance – Sonar – Codification impérieuse d'êtres en dérive sur des zones de puissances – Zones de puissances non unifiables et dérive en plans de destruction – Se changer pour traiter les systèmes impérieux non unifiables

III Sortie des enfers

Messagers et systèmes d'émergence de retour – Destruction des zones spatio-temporelles dures – Systèmes d'émergence sur des zones très dures

CHAPITRE 89 : CONTRAT DE NUMÉRATION DE SYNTHÈSE

I Résonance avec la Croix-du-Sud

Approche de la vérité par la transformation de la mondanité – Orientation de la créature par le choix – Pouvoirs sur la matière selon les écartements à l'unité de synthèse – Conditions de numération unifiables à la synthèse sumérienne – Contrat terminé en zones de force : résonance crucielle – Système d'ar-transfert et réseaux-cruciens

II Création d'une antenne de transférisation

Disjonction entre les sytèmes unitaires accélérés et impérieux lents – Moteurs d'impérieuse figure et synchronisation sumérienne – Délimitation par rapport aux systèmes d'émergence externe – Zone de transférisation et de transformation – Départage par pressurisation et progression sur les champs de condensation

III Prophétie de retour

Signature d'une codification d'impérieuse figure – Traitement des champs-lumière d'externalité – Pointe de numération impérieuse et pointe d'unification – Traversée du champ des destinées

RÉPONSES UNITAIRES À DES QUESTIONS FONDAMENTALES

• SÉRIE N° 40 : DÉTERMINATION DU TYPE D'INCARNATION

Quels éléments déterminent le type d'incarnation qui se réalise pour une entité ? *Créneaux de cumulation d'énergie – Insertion d'énergie formalisée – Couleur et niveaux énergétiques et vibratoires – Codification impérieuse et changement spatial ou temporel – Contrats-lumière et résonance d'énergie – Repérage des types d'incarnation par la couleur et dans le temps – Déroulement temporel, simultanéité intemporelle* – Si on s'élève beaucoup plus haut, on s'aperçoit que, vis-à-vis de l'unité de Dieu, tous les véhicules sont au service de la même configuration. Ceci nous fait nous poser la question de la conscience qui traite les opérations de transfert sur les mondes extérieurs. Comment se fait-il qu'une configuration se met en place sur le plan impérieux, et quel est le contrat qui détermine la signature d'une conscience sur ce plan ? *Intervention d'un missionné sur une zone émergente ralentie – Incarnations simultanées reliées à un archétype central unitaire intemporel – Conscience personnelle et transcendante – Gestion du sommeil, oscillation puissance-conscience – Passage de la spirale individuelle à la droite originelle unitaire*

Comment est-on accueilli dans les mondes subtils, après la mort ? – Des êtres existants dans des mondes subtils peuvent-ils ressentir de l'amitié ou de la sympathie entre eux ? – Que se passe-t-il dans les tout premiers instants après notre mort physique ? *Déplacement sur des zones inférieures ou extérieures – Traitement des contrats d'énergie extrême après la mort – Raccordement au système de numération unitaire – Paix et sérénité dans un champ de complétude et d'intensité parfaites – Étapes préparant la sortie du plan formel vers le champ unitaire* – Que garde-t-on après la mort : l'esprit, l'âme, la vie ? – Est-il possible de transférer le corps physique dans une dimension plus élevée ? – Lorsqu'on disparaît du plan formel, est-ce qu'on doit faire une naissance sur un autre plan, être bébé, enfant, adulte au bout d'un certain temps, comme sur le plan formel ?

• SÉRIE N° 44 : JUGEMENT DERNIER

Un jugement est-il effectué à la fin de la vie sur les actions humaines ? Par qui ? *Le jugement, bilan des résultats de son expérience d'incarnation – Fils prodigue, courage et prudence* – Y a-t-il un jugement moral sur les actions des êtres humains et y a-t-il une limite à l'exaction ? *Coordination interne pour garder le contact avec son système de sumérienne essence – Transformation : destructuration contrôlée et restructuration en continuité – Destruction et reconnexion par la numération des systèmes extrêmes – Pétales de transfert pour la réintégration des systèmes extériorisés* – Qui sont les juges des opérations finales d'une existence, ceux qui peuvent jauger si le circuit d'énergie et de conscience qu'un être a retiré de sa vie peut être considéré comme unifiable à une dimension de sumérienne essence ? *Comparaison entre le programme prévu et la réalisation dans le monde formel – Temps de réflexion et d'étude entre deux incarnations – Graduation dans l'exercice de plongée dans l'incarnation – Aiguillage automatique action-réaction ou élévation consciente avec maîtrise de l'énergie*

VOLUME X

CHAPITRE 90 : SYSTÈME DE CONSCIENCE DE L'ÊTRE INCARNÉ

I Mutation du système de vie – Véhicules de l'être

Raccordement des moteurs de vie à la synthèse unitaire – Numération d'insertion unitaire et corps de mort 13 – Les quatorze véhicules de l'être formalisé – Signature de contacté intérieur – Codification d'un système de transfert

II Transformation de la conscience intermédiaire

Raccordement grâce à l'effort interne de la créature – Codification d'impérieuse figure – Mise en place d'un cercle d'émetteur

III Numération d'insertion unitaire

Configuration d'un numérateur d'insertion unitaire – Lorse 8426 – Transfert d'insertion-lumière – Rythmes de mutation en accord avec le contrat d'insertion – Mise en place d'un configuré d'émergence synthétique – Caution d'intergalactique 3 – Synchronisation des systèmes en fait 4 – Zone du pouvoir sur le plan des inférieurs

zones de subtilité – Portions d'espace-temps exactionnaires – Raccordement au système de l'unité de synthèse – Répartitions d'énergies à l'intérieur d'un groupe coordonné – Maintenir la connexion unitaire malgré la déconnexion planétaire – Codification de sumérienne essence par un effort d'adéquation – Traverser la porte étroite entre l'externel et l'éternel – Orver 626 – Signature d'un contrat terminal sur l'antenne des élus

II Traitement des zones de destruction

Maîtriser le plan de sa propre destruction totale – Polarisation entre transfert impérieux obscur et système supérieur lumineux – Programme de purification par la destruction – Quotient de numération : équilibrer son numérateur avec son dénominateur – Resurgir de ses accrochages de puissances – Départ et retour en gardant l'alliance avec l'unité

CHAPITRE 99 : DÉMATÉRIALISATION DU CORPS PHYSIQUE

I Préparation en vue de la dématérialisation du corps physique

Droit de transfert du corps de forme du mortel à l'immortel – Extraire son contrat d'impérieuse figure de la matière compacte – Moteurs d'émergence externe – Système de normalisation impérieuse type 8426 – Numération d'impérieuse figure terminale – Contrats d'énergie 56-57-58 – Conditions d'une transférisation interdimensionnelle

II La transcendance, une science intérieure

Constitution d'un véhicule de numération de synthèse puissant – Dégagement du circuit terminal et rose de l'éros – Éternisation de la vie et clé de retour – Organe d'intergalactique 3 numéral terminal

CHAPITRE 100 : INCARNATION SUR UNE PLANÈTE DÉCONNECTÉE

I Traitement des accrochages impérieux non numérotables

Création d'une numération d'insertion interne et surveillance des transformations d'énergie – Mutation d'un cercle de l'unité interne et mise en ordre des corps d'énergie externe – Pourquoi travailler sur une planète déconnectée ? – Mutation d'un monde déconnecté par l'intervention d'individus connectés – Signature de son propre contrat et démélange des systèmes de numération

II Configuration conscience-puissance dans un champ planétaire

Transformation des réseaux et gestion de pouvoir – Mise en place de cadrages sur un réseau de grande extension – Transformation de la matière vers l'esprit et de l'esprit vers la matière – Délimiter son système dans le champ planétaire – Systèmes de division d'une figure trop lourde – Dégagement des systèmes de puissance des excès de condensation – Raccordement impérieux – Nouvelle configuration et cohérence dessus-intérieur-extérieur-dessous

RÉPONSES UNITAIRES À DES QUESTIONS FONDAMENTALES

Accrochages de puissances sur des voies parallèles et distorsions – Conscience du véhicule énergétique et élévation dans le plan des lumières unitaires – Traitement des corps d'émergence impérieuse et du contrat d'énergie extrême – Que doit-on faire lorsqu'on se trouve dans le champ unitaire, soit en état de dédoublement, soit après la mort ? *Développer sa conscience intérieure reliée au champ unitaire – Se numéroter sur les antennes internes pour pouvoir agir sur les antennes intermédiaires et externes – Se maintenir dans un état d'équilibre, de paix et de sérénité – Agir sur son environnement pour créer une résonance de beauté – Beauté, bonté, vérité pour retrouver le plan de la conscience parfaite*

VOLUME XI

CHAPITRE 101 : RECONNEXION IMPÉRIEUSE JUSQU'AU TERMINAL

I Reconnecter sa dimension de puissance à la synthèse unitaire

Transformation des énergies par le corps physique – Numération d'insertion unitaire vers le dessus à travers le corps physique – Déconnexion entre le système de puissance et la dimension supérieure – Organisation d'une tubulure ascensionnelle – Résonance du Père unitaire ou de la Mère universelle – P 60

II Contact-lumière en direction du cœur terminal de la matière

Courant d'infériorisation des puissances non unifiables – Transformation des puissances par les systèmes de numération externe – Concrétisation du système-lumière – Axe de transfert vibral jusqu'au cœur terminal – Création de l'organe d'insertion limite – Ligne sumérienne jusqu'au terminal et otage de transfert – Cristal de résonance entre le père créateur et la mère créative – Limite de l'étincelle créative de l'esprit créateur – Déclencher une réponse du terminal et la rapatrier à travers le canal de transfert interne – Distillation de l'énergie liquide vibrale

III Maîtrise de l'existence par la conscience mentale personnelle

Réintégration vers une dimension supérieure ou rapatriement en zone de puissance – Travail de la conscience mentale personnelle – Concevoir la limite de son système de maîtrise – Contact avec les systèmes externels : relations de couple passionnelles – Système A et B, mutants externes, numération unitaire impérieuse et puissance sublimée – Rapatriement des circuits d'émergence externe exécutés – Déplacement des systèmes recentralisés par un corps physique

CHAPITRE 102 : RÊVE ET CONTACT AVEC D'AUTRES DIMENSIONS

I Rassemblement de portions d'espace-temps divisées

Opérations en parallèle à l'existence humaine – Rêve prémonitoire et conscience de figures existant sur d'autres plans – Participer aux autres dimensions par des niveaux de subtilité – Portion d'espace-temps codifiée par une signature de numération synthétique – Portions d'espace-temps divisées non unifiables

Comment se fait-il que certaines créatures se déspiralisent et sortent des attracts du système de puissance ? *Éveil d'une signature interne et extension vers des figures de puissance – Expérience et gestion personnelles pour développer sa science intérieure – Mutant impérieux, moteur-lumière, moteur de l'unité interne et transfert lumière – Réception de codages et gestion de la poussée de puissance – Codification ascensionnelle et mise en place d'une figure Nord-Sud – Extension des systèmes éternels-lumière et resserrement de la numération interne – Signature des synchronisations*

• SÉRIE N° 50 : CONTACTÉS – CONTACT AVEC LES VAISSEAUX

Pourquoi certains êtres ont-ils un branchement télépathique avec d'autres dimensions alors que d'autres ne l'ont pas ? – Qu'est-ce qui fait donc la différence entre les créatures ? – Pourquoi certains êtres sont-ils contactés physiquement par des apparitions de vaisseaux et d'ovnis et pourquoi d'autres êtres ne sont-ils pas contactés alors qu'ils cherchent à l'être ? *Formalisation des systèmes extérieurs pour antipolariser l'attract de l'inférieur – Renforcement du contrôle extérieur et centralisation des systèmes de puissance* – Faut-il rechercher le contact formel avec les vaisseaux ? *Matérialisation de systèmes extrêmes autour d'un système de numération unitaire interne – Numération interne des systèmes numérotables et formalisation des numérations d'émergence externe – Création d'un vortex de transfert pour changer de continuum – Numérateur d'insertion unitaire complet – Unification sur la totalité de la nature de l'être dans le champ de conscience-énergie – Numération impérieuse et réinsertion des systèmes externes et extrêmes – Intervention du système de numération unitaire – Numération unitaire interne partielle et réception d'informations partielles – La changeante figure : matérialisation et dématérialisation – Déplacement des opérateurs extrêmes et matérialisation des opérateurs extérieurs et impérieux – Incarnation d'un numérateur d'unité de synthèse – Déplacements de la matière à l'antimatière et de l'antimatière à la matière – Configurations d'échange multidimensionnelles extrême-antiextrême – Renforcement de l'organe d'énergie unitaire par la recentralisation d'accrochages externes et inférieurs – Corrélation d'un système de numération unitaire et reconcentration sur l'antenne de champ 13 – Changement de transfert numéral unitaire interne – Matérialisation d'informations comme relais pour s'accorder à la ligne de numération unitaire*

• SÉRIE N° 51 : VAISSEAUX ET FLOTTES

Qu'est-ce qu'un vaisseau ? – Qu'est-ce qu'un vaisseau-mère ? – Qu'est-ce qu'une flotte ? – Les vaisseaux-mères sont reliés à une flotte plus particulièrement ? – Combien y a-t-il de flottes ? – Peut-on dire qu'il y a des rôles pour chacune des flottes ? – Les flottes sont-elles reliées à des régions spatiales ou correspondent-elles à des niveaux énergétiques ?

• SÉRIE N° 52 : LES SURVEYORS

Y a-t-il des systèmes d'énergie conscience s'attachant à un individu en particulier pour le protéger ? – Qu'est-ce qu'un ange gardien ? – Quel est le rôle des surveyors ? – Le surveyor intervient-il sur un individu dès sa naissance ? – Le surveyor intervient-il volontairement ou par obligation ? – Le surveyor s'attache-t-il facilement à l'être dont il est responsable ? – En cas de rébellion de la part d'un individu, l'esprit sumérien qui le protège peut-il le délaisser ? – Le Père supérieur qui laisse s'éloigner son protégé lui nuit-il par cet abandon ? – L'esprit sumérien peut-il laisser un être se dériver vers les mondes de la destruction ? – Le laisserait-il dériver dans des zones de destruction par

VOLUME XII

synthèse jusqu'à l'intra-univers – Voyage de l'enfant prodigue – Nécessité de suivre l'inspiration des dimensions supérieures – Unification dans un système matriciel de rapatriement sur une autre dimension – Perfection de l'intra-univers – Devenir un fils du créateur intra-universel

CHAPITRE 116 : MAÎTRISE DU SYSTÈME DE PUISSANCE

I Double courant : dérivation des systèmes lourds et enregistrement des systèmes unitaires

Transmutation quotidienne des figures inférieures qui tiennent l'être humain – Otages de puissance – Se faire remplacer dans les plans de puissance

II Codification unitaire synthétique en zones impérieuses

"Alléluia" : faire passer les figures de la ténèbre en lumière – Systèmes philosophiques et mentaux qui ne traitent pas les puissances – Délimitation des systèmes de puissance – Intervention par le relais des codes de transfert externes accordés à l'unité interne – Utiliser sa racine pour se développer sur une autre dimension – Maîtrise de la délimitation complète du système impérieux

CHAPITRE 117 : TRAITEMENT DES PUISSANCES NON NUMÉROTÉES

I Traitement des puissances non numérotées

Numération des systèmes extérieurs et systèmes impérieux lointains – Traité de lumière et traité extérieur – Contact avec le corps d'énergie extrême – Torsions d'énergie et transferts en clash – Déplacement de systèmes d'émergence extrême sur une condition de transfert intérieur – Transformation des systèmes d'impérieuse figure – Intervention des systèmes X 13 et miniaturisation : principe des transistors

II Détruire sa mort : maîtrise de la condensation au cœur de la matière

Décision de tuer sa propre mort – Négation de la négativité par la négativité : principe de la bombe atomique – Lâcher tout ce qui n'est pas accordable – Rapatriement du contrat d'émergence extrême – Traitement de la matière par la matière – Maîtrise des tensions explosives par polarisation puissance-matière

CHAPITRE 118 : MATIÈRE ET ANTIMATIÈRE

I Les numérotés : systèmes en contrebalance entre la matière et l'antimatière

Contrats d'unité de synthèse en contrebalance entre la matière et l'antimatière – Codification unitaire synthétique en contrat de numération permanent – Configuration d'impérieuse figure accordée à une signature de contrat entre la matière et l'antimatière – Contrebalance face à l'infini entre les réseaux d'énergie extrême matériels et antimatériels – Interventions venant d'autres mondes

II Rapprocher la matière de l'antimatière

Approche d'un circuit extrême de synthèse lié au numérateur d'impérieuse figure terminal – Organiser des rendez-vous entre la matière et l'antimatière –

situation de déconnexion dans un processus de réintégration – Communion immédiate et permanente avec l'essence même de toute figure – Que doit-on penser des doctrines qui préconisent l'atteinte du nirvana par l'extinction du désir ? *Réinsertion de signatures de numérations externe et inférieure sur l'axe unitaire interne – Créer le corps de l'unité de synthèse – Atteindre le plan de la synthèse unitaire immortelle* – Comment éveiller en soi le moyen de ressouder sa vie sur des antennes plus unifiées ? – Cette conviction interne de l'existence de Dieu ne serait-elle pas acquise par notre éducation ? – Qu'est-ce que Dieu ? – Que doit-on entendre par l'infini ? – Dieu est-il l'infini ? – Que penser de cette conviction personnelle intuitive que l'on a de l'existence de Dieu ? – Comment prouver l'existence de Dieu ? Dieu est il une conscience autonome et indépendante ou est-il la résultante de tout ce qui est créé ? – L'homme peut-il percevoir la nature intime de Dieu et son mystère ? – Sommes nous des parties de la divinité ? – Peut-on accéder à quelques-unes des perfections divines ? – Cerne-t-on la réalité complète de Dieu en le définissant comme éternel, infini, immuable, immatériel, unique, tout-puissant, souverainement juste et bon ? – Peut-on dire que Dieu est infini, que le vide ou le néant n'étant nulle part, Dieu est partout, et qu'ainsi tout ce qui existe a une raison intelligente d'exister ? L'âme avant l'incarnation connaît-elle la loi divine ? – Les esprits ont-ils des enseignements à nous apporter ? – Quel peut-être le guide ou le modèle le plus parfait pour atteindre Dieu ? – Jésus et d'autres avant lui n'ont-ils pas déjà révélé les lois de Dieu ? – L'homme peut-il connaître la Loi de Dieu ? – Certains individus reçoivent-ils la mission de révéler Dieu ? – Sous prétexte de révélation certains n'ont-ils pas égaré les autres par une conception fausse des principes et des lois de Dieu ? – Comment définir un vrai prophète ?

• SÉRIE N° 55 : PROCESSUS D'IMMORTALISATION

Comment peut-on comprendre l'immortalité ? *Conscience du système de transfert interne et immortalité – Moteurs de vie et de sumérienne essence – Créneaux de numération, corps B 4, montagne d'énergie et corps extrême – Détruire son propre système de destruction pour sortir de la mortalité – Conjugaison avec l'esprit immortel – Traitement des faisceaux de puissance et avance vers les signaux unitaires – Fonctionnalité du système de vie et de substance pour la mutation de la matière – Codification sumérienne par la transmutation des systèmes de puissance – Matérialisation du système de numération impérieuse et délimitation précise sur l'extérieur – Shunt de numération unitaire – Cadre structural yang et transmutation de l'énergie yin – Contrats de synchronisation – Élimination des systèmes impérieux non unifiables – Savoir choisir ce que l'on intègre pour être choisi par des dimensions unitaires – Accord avec la circulation d'énergie venant des plans supérieurs – Présence du système de numération unitaire jusque dans les zones de puissance – Changements de numération – Rapport conscience-énergie entre le numérateur et le dénominateur – Miniaturisation – Raccordement du système de puissance au système de transfert – Contrats de numération – Reprendre conscience de son identité pour sortir de la compression inférieure – Pentacosta : émerger à plus de 50 % au-dessus pour permettre une intervention supérieure – Maître de synthèse : synthèse de l'unité au-dessus et en dessous* – Un être incarné dans un corps de femme peut-il signer sa figure de synthèse unitaire sans aucune intervention autre ? *Dérive extérieure et accrochage inférieur liés à la femme – Réveil à la suite du contact avec une signature d'énergie unitaire – Lignage spirituel très fin des groupements religieux de masse – Resurgir vers une dimension de synthèse unitaire – Relais temporel-intemporel – Répartition de puissances et signature de synthèse – Danger de la réalisation d'un cadrage de puissance non numérotable – Intégration et mutation de matériel robotique dans un rapport conscience-énergie-forme – Transformer l'argent et la matière en énergie et en conscience*

Voici quelques extraits du courrier que nous avons reçu à la suite de la publication de quelques fascicules et qui nous a encouragé à réaliser la publication de cet ouvrage :

"Entrer dans la *Science Unitaire*, c'est comme renouveler mon alliance avec la partie supra-humaine de moi-même et de fait, rester accordé à ce qui n'est pas soumis à l'illusoire, c'est-à-dire à l'essentiel." L. T. de Sarlat

"Un livre renversant qui permet de comprendre de l'intérieur les trames qui régissent l'univers visible et invisible. Il donne des clefs incomparables pour gérer sa vie en accord avec l'ordre cosmique intra-universel." P. N. de Bordeaux

"Il m'est parfois difficile d'aborder le langage de la *Science Unitaire* mais pourtant ce langage précis est porteur d'un message parfaitement clair et intégrable dans notre quotidien. Sa lecture me fait changer de niveau vibratoire assez rapidement et ainsi je peux avoir une perception plus grande de l'univers. Ceci me permet alors de mieux comprendre mon programme d'existence, de régir ma vie plus correctement et d'aider les autres d'une manière plus exacte." E. R. d'Antony

"Cette approche de l'intra-univers même si elle est parfois difficile et déroutante, déclenche en moi de façon quasi permanente des processus d'élévation interne qui me font découvrir les interactions entre la forme, l'énergie et le vibral. Cette science précise et complète est une aide précieuse pour développer une synthèse unitaire interne et approcher la réalité des interdimensions." A. R. de Reims

"Lorsque je lis la *Science Unitaire* je me retrouve très rapidement dans un niveau d'énergie où ma conscience prend une toute autre dimension comme ressourcée par la vérité divine. Je désirerais que cet état d'être, que je qualifie de normal, soit de plus en plus présent dans ma vie quotidienne car cette science recèle des trésors d'informations pour l'existence." B. L. de Versailles

"Comprendre la permanence dans toutes les facettes de la création, ainsi que l'immanence qui vit et agit dans les créatures, me donne la connaissance pour appliquer ma volonté à rejoindre le chemin de l'immortalité. Voilà ce que m'apporte l'étude de la *Science Unitaire de l'Intra-univers*." A. B. de Boulogne-Billancourt

"La *Science Unitaire* est pour moi un outil essentiel pour me ressourcer. Elle me permet de développer un sens précis de télépathie verticale en recevant des informations capitales pour la continuité de mon évolution." P. G. d'Avignon

"Lire la *Science Unitaire de l'Intra-Univers*, c'est pour moi retrouver le contact avec les trames invisibles qui gèrent l'univers visible." N.V. de Paris

"La *Science Unitaire* est vraiment une œuvre à part qui m'a permis de voyager intérieurement et de percevoir ce qui joue au-delà des apparences. Ce langage est comme un écho de ce qui se passe dans d'autres dimensions et me permet de communiquer avec l'harmonie reliant les mondes visibles et invisibles." R. B. de Paris

"La *Science Unitaire* me donne, quand je la lis, accès à des trames subtiles et internes qui me révèlent cette science qui vibre depuis toujours dans le cœur de la création." C. P. de Poitiers

"Rentrer dans la *Science Unitaire* me permet de resituer mon existence dans un courant de raccordement à l'unité. Elle fait découvrir la logique de ce que l'esprit perçoit parfois intuitivement." P. C. d'Antibes

"La *Science Unitaire*, une œuvre indispensable pour retrouver les valeurs essentielles de l'être au sein de l'univers vivant." C. V. de Paris

"Lorsque je lis la *Science Unitaire*, cela me permet de retrouver immédiatement ce feeling très interne d'un accord avec l'exactitude des mondes supérieurs. J'entre alors dans ce monde magique où les barrières mentales sont dépassées par l'acte opératif de la conscience de synthèse qui agit pour redonner un ordre à l'existence et mettre en place les conditions du retour à l'essence ultime de l'être." L. P. de Nouméa

"Quand je lis la *Science Unitaire*, je sens une énergie vibrale qui descend en moi et qui sert de catalyseur à l'intégration de ce type d'enseignement. Très souvent, je me sens en carence énergétique car ces vibrations sont beaucoup plus élevées et subtiles que les miennes... Ceci fait que ce catalyseur d'énergie vibrale a du mal à travailler en moi. J'aimerais me remettre à un niveau suffisant pour pouvoir vraiment intégrer ces ouvrages. Ceci me fait prendre conscience de l'immense complexité de tous les systèmes qui travaillent sur nous, en nous et autour de nous et avec lesquels nous sommes complètement reliés." A. R. de Nice

"Enthousiasmant par la reconnexion intérieure qui s'opère avec la réalité de la trame intra-universelle. Étonnant par la prise de conscience qui s'opère, sans cesse renouvelée pendant la lecture, entre la dimension humaine habituelle et les mondes supérieurs et intérieurs. C'est plus qu'un livre !" B. B. de Châlon-sur-Saone

"La lecture de la *Science Unitaire* me permet de me sentir relié de manière très claire à la source internelle et d'accéder aux trames internes qui modifient mon système pour le faire évoluer." B. H. du Vézinet

"Le rythme, la construction, la résonance des mots qui composent la *Science Unitaire* en font un chant aux harmonies uniques qui transportent en un instant aux sources les plus pures de l'être. La poésie qui émane de cette science nous permet de capter la réalité des mondes subtils invisibles dans lesquels s'insèrent les créatures que nous sommes." R. B. de Lyon

"Cet ouvrage a été pour moi une étape importante et essentielle de mon initiation. Son étude me permet une réharmonisation de mon être, un renforcement de mon intériorité, l'élévation de ma conscience et la reconnexion avec la trame interne de l'univers. Je sens que ce sont des informations indispensables que je dois assimiler durant cette existence pour pouvoir me réintégrer dans un autre continuum de conscience et d'énergie." D. T. de Fontainebleau

"La lecture de la *Science Unitaire* m'apporte un éclairage nouveau sur l'organisation des mondes subtils et matériels, le fonctionnement énergétique de l'être, son accès progressif, modulé, précis à la transcendance et l'immortalité. Elle donne également accès lorsqu'elle est faite dans de bonnes conditions à une recentralisation de l'être sur son axe intérieur." B. C. de Brioude (Haute Loire)

"À travers la *Science Unitaire*, je retrouve la ligne avec mon être intérieur et supérieur, les différents fonctionnements internes, externes, inférieurs, personnels et suprapersonnels de l'être, l'origine et le but de mon incarnation. Je retrouve enfin la science de l'univers, la science de l'inexpliqué depuis tant d'années, la science du tout et du rien, la science de la divinité." F. R. de Bruxelles

"Dès que j'ouvre la *Science Unitaire* et que je commence à la lire, je me retrouve d'emblée dans un autre état de conscience que je ressens comme une liaison télépathique intense et précise. Je ne cherche pas à réfléchir mentalement et je sens que cela passe. Je sens qu'en lisant, cela s'enregistre quelque part mais que ce n'est pas encore conscient. De temps en temps, une phrase ou un paragraphe de la *Science Unitaire* me fait tout de suite penser à des expériences quotidiennes et cela me permet de mettre clairement en mots ces expériences que mon langage ne parvenait ni à nommer, ni à décrire clairement." J. V. de Lyon

"Le langage de la *Science Unitaire* est tellement hors de cet espace-temps qu'il me rapproche de ce que doit être le verbe et sa lecture change mon taux vibratoire et celui de mon environnement. Comme un roman me fait voyager dans le temps, cette science m'amène à voyager dans des trames subtiles intemporelles qui, si je m'intériorise bien, se précisent de plus en plus." C. G. de Saint Cloud

"L'intégration peu à peu de cet enseignement me permet de capter un peu plus, si je tiens bien le contact assidu avec cette science de la trame universelle. Ma compréhension externe devient peu à peu plus interne. La lecture de cet enseignement me permet de mieux communiquer avec mon père spirituel." J. W. de Montréal

Avec mes remerciements
pour la publication de cet ouvrage :

Réalisation
Agnès RENARD,

Coordination
Mona BOSSY, Béatrice LEVY,

Édition
Olivier BRETEAU,

Participation
Alain de Beco, Madgie Chene,
Hélène CREAC'H, Laetitia FAURE,
Annette FICHTENCWEJG,
Catherine KRIEF, Bruno LEBEL,
Jean-Sébastien MARRE, Dominique MÉTATIDJ,
Élisabeth ROMMELAERE, Patricia ROMMELAERE,
Jeanine SICCO, Patrick THIBAUDEAU,
Loic THIJSSEN, Deine VIDAL,
Nadine VUILLEMAIN, Choui lane YEUNG,

Illustrations selon les indications de l'auteur
Vincent CURIEN,

et toute l'équipe de chercheurs
qui participent à la mise en place,
au maintien et à l'intensification de
ce contact supraterrestre interdimensionnel.

Éditions Transtar

Préscience

de IJP. Appel-Guéry

Pour mieux comprendre la Science Unitaire

La lecture de la *Science Unitaire* réclame une certaine transformation intérieure qui seule permet d'accéder à la dimension vibrale dont ce langage et ces notions sont les supports. *Préscience* est un cycle de 18 brochures d'une vingtaine de pages qui correspondent chacune à un niveau de l'expérience humaine. C'est un véritable programme de développement personnel et d'éveil de la conscience qui au travers d'exercices, de conseils, de conférences et d'informations permet d'accéder progressivement à cet autre regard qui est celui des interdimensions.

Éveil Internel – Tome I, II, III

de IJP. Appel-Guéry

Grâce à la puissance évocatrice d'aphorismes et de phrases-clés initiatiques, la collection *Éveil Internel* permet de faire un premier pas vers cet ordre vibral qui est celui de l'intra-univers. Ces phrases sont destinées à sensibiliser ceux qui ont des yeux pour voir et des oreilles pour entendre …

À paraître :

L'Homme cosmique

de IJP. Appel-Guéry

Ce recueil de douze conférences données par Appel-Guéry entre 1987 et 1992 explore ce que pourrait être le rôle cosmique de l'être humain.

Cet ouvrage est divisé en trois parties correspondant aux trois étapes évolutives de l'*Homme Cosmique* : l'homme dans la société, l'évolution humaine, l'homme et l'univers.

Du même auteur :

Idylle spirituelle

de IJP. Appel-Guéry

aux éditions Édiru

Recueil de poèmes, prières et invocations dont la source d'inspiration commune réside dans le jaillissement enthousiaste de l'âme vers l'esprit créateur. Parce qu'ils font résonner la conscience de veille avec une conscience d'éveil inspirée, ces messages vibrants peuvent être autant de supports à une programmation positive et créatrice.

POUR TOUT CONTACT :

SCIENCE UNITAIRE

B.P. 7 GIÈVRES 41130
FRANCE
FAX : 93 22 01 36

SCIENCE UNITAIRE

POUR VIVRE
ET COMPRENDRE
LA SCIENCE UNITAIRE

Étant donné le langage et le caractère avancé de cette transmission, il s'est créé un club entre les lecteurs de la Science Unitaire, afin d'étudier ensemble la manière dont peuvent être comprises ou interprétées les informations contenues dans ces ouvrages.

Si vous désirez participer à ce club écrivez ou envoyez votre bulletin à :

SCIENCE UNITAIRE
BP. 7 – 41130 GIÈVRES – FRANCE.

SCIENCE UNITAIRE

Club de la Science Unitaire de l'Intra-Univers

NOM . . . . *Prénom* . . . .
Adresse . . . .
Téléphone. . . . . *Fax* . . . .

❍ *Je désire participer au Club d'échange de la Science Unitaire et en demande la documentation.*

❍ *J'aimerai exprimer les remarques suivantes :*. . . . .
. . . .
. . . .

Éditions TRANSTAR

Dépot légal 2e trimestre 1994
Imprimé en Pologne

IMPRIMERIE NATIONALE — KRAKÓW